大数据与人工智能技术丛书

大数据智能分析

——Power BI详解 微课视频版

◎ 赵红艳 王甲琛 苗和平 张清 主编

U0285082

清华大学出版社

北京

<h2 style="text-align:center">内 容 简 介</h2>

　　本书以企业数据分析系统为业务背景，主要介绍微软公司的 Power BI 系统的应用场景，涉及数据的收集、输入、清洗、过滤、发布等数据处理流程，以及功能模块方面的市场分析、用户分析、货品分析、流量分析、资源分析、舆情分析等多个常用场景，让用户很快熟悉从大数据分析到人工智能的应用。

　　本书遵循以实战为主的原则，力求做到结合项目、图文并茂、语言通俗、结构紧凑、例题丰富、实践性强。

　　本书适合作为高等院校计算机应用专业的教材，同时也适合智能数据分析的爱好者、数据管理人员、电商数据分析从业人员、电商运营从业人员阅读，还可以作为自学或函授学习的参考书。

本书封面贴有清华大学出版社防伪标签，无标签者不得销售。

版权所有，侵权必究。举报：010-62782989，beiqinquan@tup.tsinghua.edu.cn。

图书在版编目(CIP)数据

大数据智能分析：Power BI 详解：微课视频版/赵红艳等主编. —北京：清华大学出版社，2021.5
（大数据与人工智能技术丛书）
ISBN 978-7-302-57241-1

Ⅰ. ①大… Ⅱ. ①赵… Ⅲ. ①数据处理 Ⅳ. ①TP274

中国版本图书馆 CIP 数据核字(2020)第 260567 号

责任编辑：黄　芝　张爱华
封面设计：刘　键
责任校对：时翠兰
责任印制：沈　露

出版发行：清华大学出版社
　　　　网　　　址：http://www.tup.com.cn，http://www.wqbook.com
　　　　地　　　址：北京清华大学学研大厦 A 座　　　　邮　　编：100084
　　　　社 总 机：010-62770175　　　　邮　　购：010-83470235
　　　　投稿与读者服务：010-62776969，c-service@tup.tsinghua.edu.cn
　　　　质量反馈：010-62772015，zhiliang@tup.tsinghua.edu.cn
　　　　课件下载：http://www.tup.com.cn，010-83470236
印 装 者：三河市金元印装有限公司
经　　销：全国新华书店
开　　本：185mm×260mm　　印　张：20.5　　　　字　　数：470 千字
版　　次：2021 年 7 月第 1 版　　　　印　　次：2021 年 7 月第 1 次印刷
印　　数：1～2000
定　　价：69.80 元

产品编号：084482-01

前　言

近几年来,以机器学习、深度学习算法为引领的人工智能技术得到了飞速发展,物联网、大数据分析的价值发掘与应用开始被越来越多的企业所重视。目前很多企业的数据无法得到充分、有效的利用,究其原因,一是没有很好的数据分类,缺乏统一的数据规范,各业务系统数据按照各自的口径和理解习惯上报,难以构建高质量的大数据存储体系;二是数据散落在各部门的服务器中,而各业务系统的数据没有打通,数据信息还处于相对孤立状态。本书正是针对这一现象,为计算机应用、电商数据分析等相关专业的学生或用户编写的一本实用教材。

人工智能是指计算机系统经过软件、硬件的优化和结合,产生一种新的与人类大脑类似的思考能力,该能力可以履行原本只有依靠人类智慧才能完成的复杂任务。近年来,人工智能的发展出现了向上的拐点。国际、国内各行各业已经开始在人工智能领域频频发力,一方面培养人工智能专业人才,另一方面加大投资力度,人工智能应用的春天已经到来。同时,不是所有的人工智能从业人员都要去学习 Python 语言,都要天天去编写代码,其实大量的专业人员更加需要掌握人工智能技术的工具应用,为企业直接提供数据挖掘、数据分析、数据洞察、数据预测等多方面的数据价值发现。数据分析平台可以渗透到存储企业数据的所有地方,可以为各业务系统的数据提供描述、诊断、预测等数据洞察力,是进行大数据分析、人工智能计算等综合业务的必经之路。本书正是从这一理念出发,为用户介绍 Power BI 这一数据分析工具。Power BI 是目前市面上流行的数据分析平台之一。阅读和学习本书的门槛不高,用户无须掌握计算机语言,也可以没有人工智能的知识,只要按照本书的章节学习和实践,就可以很快进入大数据分析的人工智能技术领域,赶上时代的步伐。

作为一本教材,本书具有如下特点:

(1) 在结构上按照先总体后具体、先基本技能后高级进阶的顺序安排章节,并结合实例进行详细分析,除在每章后附有问答题、实验题外,还安排多次的大作业设计。全书重点突出、结构严谨、通俗易懂,兼有普及与提高的双重功能。

(2) 没有涉及复杂的计算机编程,只在第 8 章和第 9 章介绍 M 语言和 R 脚本语言,它们都是阅读性语言,即使用户没有计算机知识,只要按照书本的讲解,都可以达到教学大纲的要求。当然用户也可以在使用本书时,结合学习相关的计算机知识。针对初学者的特点,本书力求通过大量的例子,以通俗易懂的语言讲解复杂的概念和方法,以帮助用户尽快迈入大数据智能分析的大门。

(3) 以现代教育理念为指导,在讲授方式上注重实践,并结合应用开发实例项目,注重培养用户理解大数据分析的内涵和外延,面向企业实际项目应用,学会用数据去分析和描述问题,提高分析问题和解决实际问题的能力。

（4）配套资源丰富，提供课件、教学大纲等，可从清华大学出版社官网下载。本书还配套教学视频，读者可扫描封底刮刮卡内二维码观看视频。

教师可以根据教学课时数，选取相应的内容进行教学，也可以在课程开始，通过布置实例进行学习。用户在学习的过程中要多实践、多进行项目训练，更重要的是多进行全流程模拟，把结果共享给不同的团队和组织，以便走出校门后可以直接参与项目。

编者在本书的编写过程中参阅了许多网站和有关资料，并阅读了一些外文教材，从中吸收了许多新的思想和方法，谨向这些作者表示衷心的感谢。在本书的编写和出版过程中得到了清华大学出版社黄芝编辑的大力支持和帮助，在此表示诚挚的感谢！

本书由赵红艳、王甲琛、苗和平、张清主编，李飞、叶鑫、董献芬、常玉红、胡定磊、庞宁、于敏、尹鲁平等老师参与了编写和审校工作，卢佳雯、冯美美等同学参与了图表的编排等辅助工作，在此一并感谢！

由于编者水平有限，书中难免有疏漏之处，恳请广大专家和读者批评指正。

编　者

2021 年 5 月

目　录

第 1 章

大数据智能分析简介

1.1 引言

现在每天都产生天文级数量的数据,而且每天都呈指数级增长,而这些数据信息也逐渐改变着世界的互动方式,并揭示出商业活动和日常生活的趋势。随着数据的日益普及,企业管理者都希望在数据中寻求并获取重要的信息,并将信息转换为可操作且有意义的结果,这都将为我们带来新的挑战和机遇。

随着数据变得更容易访问,企业管理者操纵大量可用数据来提高洞察力,并做出业务决策就变成了一项挑战性工作,同时也要求各个层面的业务领导者具备数据分析能力,并能够理解以前似乎无法实现的数据形式和分析概念,包括统计方法、机器学习和数据操作等。

本书主要介绍利用 Power BI(本书简称系统)进行企业商业数据的展示与分析,为企业的经营活动提供决策和建议。Power BI 是软件服务、应用和连接器的集合,分为桌面和服务两大块,它们协同工作,将相关数据来源转换为连贯的、视觉逼真的可视化界面与用户进行交互。无论用户的数据是简单的 Excel 电子表格,还是基于云和本地混合数据仓库的集合,系统都可以让用户轻松地连接到数据源,直观地看到或展示其重要内容,也可以与任何希望得到这些数据的其他用户进行共享。

系统简单且快速,能够从 Excel 电子表格或本地数据库快速创建案例,同时系统也可进行丰富的建模和实时分析及自定义开发,因此它既可以是用户的个人报表和可视化工具,也可以用作项目组、部门或整个企业背后的分析和决策引擎,还可以连接数百个数据源,简化数据准备并提供即时分析。系统也可以生成报表并进行发布,供用户在网上(Web)和移动设备上使用。用户可以创建个性化仪表板,获取针对其业务的全方位独特见解。系统还具有在企业内实现扩展、内置管理的功能，保证安全性。

系统是基于云的商业数据分析和共享工具，它能把复杂的数据转换为简洁的视图。通过它，我们可以创建可视化交互式报告，也可以通过手机端 App 随时查看。系统能为日常业务决策流程带来高级分析功能，主要包括预测分析、数据可视化、R 脚本语言集成、数据分析表达式等，允许用户从数据中提取有用的信息以解决业务问题。

系统是一种基于云的数据应用，可用于对各种各样的数据源进行显示和数据调查分析。系统非常简单易用，几乎企业的所有员工都可以使用它，并可以提升自己的工作效率。系统被描述为"一整套业务分析工具，可在整个企业中提供洞察力分析"。使用该系统，可以从数百个数据源中检索数据，根据用户的特定要求来调整数据形状，执行临时分析，并通过各种类型的可视化来呈现结果。系统极大地简化了整个业务流程，使业务用户和数据分析师能够自由控制自己的报表需求，同时提供企业级的安全性和可扩展性。此外，系统还具有开创性和开发能力，可以实现人工智能工程师进行复杂大型业务框架数据的集合、图表和视图显示。

本书主要介绍微软公司（以下简称微软）的系统，同时兼顾介绍国内其他公司在市场上已推出的类似软件及其系统。本书所介绍的内容主要是以实战为主，让用户能在短期内被培养成系统的行家，胜任这方面的工作。微软的系统不仅是一项云服务，同时也是一套集成的 Power BI 工具，用于在访问和整合数据之后将其作为可操作的界面呈现给用户。系统一直在积极扩展其功能，并将其范围扩展到各个应用领域中。借助系统，用户可以对数据进行整合、转换、合计和汇总，应用复杂的计算和条件逻辑生成各种视觉丰富的报表，并将这些报表分发给内部和外部的客户去呈现。

对于系统来说，新开发的各种功能和改进的各项性能使其成为一个更强大的产品，系统的各个组件已经陆续进入了市场，例如枢轴透视（Power Pivot）的推出。使用该系统虽然可以与众多数据源进行交互，但也可能有一个问题困扰着用户，那就是用户难以理解它的每个部分是如何组合在一起的。本书将详细介绍系统的主要组件，为使用本书的用户在今后更具体、深入应用时提供基础。

本书主要关注的是系统中提供的各种工具，它们可以通过浏览器或移动设备进行查看，也可以将其嵌入自定义应用程序中。例如，Power Metal Element 部分，它是微软提供的业务分析服务，可以提供具有自助 Power BI 功能的交互式可视化，用户可以随时随地自己生成报告和报表，而不必依赖数据管理员或信息总监的工作时间和工作地点。除在线服务外，系统还可以在移动端应用程序，在 API 和报表服务器上运行。后面将详细介绍它的每个组件。

1.2 市场上商业智能系统简介

目前市场上有大量功能强大的商业智能可视化工具可以帮助用户展示愿景，与全球社区分享用户的重要分析。下面将对较常用的平台进行介绍并分析其主要功能，以便为用户将来的工作交流提供帮助。

目前，市场上主要的商业智能工具有 QlikView、Klipfolio、Tableau、Google Data

Studio 和 Power BI 等,它们各自的特性、优点、缺点以及关键参数都有所不同,主要包括可用性、设置、价格、支持、维护、自助服务功能、不同数据类型的支持等。

1.2.1 QlikView

QlikView 是一种将用户作为数据接收者的解决方案。它允许用户在工作流程中探索和发现数据,这与开发人员在处理数据时的工作方式类似。为了保持数据探索和可视化方法的灵活性,该软件致力于维护数据之间的关联,这不仅可以帮助最终用户发现数据,而且这些数据也会提醒用户检索相关项目。QlikView 非常灵活,它允许设置和调整对象的每个小方面,也可以自定义可视化和仪表板的外观和感观,同时也拥有一个集成的ETL(提取、转换、加载)引擎,使用户能够执行普通的数据清理操作。

1. 产品差异化

QlikView 的设计是在较前卫的预构建的仪表板应用程序和联想仪表板的基础上开发的,这些应用程序既有创新又直观易用。由于具有先进的搜索功能,它还提供了避免使用数据仓库和使用关联仪表板在内存中提取数据的功能。QlikView 的特征是具有独特性和灵活性的完美结合,使其在其他商业智能供应中占有一席之地,能为各行各业处理大量不同规模的业务,并提供各种有用的应用程序。

QlikView 拥有众多的功能,在对来自多个不同来源的数据创建高级仪表板方面非常有用。QlikView 其中的一个特点是能够自动操作数据关联,可以识别集合中各种数据项之间的关系,而无须用户进行任何明确的预配置工作。这项任务的自动化也极大地加快了仪表板开发的进程。

QlikView 在处理数据输入上有一个重要的特性,即把处理的数据保存在多个用户的内存中,也就是保存在服务器的 RAM 中。由于它需要大量的内存来处理所有的数据,为了节省空间,它采用了将数据缩小至原始大小的 10% 来解决。在操作中通过大量使用数据字典,仅使用分析所需中最重要的数据,这样不仅加快了数据搜索的速度,也改善了用户在运行中计算的聚合体验。这是 QlikView 强大的功能之一。

2. 可用性

即使对普通用户来说,QlikView 的仪表板和报告也很容易浏览。但是,构建报表可能非常具有挑战性,因为它需要高水平的开发人员具备一定的技能,要求熟悉 SQL 以及使用 QlikView 的专有查询语言进行训练以构建数据库交互,所以 QlikView 被评为 BI 领域最昂贵的平台之一。

1.2.2 Klipfolio

Klipfolio 是一个实验智能解决方案,不需要桌面应用程序 100% 在云平台上,为数据可视化和仪表板组成提供了一个真正具有洞察力的工具。这使得它能够最有效地处理数据、进行实时解决方案和优化,而不是依赖周期性回归模型。

Klipfolio 支持连接到各种数据源,包括在线和离线数据源。在线数据源整合了一系列云托管存储,包括谷歌表格、关系数据库和其他以各种形式提供数据的服务,服务部门可以在这里找到连接服务的完整参考资料。使用 RESTful API 也可以连接到用户自己的数据源。它支持一组 HTTP 操作(方法)的服务终结点,支持在报表服务器中创建、检索、更新或删除资源访问权限。Klipfolio 支持多种离线服务类型,包括 MS Excel、CSV、XML、JSON 等,在数据存储库部分,可以通过在线来源相同的链接找到完整的参考列表。所有这些数据源,无论是单独的还是组合的都可以有效地用于整合各种指标,以提取数据愿景,创建、转换和共享定制可视化,以揭示任何有用数字背后的实际含义。Klipfolio 采用响应原则,利用智能手机和平板计算机等各种技术平台,以及跨越会议室墙壁的台式计算机和智能电视,来帮助开发仪表板。

1. 产品差异化

Klipfolio 代表了一个功能强大的数据仪表板构建平台,可以访问真实世界中不断变化的生动数据源。当动态变化非常重要并且可能需要紧急决策时,它最适用于实时监视和控制连续数据流。实时数据连接是数据检索的一种方式,可以保持数据准确性和可靠性所需的时间一致性,而响应速度则可用于快速决策的时间因素。

2. 可用性

Klipfolio 包括大量的可视化类型,包括普通表、条形图、饼图、曲线图、面积图和散点图等,以及这些图表的组合。此外,通过使用一些 HTML 和 CSS,用户可以构造自己独特的可视化效果。在 WYSIWYG 编辑器的帮助下,将所有这些组件都在复合仪表板上进行布局。这里的 WYSIWYG 实际上并不是计算机辅助设计(CAD)的一条专用术语,而是一种技术。WYSIWYG(What You See Is What You Get,所见即所得)是一种计算机方面的技术,它使得人们可以在屏幕上直接得到即将打印到纸张上的效果,故也称可视化操作。一些更复杂的可视化元素添加了各种公式和功能。Klipfolio 仪表板具有广泛的协作框架,可根据权限与其他用户共享信息,通过电子邮件启用通知和分发功能。用户不仅可以简单地将数据表中的字段拖放到工作表中,也可以使用不同的函数和公式来实现所有计算。通过这种方式,用户可以使用任何类型的可视化创建工作表,但此时用户需要考虑如何组合和更改数据。

1.2.3　Tableau

商业智能产品市场的另一个重要角色就是 Tableau。与大多数其他商业智能工具一样,它通过可视化方式进行多数据分析,旨在轻松创建和分发交互式数据仪表板,通过简单而有效的视觉效果提供对动态、变化趋势和数据密度分布的深入描述。与许多其他服务一样,Tableau 提供了连接多种系统类型数据源的工具,如以文件格式(CSV、JSON、XML、MS Excel 等)组织的数据系统,关系数据系统和非关系数据系统(PostgreSQL、MySQL、SQL Server、MongoDB 等),云系统(AWS、Oracle Cloud、Google BigQuery、Microsoft Azure)。

Tableau 的优点:一是具有数据混合的特点;二是具有实时协作的能力。通过以下几种方法可以在 Tableau 中共享 Tableau 服务：①发布到 Tableau 服务器；②通过电子邮件的 Tableau Reader 功能；③通过公开发布 Tableau 工作簿并授予访问相关链接的相关人员的权限。这几种方法可以带来很大的灵活性并消除许多限制。

1. 产品差异化

Tableau 提供了多种具有鲜明特征的可视化功能，实现了数据发现和深入洞察的智能方式。丰富的可视化类型库包括"文字云"和"气泡图"，可为 Tableau 提供独特的高级理解；树形图也为视觉效果提供了上下文信息。Tableau 仪表板非常灵活，它的重要特征是允许以期望的方式用任何"重叠"来布置仪表板，这更符合屏幕空间人体工程学的要求。Tableau 很容易被理解为工具，其学习曲线非常温和，因为它努力为任何类型的用户提供其所有功能，甚至是那些以前从未接触过可视化工作流技术细节的用户。从开发人员的角度来看，Tableau 不仅简单易用，而且最终界面也非常整洁，因为它提供了通过附加自定义参数的附加过滤来控制结果的功能，所有的数据都以清晰、有吸引力和互动的方式进行交流。Tableau 提供了对数据的深刻见解，并允许有效地压缩复杂的决策过程。

2. 可用性

Tableau 被认为是最好的易于使用的工具。考虑到这些广泛的 Tableau 特性，它最方便的用例是通过图表、图形和其他可视化类型来表示结构化数据，其他的商业智能解决方案都没有 Tableau 容易，Tableau 给用户带来惊人的力量。对于一个普通的业务用户来说，这很容易，而且 Tableau 与开发工具一样强大，可以通过导入数据、构建有吸引力的可视化、共享并以简单明了的形式发布它们。

1.2.4　Google Data Studio

Google Data Studio(谷歌数据工厂)是谷歌公司(以下简称谷歌)目前较新的商业智能分析工具解决方案的一部分，是谷歌的数据产品 GA360 套件之一。在人工智能领域它相对较新，力求通过易用、简单而漂亮的设计、创新的解决问题方案以及简单、习惯的方式来共享仪表板(像用户通常共享文档一样)，从而在众多竞争对手中站稳脚跟。在测试版中，谷歌数据工厂提供了一个关于如何处理数据的有趣视角。这是一个完全基于网络的解决方案，没有桌面版本。这个工具在开始使用时相当不错，但用户还是经常担心它是否会长期运行良好。

1. 产品差异化

谷歌希望在市场上找到正确的位置，不仅仅是单一的商务智能工具，还可以将它们方便地结合到谷歌分析解决方案数据工具包(一种用于分析数据和促进数据驱动的解决方案)中。

谷歌通常会努力在所有产品中实现最大的简单性和直观性，但是有些部分可能仍然颇具挑战性，特别是在数据处理方面。注意，该工具仍处于测试阶段，所以很多功能可能不被支持。谷歌数据工厂允许将原始数据转换为交互式可视化，并将其编译到仪表板中。

此外,该工具完美适用于谷歌特定的数据源,它通过数据连接器的便利设施提供了对数据的轻松访问。谷歌数据工厂中使用的协作技术对于使用者来说应该是最好的一项功能了,使开发团队能够共同处理单个问题。借助谷歌数据工厂,用户可以让其他人按照谷歌文档中的相同方式查看和编辑用户正在处理的信息。

2. 可用性

谷歌数据工厂非常易于使用,它采用的工作方式是通过快速连接数据并找出界面。用户会喜欢创建报告和仪表板,因为它非常简单而有趣。它通过三个简单的步骤完成:首先选择视觉类型;之后将其拖放到所需位置的报告区域中;最后设置可视化度量。共享很简单,功能类似于谷歌云端硬盘。访问级别的控制也类似,用户可以通过电子邮件或可共享链接发送邀请来访问报告或报告文件夹,并选择授予仅查看或允许编辑的权限。

1.2.5　Power BI 系统

Power BI 系统是由微软开发和支持的软件解决方案,用于商业智能和分析需求。系统的核心是一个提供多种交互选项的在线服务,还提供了多个连接第三方软件和服务提供的数据网点。系统提供了一个简单的基于网上的界面,其具有丰富的实用功能,从定制的可视化到对数据源的有限控制。桌面应用程序通过添加数据清理和规范化工具,在更大程度上扩展可用功能。

在旅途中工作和制定数据驱动决策的另一种方式是通过移动应用程序。该应用程序可用于多个平台,通过将用户的工作发布到系统服务,并通过组合报告形成生动的仪表板,使数据通信集中化并易于跟踪所有参与者,分享见解也非常简单。

1. 产品差异化

由于 Power BI 系统是微软产品,它遵循与其他主要微软产品相似的理念、原则和体系结构。它也为视窗(Windows)的用户提供了一个熟悉的界面。系统的创建和设计旨在构建微软电子表格(Excel)的功能,将其升级到下一个级别,进一步扩展其可操作性以解锁新的用例,覆盖更多的平台并接触到云。作为微软的产品,Power BI 系统与微软工具集中的其他软件有联系,其远比利用一整套全新的业务分析工具更有效。Power BI 系统不仅与其他产品有关,也与微软的主要工具(包括 MS Excel、Azure Cloud Service、SQL Server)紧密集成。

2. 特征

Power BI 系统有一个免费的基本版本,让用户有机会探索它所支持的多种方式来整合或导入数据(流数据、云服务、Excel 电子表格和第三方连接)。它具有实时反馈数据的交互功能,仪表板具有将 Power BI 系统与应用程序集成的简单 API 分享报告和仪表板的不同方式,并且具有多平台支持(网上、桌面、移动)功能。

3. 可用性

所有熟悉视窗的用户都可以直接使用该界面,因此使用 Power BI 通常非常直观。许多控件和描述与微软的电子表格和其他微软办公(Office)产品很类似,这些产品在处理报表时可以随时了解用户的进度。可视化功能的实现是通过拖动的方式进行创建的,用户只需要将一个可视类型拖放到报表的空白区域,即可构建新图表或可视化数据,这将以默认外观的空白视觉形式创建未来可视化的占位符。通过简单地将数据字段拖放到占位符本身或其属性中(这些数据在高亮显示时将可用),用户可以选择要在此视觉中呈现的数据(确切字段或数据片段)。

系统相对于其他市场上商业智能系统具有如下优点。

(1)系统是由微软创建的商业服务工具,它使企业能够有效地描绘和剖析信息。用户可以与不同类型的信息源进行交互,并适合逐点详细设计来呈现信息。利用系统进行的每一个视图和报告,都可以通过关联进行分发和共享。

(2)由于系统是由微软创建的,因此它与微软项目套件紧密结合,所以加入 Excel、Azure 和 SQL 服务器是轻而易举的。如果用户处于 Azure 或 SQL 服务器的当前微软业务的用户端,那么合并系统的时间将会很快。系统可以关联和集中来自各种信息源的信息,如 Excel、Access、Adobe、SQL 服务器、Azure、GitHub、谷歌分析、甲骨文、PostgreSQL、赛富时(Salesforce)、天睿公司等。系统仪表板和报告都可以跨阶段交叉。它涉及视窗系统、安卓系统(Android)和 iOS 等所有阶段。

但不可否认的是,系统也具有不足的地方。

(1)处理海量信息时系统不是最好的选择。

(2)在处理大量信息安排时,系统通常会挂起,处理这个问题的最佳方案是利用实时关联。

(3)与大多数其他微软项目一样,系统具有大量的项目替代方案,这使得它很复杂,有许多不可预测的部分,如系统桌面、网关、系统服务等,很难决策哪种替代方案最适合企业。

(4)系统报告和仪表板无法确认或传递客户端、账户或其他参数。这使得难以制造特定事务的仪表板,例如用于信息记录、机会获取、案例分析等用户需求。相反,仪表板限制了元素信息的总体视角。

(5)虽然数据集可以包含各种信息组合,但系统报表和仪表板只能从单独的数据集中获取信息。

(6)系统不会确认大于 250MB 的记录。每个数据集最多 1GB,Power BI.com 中最多有 100 000 条记录。作为一种解决方法,用户只能选择制作大量数据集。

1.3 Power BI 桌面系统安装

Power BI 是软件服务、应用和连接器的集合,它们协同工作以将相关数据来源转换为连贯的视觉逼真的交互式界面。无论用户的数据是简单的 Excel 电子表格,还是基于云和本地混合数据仓库的集合，Power BI 都可以连接到数据源，使用户能够直观看到、发现、操作重要内容，与任何所希望的人进行共享。Power BI 系统服务如图 1-1 所示。

图 1-1　Power BI 系统服务

Power BI 系统简单且快速，能够从 Excel 电子表格或本地数据库快速创建。同时 Power BI 系统也是可靠的、企业级的，可进行丰富的建模和实时分析及自定义开发。因此，它既可以是公司成员个人的报表和可视化工具，还可以用作项目组、部门或整个企业背后的分析和决策引擎。

Power BI 系统包含视窗桌面应用程序（称为 Power BI Desktop）、联机 SaaS（软件即服务）（称为 Power BI 服务）及移动 Power BI 应用（可在 Windows 手机和平板计算机及 iOS 和 Android 设备上使用），如图 1-2 所示。

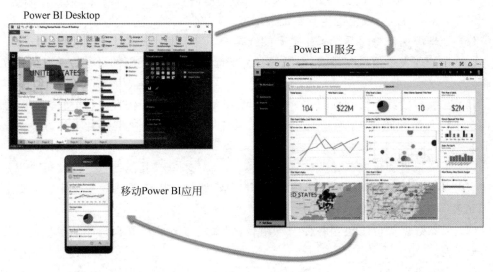

图 1-2　Power BI 系统

桌面、服务和移动这三个组件旨在使用户通过最有效的方式创建、共享和使用商业信息。桌面是一款可在本地计算机上安装的免费应用程序，可用于连接到数据、转换数据并实现数据的可视化效果。借助系统桌面可以连接到多个不同数据源（通常称为"建模"）并将它们合并到数据模型中，该模型允许用户生成可作为报表与组织内的其他人共享的视觉对象和视觉对象集合，使致力于商业智能项目的大多数用户使用系统桌面创建报表，然后使用系统服务与其他人共享其报表。

下面介绍系统安装及操作步骤。在 PC 中安装系统(Windows 系统下要求 Windows 7 或更高版本)的要求如下。

- IE 要求:IE 9 或更高版本。
- 内存:可用内存至少 1GB。
- 分辨率:1440×900 像素或更高。
- CPU:建议至少 1GHz 或更快的 32 位、64 位处理器。

在相关的网站下载系统(Power BI Desktop),网站地址是 https://Power BI. microsoft.com/zh-cn/,根据安装提示进行安装即可。

完成安装后,可直接进入系统。桌面系统主界面如图 1-3 所示。

图 1-3 Power BI 桌面系统主界面

桌面系统支持与各种数据源的连接,这些数据源分为以下几类。

(1) 文件。如 Excel、CSV、XML、JSON 等源文件。

(2) 数据库。数据库系统如 SQL Server、Oracle、IBM DB2、MySQL、SAP HANA 和 Amazon Redshift。

(3) Azure。Azure 服务如 SQL 数据库、SQL 数据仓库、Blob 存储和 Data Lake 存储。

(4) 在线服务。非 Azure 服务,例如谷歌分析、销售力报告、微信、微软的在线交流和系统服务。

(5) 其他。其他数据源类型如微软交互、动态目录(Active Directory)、Hadoop 文件系统、ODBC、OLE DB 和 OData Feed。

要从其中一个数据源检索数据，可单击系统主窗口中"主页"菜单上的"获取数据"按钮，即可启动"获取数据"对话框，如图 1-4 所示。

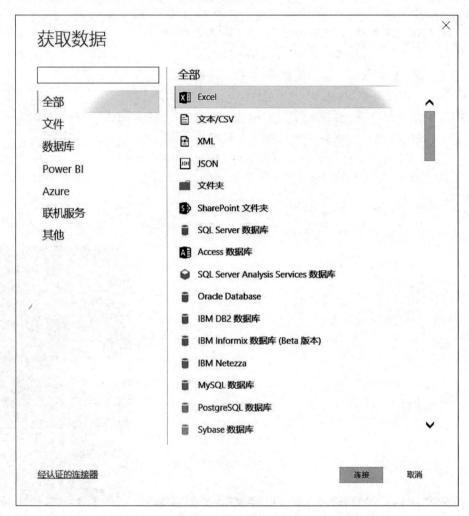

图 1-4　"获取数据"对话框

要访问数据源，可导航到适用的类别，选择源类型之后，单击"连接"按钮。然后系统将提示用户提供其他信息，具体内容取决于数据源，其中包括连接详细信息，如实例、文件名或其他类型的信息。提供必要的详细信息后，系统将启动预览窗口，该窗口将显示数据样本以及其他选项。

本书使用的是基于 Hawks 数据集的 CSV 文件，该数据可通过 GitHub 获得，将文件命名为 hawks.csv 并将其保存到本地文件夹（如 C:\DataFiles）中。若要将文件中的数据导入系统，可在"获取数据"对话框中选择"文本/CSV"数据源类型。单击"连接"按钮，将出现"打开"对话框，导航到 C:\DataFiles 文件夹，选择 hawks.csv 文件，然后单击"打开"按钮，进入预览窗口，如图 1-5 所示。

除了能够预览数据的子集外，用户还可以配置多个选项，如文件来源（文档的编码）、分隔符和数据类型检测。在大多数情况下,用户将主要关注数据类型检测选项。默认情况下,此项设置为"基于前 200 行",这意味着系统仅把前 200 行数据转换为系统数据类型。

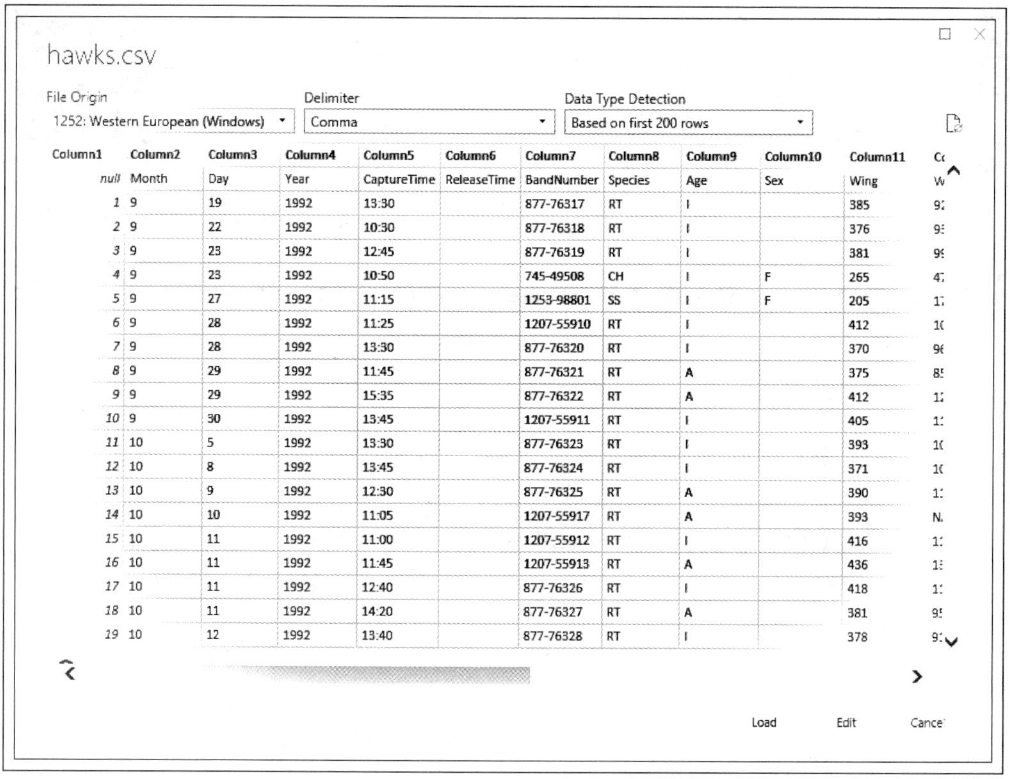

图 1-5　hawks.csv 预览窗口

在某些情况下上述设置可能没问题,但有时可能存在一种情况,即列可能包含与大多数值不同的值,但该值不在前 200 行中。这种情况下,用户可能会遇到错误的数据类型。为避免上述风险,用户可以使用"数据类型检测"选项,主要目的是指示系统将数据类型选择基于整个数据集,或者用户可以放弃任何转换并将所有数据保留为字符串值。

用户还可以在将数据集加载到系统之前编辑该数据集。单击"编辑"按钮时,系统将启动查询编辑器,该编辑器提供了许多用于转换数据的工具。更改后,用户可以保存更新的数据集。在这种情况下,将数据加载到系统而不更改任何设置或编辑数据集。如果要按原样导入数据,单击"加载"按钮即可。然后,用户就可以在"数据"视图中查看导入的数据集了。显示结果如图 1-6 所示。

将数据集导入系统后,用户可以按原样使用报表中的数据,也可以编辑数据,应用各种筛选、转换以及清洗等操作,进行数据的可视化。虽然用户可以在"数据"视图中进行转换、添加、删除列或排序数据,但是用户也可以使用查询编辑器进行操作,其中包括用于数据整合的各种功能。

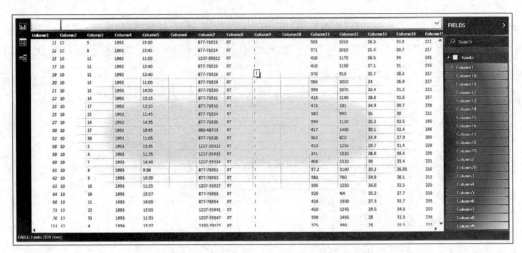

图 1-6　"数据"视图中导入的数据集

1.4　Power BI 桌面系统

在大多数商业智能桌面系统的左侧被称为分析要件区域，它提供信息仓库、信息准备、信息发现功能和交互式仪表板。它允许用户收集实时数据，通过查看实时数据的可视化，用户可以使用其来预测分析并发现未来的机会。

Power BI 商业智能系统最广泛认可的用途有以下几种。

（1）查看所有信息。Power BI 将用户所有的本地信息和云信息集中在一起，让用户可以随时随地访问。

（2）让细节更生动。Power BI 通过可视化效果和交互式仪表板，提供企业的合并实时视图，让具有一定开发能力的用户成为设计大师、数据分析大师。

（3）将数据转换为决策。借助 Power BI，可以使用简单的拖曳手势与数据轻松交互已发现数据的趋势，并使用自然语言快速查询答案。

（4）共享最新信息。Power BI 让用户无论身在何处，都可以与任何人共享仪表板和报表，通过适用于 Windows、iOS 和 Android 的 Power BI 应用，始终掌握最新数据报表。

（5）在网站上分享见解。使用 Power BI 可以快速将可视化效果嵌入网站，实时展现数据报表，能够让数以万亿的用户从任何地点、任何设备进行访问。

Power BI 桌面包含 5 个主要区域，如图 1-7 所示。

（1）顶部功能区：显示与报表、可视化效果关联的常见任务。

（2）"报表"视图或画布：可在其中创建和排列可视化效果。

（3）底部的"页面"选项卡区域：用于选择或添加报表页。

（4）"可视化"窗格：可在其中更改可视化效果、自定义颜色或轴、应用筛选器、拖动字段，或执行其他操作。

（5）"字段"窗格：可在其中将查询元素和筛选器拖到"报表"视图，或拖到"可视化"窗格的"筛选器"区域。

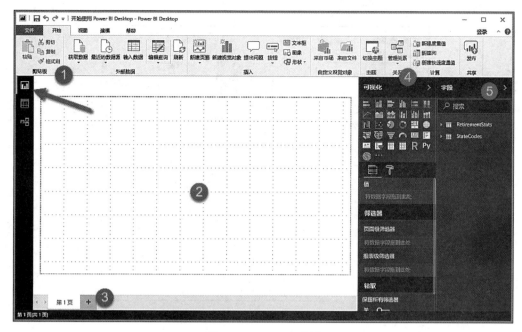

图 1-7 Power BI 桌面

1. 顶部功能区

顶部功能区可用于数据可视化的操作,主要有"文件""主页""视图""建模"等功能区块,如图 1-8 所示。

图 1-8 Power BI 桌面的顶部功能区

2. 报表编辑器

报表编辑器由"可视化""筛选器""字段"3 个窗格组成,其中,"可视化"和"筛选器"控制可视化效果和外观,包含类型、字体、筛选、格式设置;"字段"窗格则可以管理用于可视化效果的基础数据,如图 1-9 所示。此外,报表编辑器各个窗格中显示的内容会随着报表画布中选择的内容的不同而发生变化。

3. 报表画布

报表画布是显示工作内容的区块,使用"字段""筛选器""可视化"窗格创建视觉对象时,在画布中会生成和显示这些视觉效果或对象,底部的选项卡表示报表中的页,如图 1-10 所示。

图 1-9　Power BI 桌面的报表编辑器

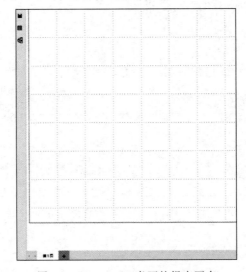

图 1-10　Power BI 桌面的报表画布

1.4.1　数据的获取与关联

对于 Power BI 桌面系统来说，可以连接多种不同的数据源，所以第一步进行的是连接各种数据源。在"开始"功能区块中单击"获取数据"下拉按钮，将会显示常见的几种不同的数据类型。

Power BI 在数据的获取上不仅支持微软自己的数据格式，如 Excel、SQL Server、Access 等，还支持 SAP、Oracle、MySQL、DB2 等几乎能见到的所有类型的数据格式。系统不仅能从本地获取数据，而且还能从网页上抓取数据。选择从网上获取数据，只要在弹出的 URL 窗口中输入网址,就可直接抓取网页上的数据。用这种方法可以实时抓取股票涨跌、外汇牌价等交易数据,如图 1-11 中的操作。

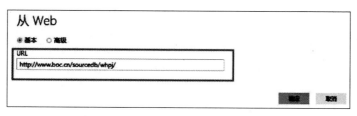

图 1-11　从网上获取数据

要实现与信息相关联,则选择"主页"→"开始"→"获取数据"命令,即可从可关联的众多分类中选择要连接的数据源。显示的"获取数据"对话框如图 1-12 所示。

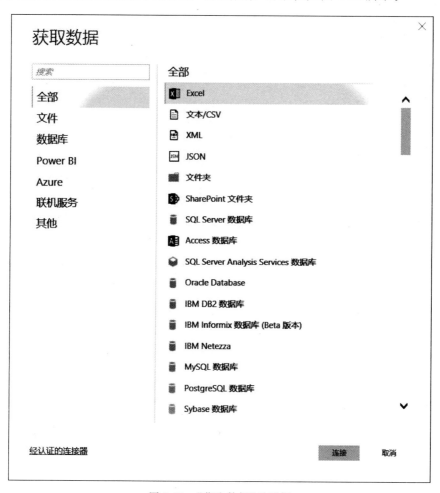

图 1-12　"获取数据"对话框

当用户选择要撰写的信息时,系统会驱动数据,例如 URL 和证书,这对于系统与用户的信息源关联至关重要,当用户与至少一个信息源关联时,用户可能需要添加相对应的信息，如图 1-13 所示。

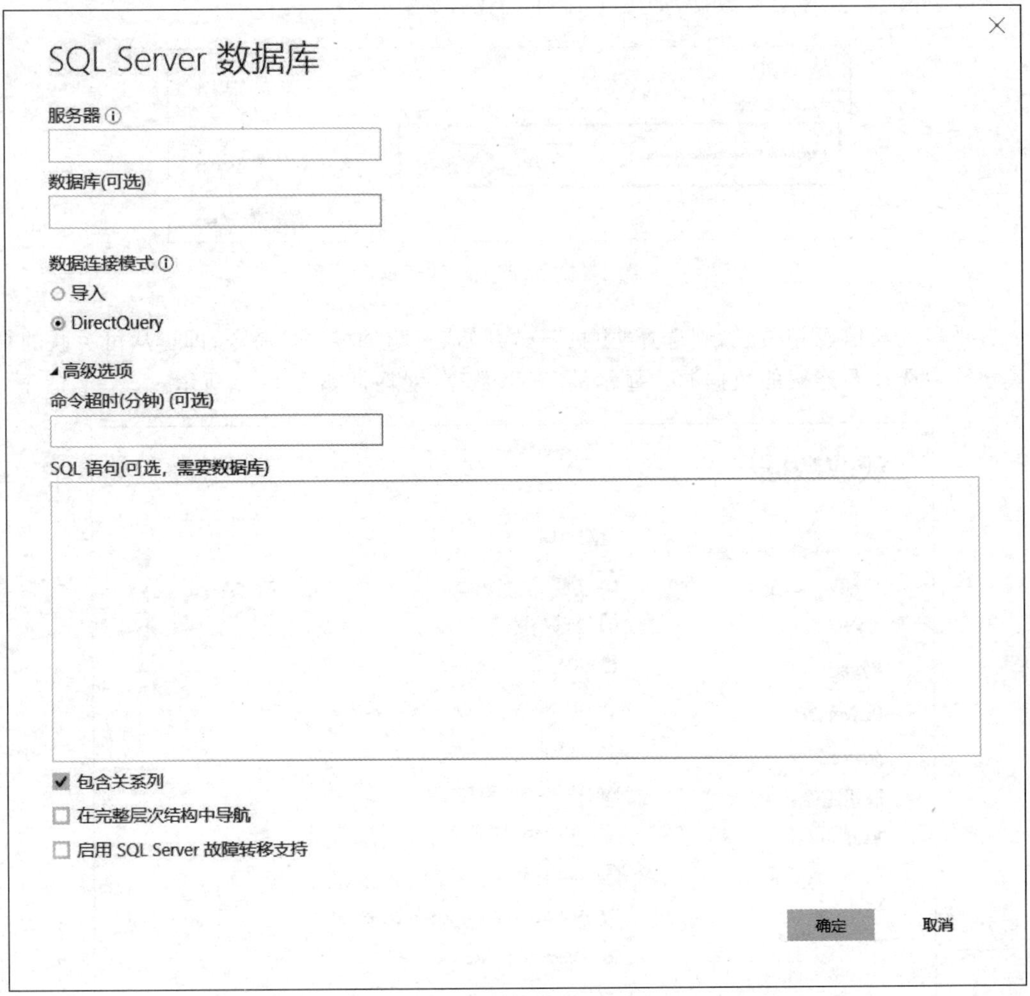

图 1-13　添加相对应的信息

1.4.2　数据的更改与清洗

在系统中对导入的数据进行数据整理的过程被称为"数据清洗"。之所以称为清洗，是因为在数据分析师眼中，杂乱的数据就是脏数据，只有被清洗成干净的数据后才可以进行分析使用，用户可以使用隐式查询编辑器来清理和更改信息。使用查询编辑器，用户可以对信息进行修改，如更改从各种来源加入信息的字段。

1. 提升标题

在 Power BI 桌面中，属性的操作主要包括新建列、删除列、重命名列和重新排序列等。在 Power BI 中进行属性操作之前，需要导入 Excel 数据文件，数据视图中显示的数据是其加载到模型中的样子。在加载的 Excel 文件中第一行为标题行，从第二行开始才是数据,但在 Power BI 中,从第一行开始就需要是数据记录,标题在数据之上,因此从 Excel 导入数据的第一步就是提升标题,如图 1-14 所示。

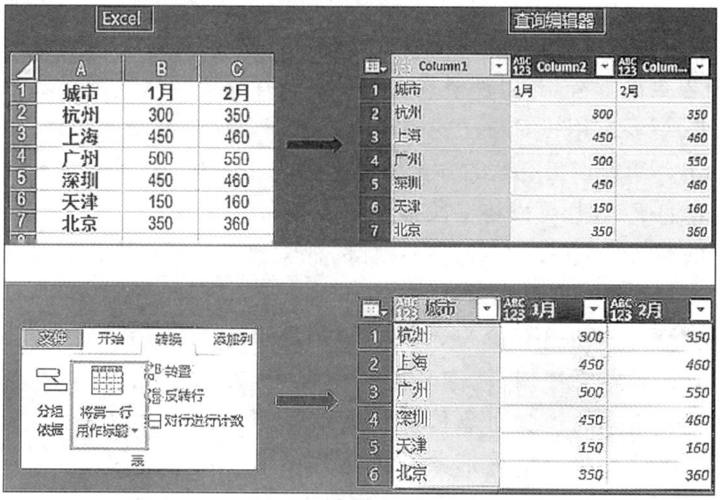

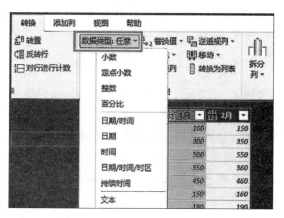

图 1-14　提升标题

在图 1-14 中,单击快速工具栏上的"将第一行作为标题"旁边的下拉按钮,选择"将标题作为第一行"功能,实际上就是拉低标题。

2. 更改数据类型

更改数据类型虽然很简单,但设置正确的数据类型非常重要,后期数据建模和可视化过程中,很有可能会出现一些意想不到的错误,最后发现是数据类型设置得不对,所以一开始就应该养成设置数据类型的好习惯。设置数据类型有两种方式:一是单击"数据类型"下拉列表框中的数据类型;二是单击 ，从中选择所需要的数据类型,如图 1-15 所示。

图 1-15　设置数据类型的两种方式

其他还有删除错误/空值、删除重复项、填充空格等,在后面的章节将会详细讲述。

1.4.3　创建视觉效果

在 Power BI 桌面中，一个页面可以由一个或多个报表组成，所以页面统称为报表。报表的基本元素包含视觉对象（可视化效果）、独立图像和文本框等。从各个数据点到报表元素，再到报表页面本身，有多种格式选项可供选择。要确保每张报表所传达的信息能够满足业务需求，就要求用户对自己的业务流程有一个比较全面的了解，选择合适的视觉对象传达信息，并尽可能以最有效的方式呈现这些视觉对象。视觉是对模型中信息的真实写照，当用户有信息显示时，可以将字段拖到报表画布上以显示视觉效果。图 1-16 显示的是"可视化"组件，在系统中可以查看各种各样的视觉效果。要制作或更改视觉效果，从"可视化"组件中选择视觉符号即可。如果用户在报告画布上选择了视觉效果，则所选视觉会更改为用户选择的顺序。如果不选择视觉，则根据用户的选择制作另一个视觉效果。

每个视觉对象都需要规划，就像开始制作报表前的规划一样。通过所建立的视觉对象传达什么信息，然后确定哪种类型的视觉对象能够最形象地传达这种信息。在实际操作中，可能选择的第一视觉对象类型也许并不是最佳的选择，需要尝试多种视觉对象类型，然后看看哪种才是最佳的选择。

图 1-16　"可视化"组件

说明：

（1）不要为了让报表令人印象深刻而使用复杂的视觉对象类型。选择能够传达信息的最简单的视觉对象类型即可。

（2）尽量不要使用滚动条，可以尝试应用筛选器和层次结构。如果无法避免使用滚动条，要考虑选择其他类型的视觉对象。如果一定要使用滚动条，那么水平滚动比垂直滚动更易于被接受。

（3）即使选择的是最合适传达相应信息的视觉对象，也可能需要借助其他元素的配合才能更直观，例如设计标签、标题、菜单、颜色和字号。

1.4.4　创建报表

报表是在一个或多个页面上显示的可视化效果集合。用户需要选择视觉效果，以显示用户在系统中用于制作模型信息的不同部分。报表至少要有一个页面，与 Excel 表中至少要包含一个工作表非常相似。在我们制作的图表中，会有系统报告的主页面，被称为总览。

一旦以所需格式获取数据集，就可以开始创建报表及其可视化，为了向用户展示可以做出的样本，这里创建了一个基于某销售公司的 2014 年、2015 年的数据集的 3 个可视化报告，如图 1-17 所示。

图 1-17 包含了一个单页报表，该报表显示在系统的"报表"视图中，主要包括表格、条形图和圆环图。注意，"报表"视图包含用于创建和配置不同类型可视化的各种选项。在本书的后面部分中，用户将学习如何创建报表和可视化，并将它们发布到系统服务上。

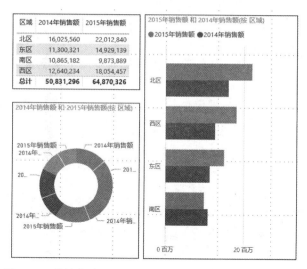

区域	2014年销售额	2015年销售额
北区	16,025,560	22,012,840
东区	11,300,321	14,929,139
南区	10,865,182	9,873,889
西区	12,640,234	18,054,457
总计	50,831,296	64,870,326

图 1-17 某销售公司的 2014 年、2015 年的 3 个可视化报告

1.4.5 调整可视化对象元素

选择类型和度量值并创建视觉对象后,需要进一步微调外观以达到最佳效果。可视化对象元素包括"坐标轴""数据颜色""数据标签""标题""背景"等,下面简单逐一介绍。

1. 坐标轴

可以启用和禁用坐标轴标签。选择视觉对象,使其处于活动状态,然后打开 🖌 的"格式"窗口拖动"X 轴"和"Y 轴"右侧的滑块来启用和禁用坐标轴标签,如图 1-18 所示。

其中"X 轴"的具体设置项包括颜色、文本大小、字体系列等,如图 1-19 所示。

图 1-18 视图的格式选项

图 1-19 X 轴的格式选项

2. 数据颜色

使用颜色可以使报表成为一个有机整体，并能突出显示某些重要信息，加强用户对视觉对象的理解。但是太多的颜色会分散用户的注意力，让用户不知道从何处开始看起，因此不要为了追求美观而牺牲用户对信息的理解。Power BI 桌面默认提供的主题颜色可以确保多样性和对比度，如果不想使用默认主题调色板，用户可以选择"自定义颜色"选项进行设置。

3. 数据标签

可以启用和禁用坐标轴标题。选择视觉对象，使其处于活动状态，然后打开"格式"窗格，展开"X 轴"或"Y 轴"设置项，将"标题"右侧的滑块拖至"开"或"关"位置，如图 1-20 所示。

4. 标题

用户可以调整标题和数据标签的字号，但是无法调整 X 轴、Y 轴和图例的字号。标题对齐方式包括左对齐、右对齐和居中对齐，选择一种对齐方式后，会将同样的设置应用于页面所有的视觉对象。

5. 背景

可以在"格式"窗格的"背景"设置项中更改背景颜色，如果要设置可视化效果的背景颜色，则务必将"背景"设置为"开"。Power BI 桌面默认提供的背景颜色可以确保多样性和对比度，如果不想使用默认的主题调色板，可以选择"自定义颜色"选项。

图 1-20　轴设置项和
数据标签

1.4.6　可视化模板下载及导入

1. 可视化模板下载

除了使用 Power BI 桌面自带的可视化图标外，用户还可以进行自定义设置，截至 2020 年 8 月 23 日，微软官方网站共有 215 种可视化效果模板，如图 1-21 所示。模板可以到微软官方网站下载，网址为 https://appsource.microsoft.com/en-us/marketplace/apps? product＝power-bi-visuals。

2. 可视化模板导入

在 Power BI 桌面页面中，单击"导入自定义视觉对象"下的"…"按钮，在弹出的菜单中选择"从文件导入"选项，如图 1-22 所示。

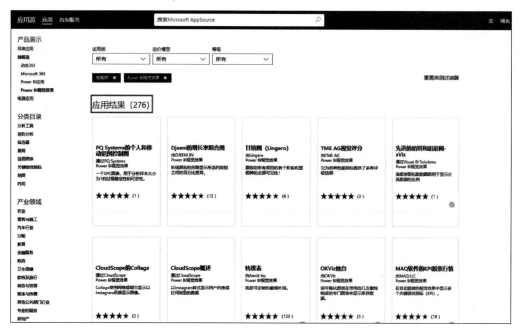

图 1-21 下载可视化模板网站

打开"导入自定义视觉对象"对话框,单击"导入"按钮,在弹出的"打开"对话框中选择自定义效果存储位置,然后单击"打开"按钮;最后,在弹出的"导入自定义视觉对象"对话框中提示视觉对象导入成功,单击"确定"按钮即可完成可视化模板的导入。

图 1-22 导入可视化模板

1.4.7 生成报表

Power BI 报表是数据集的多角度视图,可以包含多个可视化效果。使用报表的优点体现在它是以单个数据集为基础,报表中的可视化效果表示信息的一个功能;此外,可视化效果不是静态的,可以添加、删除数据和更改可视化效果类型等,并在深入探究数据时,应用筛选器和切片器进行数据的特征刻画等,从而挖掘隐含的有价值的信息并寻求答案。在报表生成过程中,要注意以下几个问题。

1. 报表与仪表板的对比

报表类似于仪表板,但具有高度互动性和高度可定制性,并且可视化效果可以随着基础数据的变化而更新,而仪表板的可视化对象相对比较独立。

2. 报表添加页面

当报表页面存在多个可视化效果时,可以在不同的画布上进行显示。通过添加新的空白页面来完成,单击"＋"图标,然后输入新页面的名称即可。

3．报表设计原则

Power BI 报表可利用的空间有限，使用一个页面就能呈现整个报表哪里是最好的。如果无法在一个报表画布上呈现所有元素，就需要将报表分成多个页面，注意，各个报表页面所展示的内容要有一定的逻辑关系。

4．调整页面布局

报表元素的布局会影响用户对报表的理解，它还是用户浏览报表页面时的向导，元素的布置方式也是在向用户传达信息。大多数情况下，人们习惯从左往右、从上往下进行浏览，因此可以将最重要的元素放在报表左上角，而其他视觉对象的排列方式要有助于用户有逻辑地浏览和理解信息。

页面布局要注意对齐，但对齐并不意味着不同组件的尺寸必须相同，也不是说报表上的每一行都必须有相同数量的组件，只是要求页面采用有助于用户浏览和提高可读性的结构。Power BI 桌面提供了一些帮助对齐视觉对象的工具，如果选择多个视觉对象，就可以使用"格式"功能区中的"对齐"和"分布"选项来对齐和分布视觉对象，还可以使用"格式"窗格中的"常规"设置项来精确控制所有视觉对象的大小和位置。

5．调整页面尺寸

如果已确定报表的查看和显示方式，那么在设计时要注意减少空白区域，填满整个画布，尽量不要对各个视觉对象使用滚动条，在填满整个空间的同时，确保视觉对象看起来没有压迫、紧凑感。缩小页面后，各个元素相对于整个页面就会放大，为此可以取消选择画布上的所有视觉对象，然后使用"格式"窗格中的"页面尺寸"设置项来进行设计。在设计报表时要注意采用 4∶3、16∶9 及其他宽高比，是小屏幕还是大屏幕，还要适应所有可能的屏幕宽高比和尺寸，这些都需要根据用户的需求而定。

6．整齐有序

报表页面应尽可能做到明确、快速、一致地传达信息。信息表达清楚的目标是用户在快速浏览视觉对象后，能迅速获取页面及其各个图标所要传达的信息，通过调整文本框标签、形状、边框、字号和颜色等视觉元素，有助于上述目标的实现。杂乱无章的报表页面让用户很难一眼就理解数据信息，甚至可能会令用户感到不知所措，因此，要删除所有不必要的报表元素，不要添加对信息理解或浏览没有作用的附件项。

7．文本框

文本框可以描述报表页面、一组视觉对象或单个视觉对象，也可用于阐述结果或更好地定义视觉对象、视觉对象中的组件或视觉对象之间的关系。文本框也可以根据文本框突出显示的不同条件来吸引用户的注意力。

8. 形状

形状有助于用户浏览和理解信息。使用形状可以将相关信息归到一起,突出显示重要数据,还可以使用箭头引导用户的视线。在"形状"选项下添加"形状"的方法是打开其下拉菜单选择,如图 1-23 所示。

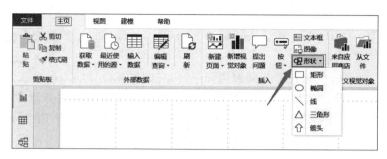

图 1-23 添加"形状"元素

9. 颜色

使用颜色是为了保持一致性。精心选择颜色,确保颜色不会干扰用户快速理解报表,过多明亮的颜色也会妨碍用户的理解。在设置报表页面的背景时,最好选择不会令报表黯然失色、与画布上的其他颜色不冲突或一般不会引起眼部不适的颜色。

10. 页面标题

标题是描述报表内容的简短语句。在"可视化"窗格中的"格式"状态下,将"标题"设置为"开",单击箭头按钮展开"标题"选项,在"标题文本"文本框中输入新的标题名称,即可完成标题的设定。

准备好报告后,用户可以将反馈发布到系统管理中。企业可以让其他用户拥有系统许可证,这样任何人都可以访问它。分发系统报告时,从桌面的主页上选择"发布"选项,如图 1-24 所示。

图 1-24 系统报告的发布

选择"发布"选项后,系统会使用系统记录将报告与 Power BI 服务联系起来。然后,提示用户选择共享报告。例如,用户的个人工作区、组工作区或其他区域用户。用户应该拥有系统许可,以便与其他个人和群体共享报告。

1.5　Power BI 桌面系统模块

在了解系统的构成之前,需要先了解系统的架构,并简单讨论数据的安全性、存储、用户身份验证以及数据修复等。

系统架构,即微软的云计算基础架构和平台,它的服务设计能力取决于两个集群:在线前端(WFE)集群和侧集群。WFE 集群负责初始关联和对系统服务能力的认证,并且一旦记录,后续将处理所有由此产生的用户交互。系统体系结构使用 Azure 活动目录(Azure Active Directory,AAD)来存储和管理用户身份,并分别管理知识和数据 Azure BLOB 和 Azure SQL 信息的存储。系统体系架构共同使用 Azure 流量管理器(ATM)将用户流量定向到最近的数据中心,连同使用者的 DNS 记录、身份验证方法以及传输静态内容和文件确定。此体系结构使用 Azure 内容交付网络(CDN)将必需的静态内容和文件快速分发到用户支持的地理位置。系统架构如图 1-25 和图 1-26 所示。

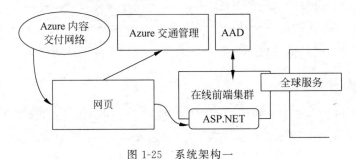

图 1-25　系统架构一

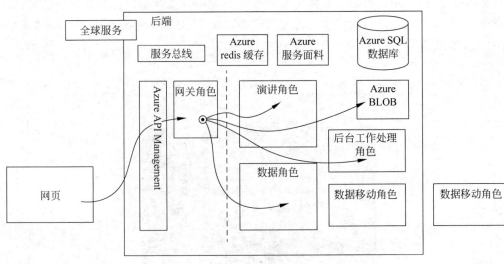

图 1-26　系统架构二

作为系统架构服务的入口,用户进入系统后,不会直接启动任何模块,而是由 Azure API 对入口角色进行管理和处理。

系统包括仪表板、报告、数据集和工作簿。知识集是用户将导入系统的数据。系统区域单元可视化中的报告包含图形和图表。报告区域单元显示为知识表、图形或关系。报告可以从一个数据集中可视化知识,并将多个报告添加到仪表板。仪表板是一个带有可视化的页面,可提供业务摘要。仪表板使企业能够观察关键的指标,因为知识还可以调整共享功能,为公司的所有成员提供一致的数据。

1.5.1　系统界面

系统主要由两部分组成:Power BI Desktop(以下简称"系统界面")和 Power BI Service(以下简称"系统服务")。前者供报表开发者使用,用于创建数据模型和报表用户界面(UI),后者是管理报表和用户权限,以及查看报表仪表板的网页平台(Web Portal)。在开始系统制作报表之前,先下载 Power BI 桌面开发工具,并注册 Power BI 服务账户,在注册服务账号之后,可以一键发布到云端,用户只需要在 IE 或 Edge 浏览器中打开相应的 URL 链接,在权限允许的范围内查看报表数据。

打开系统界面开发工具,主界面非常简洁,分布着开发报表常用的多个面板,每个面板都扮演着重要的角色,如图 1-27 所示。

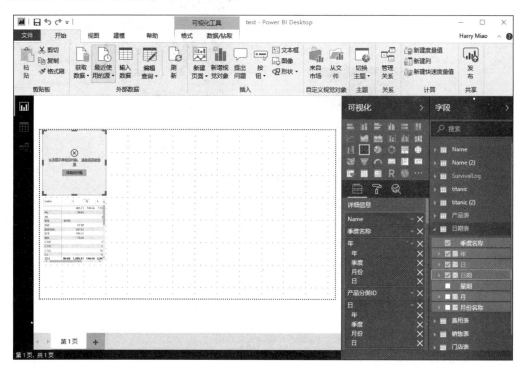

图 1-27　系统界面示意图

系统界面主要包括 4 部分。

(1)顶部是主菜单。打开"主页"菜单,通过"获取数据"创建数据源连接。创建数据源连接是通过 M 查询语言(称为 Power Query M 语言)实现的；通过"编辑查询"对数据源进行编辑。

(2) 左边框分别是"报告"视图、"数据"视图和"关系"视图。在开发报表时，用于切换视图。"关系"视图界面中，在管理数据关系时，数据建模是报表数据交互式呈现的关键。

(3) 右边是可视化(Visualizations)和字段(Fields)。用于设计报表的用户界面，系统内置多种可视化组件，能够创建复杂、美观的报表。

(4) 底部边框是"报告"的"页面"按钮。通过"+"按钮新建页面，Power BI 允许在一个报告中创建多个页面，多个页面共享"数据"和"关系"。

用户可以查看页面的格式(Format)属性，一般页面大小是 16∶9。用户也可以放大页面，使其容纳更多的图标，以及显示更多的数据，这就需要自定义"页面大小"，如图 1-28 所示。

在图 1-28 中，用户可以把"类型"设置为"自定义"，并可设置"宽度"和"高度"的大小。如果发现页面缩小，那么可以先把"类型"设置为 Cortana，然后再设置为"自定义"，并调整"宽度"和"高度"的大小，就可以放大页面的界面了。当高度调整超过一个屏幕的宽度时，页面的右侧会出现滚动条，用于上下移动页面；当宽度调整超过屏幕的宽度时，页面的下方会出现一个滚动条，用于左右移动页面，页面的格式选择如图 1-29 所示。

图 1-28　页面的格式属性

图 1-29　页面的格式选择

系统桌面另一个重要的编辑界面是查询编辑器(Query Editor)，通过单击"查询编辑"按钮切换到查询编辑器，用于对查询(Query)进行编辑，在左侧的"查询"列表中共有 3 种类型的查询，分别是表、字段和参数，中间面板是"查询"的数据，右侧面板是"查询设置"，如图 1-30 所示。查询编辑器通过菜单提供丰富的编辑功能，例如，通过"转换"菜单对查询和其字段执行转换操作，通过"添加列"菜单，启用 M 语言为查询添加新的字段。

1.5.2　桌面视图

系统是微软免费提供的可下载的应用程序。该应用程序本质上是一个报表构建工具，提供类似于系统服务的功能。使用该系统，用户不仅可以构建高级数据查询和模型，创建复杂的报表和可视化，也可以将整合的报表包发布到系统服务或系统报表服务器上。

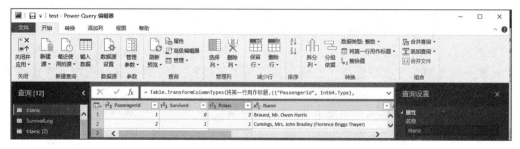

图 1-30　查询编辑器的编辑功能图

无论是从概念上还是从物理上，系统都可以分为 3 类视图，用于与数据交互和创建报表。

（1）"报表"视图：用于根据"数据"视图中定义的数据集构建和查看报表的画布。

（2）"数据"视图：基于从一个或多个数据源检索的数据来定义的数据集。"数据"视图提供有限的转换功能；查询编辑器提供了更多功能，可在单独的窗口中打开。

（3）"关系"视图：确定"数据"视图中定义的数据集之间的关系。系统会自动识别关系，但用户也可以手动定义它们。

要访问 3 个视图中的任何一个，可单击系统界面左侧导航窗格中的 3 个按钮中的其中一个，这里单击"报表"视图，结果如图 1-31 所示。在这种情况下，选择"报表"视图，显示包含 4 个可视化、两个条形图和两个柱形图的单页报表。

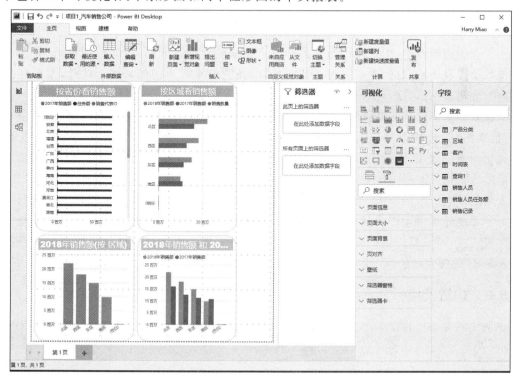

图 1-31　"报表"视图

该报表的数据来自某一汽车销售公司的示例数据库，该数据库在 MySQL 数据库的本地实例上运行。用户可以根据数据来源定义自己的数据集，包括 Excel、CSV、XML 和 JSON 等文件，Oracle、Access、DB2 和 Adventure Works 等数据库，以及 Azure、销售报告、谷歌分析和微信等在线服务。系统还提供通用连接器，用于访问通过预定义连接的不可用的数据。例如，用户可以使用 ODBC、OLE DB、OData 或 REST 等接口类型连接到数据源，也可以运行 R 脚本语言并根据结果创建数据集。

与系统服务相比，系统真正发挥作用的地方是查询编辑器中可用的功能，用于整理和组合数据，"项目 1_汽车销售公司"数据集已打开，该数据集以图 1-32 所展示的销售情况为例。

图 1-32　销售数据

在查询编辑器中，用户可以通过多种方式重命名数据集或列、过滤掉列或行、聚合或透视数据以及形状数据，也可以组合数据集，即使它们来自不同的来源。此外，系统还提供数据分析表达式（Data Analysis Expressions，DAX）语言，用于执行更复杂的转换。

在获得所需格式的数据后，可以使用"报表"视图创建多种类型的可视化，包括条形图、折线图、散点图、饼图、树图、表格、单元格和地图等。"报表"视图提供了许多用于配置和优化图表的选项，因此用户可以尽可能有效地呈现数据。此外，用户还可以导入和显示关键绩效指标（Key Performance Indicator，KPI），并向可视化界面添加动态参考线，以关注重要的信息。按照所需方式获取报表后，可以将它们发布到系统服务或系统报表服务器上。系统还提供了许多其他功能，其中大部分功能都易于访问和理解。用户界面功能强大且直观，可支持广泛的用户，从数据管理员到业务用户再到数据分析师都可以分享 Power BI 的强大功能。

1.5.3　构造模块

系统的主要组件由 5 部分组成，包括可视化、数据集、报告、仪表板和平铺，如图 1-33 所示。

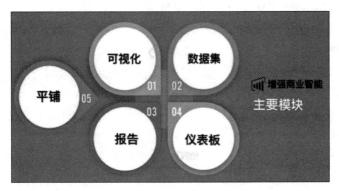

图 1-33 系统的 5 个主要组件

1. 可视化

可视化是对信息的直观描绘,例如表格、图表、着色的编码大纲等,可以用来向外传递有效信息。系统具有各种各样的可视化录入与呈现,并且还不断有更新出现,如图 1-34 展示的各种可视化图表聚集。

图 1-34 可视化图表聚集一

2. 数据集

系统用数据集表示信息的累积。用户可以根据 Excel 练习手册中的单独表格获得基本数据集。数据集同样可以是各种信息来源的混合，用户可以对其进行引导和整合，以提供用于系统的特殊信息包（数据集）。例如，用户可以选择 3 个不同的数据库字段（一个从桌面文档创建的数据集，一个从 Excel 表或者电子邮件创建的数据集，一个从在线工作中创建的数据集），然后把它们结合到一起，尽管这些数据是从各种各样的来源汇集在一起的，但这种信息混合物仍被处理为一种单独的数据集。在将信息引入系统之前分离信息，用户可以将信息集导入数据库。因此，只有从工作展示中获得的用户信息才会合并到数据集中。

　　系统的一部分重要且赋权的功能是包含大量连接信息。无论用户需要的信息是在 Excel 中还是在 SQL 数据库中，或者是在 Azure 或 Oracle 中还是在微信、163.com 或公司的电子邮件等管理中，系统都可以使用信息连接器，让用户有效地与该信息进行交互，并将其带入用户企业的数据集。当用户拥有数据集时，就可以开始制作可视化，以便在各种路径中显示该数据集的不同部分，并根据所看到的内容，获取经验。

3. 报告

　　在系统中，报告是至少在一个画布上共同显示的数据集合。与用户为业务做出介绍的其他报告或用户为任务撰写的报告大致相同，在系统中报告是相互识别的事物积累。图 1-35 显示了系统中的一个报告，对于这种情况，用户可以在系统模块中进行报告。报告可让用户在各种不同的画布上进行多种可视化。

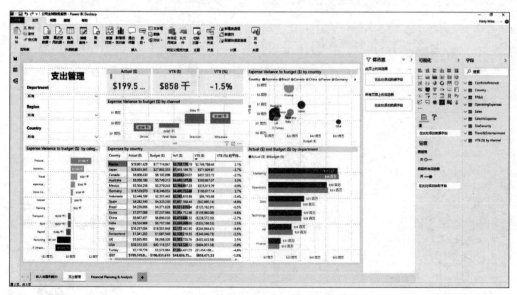

图 1-35　可视化图表聚集二

4. 仪表板

　　当用户准备从报告中共享一个单独页面或提供积累的数据信息时，可以制作一个仪表板，就像汽车中的仪表板，它是一个整体页面视觉效果，用户可以传送给其他群体。通常情况下,这是一个精选的视觉集合,能够为用户尝试展示信息或事件,并让用户快速理解。仪表板需要适合单独的页面,通常称为画布。它就像一个工作空间,用户可以在其中制作、整合和调整成迷人且令人信服的视觉效果。用户可以将仪表板传递给不同的用户,以实现在系统权益或手机上与用户的仪表板进行通信。

5. 平铺

在系统中,平铺图形是在报表或仪表板中单独展示的,包含每个视觉的矩形框。在图1-36 中,用户会看到一个平铺图表,它运用了不同的种类来展示数据。

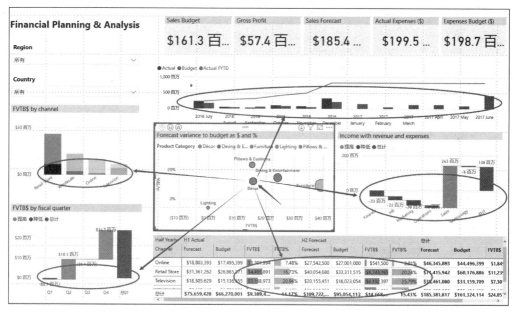

图 1-36 可视化图表聚集三

当用户在系统中制作报表或仪表板时,可以使用任何方式移动或组织切片来显示数据。用户也可以通过改变高度或宽度来改变其大小,并以任何用户需要的方式将它们变化成不同的平铺种类。

1.5.4 添加可视化组件

在制作报表之前,必须熟悉报表数据及数据之间的关系,本例只有一个数据表,所有的数据及其关系都存储在一个数据表中,在"关系"视图中只有一个表。单击"报表"视图,进入报表编辑界面,使用"可视化"选项中的可视化组件,设计报表用户界面,如图 1-37所示。

图 1-37 "可视化"选项中的可视化组件

1. 切片器组件

切片器(Slicer)是一个筛选器(Filter)，每一个选择框都是一个选项。单击将其选中，再次单击取消选择。按住 Ctrl 键同时单击，能够实现多选。如果不选择任何条目，则表示不对数据应用该筛选器，不选和全选是不相同的。从 Power BI 系统的内部运行原理上来解释，如果没有选择切片器的任何一个选项，那么 Power BI 系统不会对数据执行筛选操作；如果全选，那么 Power BI 系统对数据执行筛选操作。由于在数据模型中，数据表之间可能存在多层关系，不选和全选的结果可能是不相同的，在后面的数据建模章节会解释这一点。例如，可以拖曳一个切片器，把"国家"作为筛选器实现国家的选择。

每一个可视化组件都需要设置字段(Fields)属性，将数据字段国家(Country)从字段列表中拖曳到字段中，Power BI 系统会自动对数据进行去重(Distinct)，只显示唯一值，并按照显示值进行排序。字段右边是 图标，用于改变可视化组件的显示属性，用户可以尝试修改，以定制数据的用户界面(UI)显示效果，如图 1-38 所示。

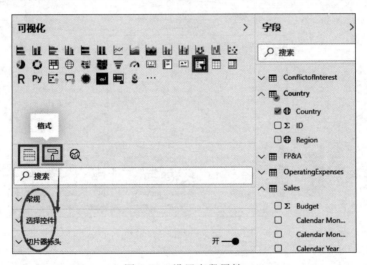

图 1-38　设置字段属性

每一个可视化组件都会有 3 个级别的筛选器，分为组件级别、页面级别、报表级别，主要用于对数据进行筛选，该筛选是静态设置的，不会根据用户选择的字段动态地对数据进行筛选，如图 1-39 所示。

2. 切片器显示结果排序

Power BI 系统支持数据值的排序。在排序时，可视化组件根据排序值执行排序操作，在相应的顺序位置上呈现数据的显示值，因此，排序操作会使用到排序列和显示列。默认情况下，显示列就是排序列。用户可以在"建模"菜单中修改默认的排序行为，组件在显示数据列 1 的数据时，按照另外一个数据列 2 的值的顺序。

图 1-39　筛选器设置

在"建模"菜单中选择"按列排序"选项,默认的排序列是显示列,可以选择其他数据列作为排序列,如图 1-40 所示。

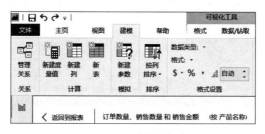

图 1-40　"建模"菜单

3. 折线图组件

从可视化列表中选择折线图组件,轴(Axis)属性选择"产品分类"字段,该可视化组件会按照产品分类呈现数据,每一个产品分类都是数据分析的一个维度、一个视角。"值"属性选择"2018 年销售额"和"2017 年销售额"字段,该可视化组件会显示两条曲线,曲线的值分别是按照产品分类划分的 2018 年销售额和 2017 年销售额。也就是说,对于每一个产品分类,都会分别计算 2018 年销售额和 2017 年销售额,如图 1-41 所示。

4. 堆积柱形图组件

堆积柱形图(Stacked Column Chart)组件可以用于分组显示报表数据,如图 1-42 所示。"轴"属性设置为"月份","图例"属性设置为"产品名称","图例"属性的作用是再次分组,"值"属性设置为"销售金额"。本例设置"图例"属性为"产品名称",这意味着,当"轴"属性为某一个月份时,Power BI 系统会按照产品名称对"销售金额"进行分组,分别设置各个产品名称所占的销售金额(由于"值"属性是"销售金额")。显示结果如图 1-43 所示。

从图 1-43 上半部分的显示结果可以看出,该可视化组件的数据呈现并不完美,因为用户可以看到底部的"月份"不是按照自然月进行排序的,而是按照数字字符的顺序排序的。为了修改这个"瑕疵",必须改变组件默认的排序行为,使其按照排序列的值进行排序。由于数据表中有"日期"字段,可以按照"日期"字段排序,而显示的字段是"月份"。首先,在右边"字段"列表中选中"月份"字段;然后,打开"建模"菜单,单击"按列排序"选项,默认的排序字段是"月份",在排序列中选择"日期"字段。经过操作,显示结果如图 1-43 的下半部分所示。在修改月份的排序列之后,组件的显示正常,"月份"轴按照自然月从左向右依次递增。

1.5.5　模块集合

当单击切片器可视化组件(年份、区域)中的选项时,上面和下面的可视化组件中的数据会自动变化,这种交互式的联动变化是通过关系(Relationship)来实现的。对于本例,由于报表只有一个数据源,关系隐藏在单表中,对于多个表之间的交互式关系,可以在"关系"面板中通过数据建模以及动态关联来实现,如图 1-44 所示。

图 1-41　折线图可视化组件

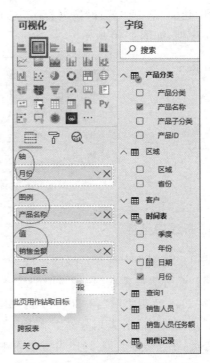

图 1-42　堆积柱形图可视化组件

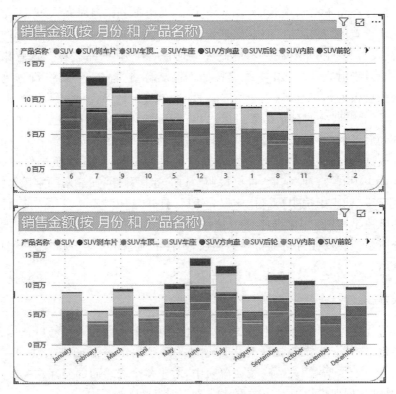

图 1-43　堆积柱形图

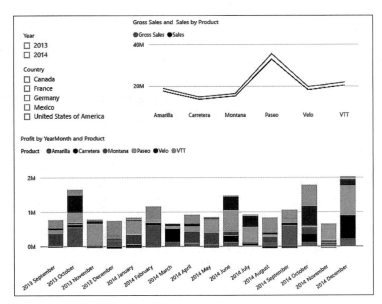

图 1-44　堆积柱形图和折线图的联动

　　系统是应用管理程序和连接器的集合,使用户间能够进行信息交互。用户可以使用
Azure SQL 数据仓库表来整合不同的数据库和连续的数据源,然后逐步分离以制作一个
数据集。该数据集可以逐个单击,组合推进,制作数据集,组合成醒目的视觉效果,处理不
断增长的信息世界,并将其转换为重要的决策经验。

1.5.6　系统组件

　　Power BI 系统主要由许多组件组成,用这些组件可以构建成用户图形界面,因此从
根本上来讲,用户只需要通过客户端超级查询(Power Query)或系统工作区来加载数据,
无须编写任何单独的代码,然后系统就可以单独使用或混合使用组件去构建可视化报表。
其中超级查询可以嵌套在 Excel 2010 和 Excel 2013 中,并且它已嵌套到 Excel 2016 中。
用户可以使用现有的 Excel 下载和使用超级查询。

1. 超级查询

　　超级查询是重要的系统组件之一。它可以作为 Excel 的组件下载或作为系统的组件
使用。使用超级查询时,用户可以从各种数据源中删除数据,从数据库中读取数据。例如
SQL Server、Oracle、MySQL、DB2 和许多不同的数据库。也可以从记录中提取数据,例
如 CSV、文本、Excel。用户可以将 Power BI 和众多不同的应用程序相关联,也可以利用
在线查询或利用网络传送作为从该网站页面获取数据的来源。查询为用户提供了一个图
形用户界面,可根据需要更改数据,包括各种不断变化的类型、日期和时间,以及可访问的
众多不同任务。查询可以将结果集中推送到 Excel 或数据建模中演示。

2. 超级透视

超级透视（Power Pivot，或者称为枢轴透视图）是对数据的演示，演示将为用户提供制作手段，确定量度值和分段，通过元素来构建连接。数据建模利用数据分析表达式（Data Analysis Expressions，DAX）来构建度量值和确定的字段。它是一种非常有用的工具，将在后面的部件中体验数据建模演示和 DAX 的应用与特点。

3. 超级视图

系统的基础数据可视化部分是超级视图（Power View，简称视图）。它是一种直观的数据可视化，可以与数据源进行交互，并将数据源用于数据检查。视图提供了许多可视化概述，使用户能够为每个数据可视化组件或整个报告引导数据。用户可以使用切片器更好地分割和切割数据。超级视图报告非常直观，客户端可以显示部分数据，增强视图中的独特组件可以相互交换。

4. 超级地图

超级地图（Power Map）用于在 3D 模式下导入地理空间数据。在可视化渲染为 3D 模式时，超级地图在可视化中将为用户提供另一角度。用户可以将度量设想为 3D 中截面的高度，用户可以根据地理区域来显示数据，例如国家、省或自治区、城市或道路地址。超级地图与高德地图配合使用，可根据地理范围和经度或国家、省、城市和道路地址数据获得最佳可视化效果。超级地图是 Excel 2013 的一个组件，并已嵌入 Excel 2016。

5. 系统视图

系统视图可以分发到系统站点。在系统站点中，数据源可以预订以进行激活（依赖于数据源并且是否支持数据恢复）。仪表板可以用于报告，并且可以传递给其他人。系统站点甚至可以让用户在线切换数据，而无须其他设备，只需要基本的互联网浏览器。用户也可以在系统站点上直接汇编报表和可视化。

6. 超级问答

超级问答（Power Q&A）模块是用于查询和回答用户的数据展示。一旦企业汇总了数据显示并将其传送到系统站点，那么企业或企业用户就可以毫不费力地查询和查找解决方案。关于如何构建数据显示有一些方法提示和一些应该避免的误区，因此系统以最理想的方式回答查询，这可以在未来的应用中进行查询。超级问答与超级视图配合使用，可以提高数据可视化效率。因此，用户基本上可以进行查询，例如按国家/地区划分的用户数量，超级问答将在指南中回答客户的询问，以满足用户需求。

7. 系统移动应用程序

主要有 3 种便携式 OS 供应商提供的多种应用：安卓系统（Android）、苹果系统和视窗电话系统。这些应用程序为用户提供系统站点中仪表板和报告的智能透视图。用户甚至可以通过多种应用程序共享它们。用户可以展示报告的某些部分,撰写一份说明并将其提供给共享系统的客户来使用。

1.5.7 系统服务

系统服务是系统产品的核心,提供基于云的平台,用于连接数据和构建报表。用户可以通过基于网上的门户访问该服务,该门户提供了检索、转换和呈现业务数据所需的工具。例如,图 1-45 显示了零售分析的示例仪表板。仪表板包含多个可视化组件,这些可视化组件是零售分析示例报表的一部分。

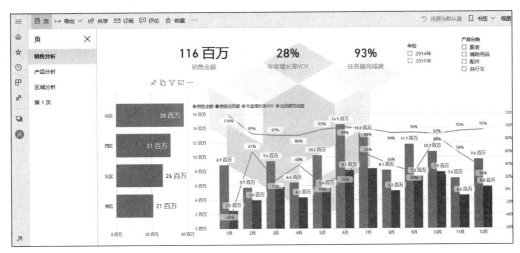

图 1-45 零售分析的示例仪表板

需注意,左侧导航窗格中的“我的工作区”部分已展开,显示指向数据集、报表、仪表板和工作区的链接。这 4 个项目代表了进入系统表示结构的主要组件。下面将进行详细的介绍。

1．数据集

数据集是用户导入或连接到的相关数据的集合。数据集类似于数据库表,可用于多个报表、仪表板和工作区。用户可以从企业中其他人发布的文件、数据库、在线服务或系统应用程序中检索数据。

2．报表

报表是基于单个数据集的一页或多页可视化。报表只能与一个工作区关联,但可以与该工作区中的多个仪表板关联。用户可以在“阅读”视图或“编辑”视图中与报表进行交互,具体取决于客户授予的权限级别。

3．仪表板

仪表板是包含零个或多个切片和小部件的演示文稿画布。仪表板只能与一个工作区相关联,但可以显示来自多个数据集或报表的可视化。用户可以将单个可视化固定到图标或将整个报表固定到仪表板。如果用户是系统 Pro 或 Premium 订户,用户还可以共享仪表板。

4. 工作区

工作区是一个关于数据集、报表和仪表板的容器。用户可以通过左侧导航窗格中的工作区部分访问这些工作区,系统服务支持两种类型的工作区:我的工作区和应用程序工作区。我的工作区是用户登录服务时自动提供的个人工作区,只有用户才可以访问这个空间。应用程序工作区用于共享和协作内容,用户还可以使用应用程序工作区来创建、发布和管理系统应用程序(仪表板和报表的集合)。

微软提供了多个系统订阅计划,入门级是系统免费的服务。若要注册账号,必须使用工作电子邮件账户,而不是以 163.com 或 qq.com 等结尾的个人账户。如果尝试使用个人电子邮件账户,那么用户将收到拒绝访问的礼貌信息。此外,用户的存储空间有限,并且只能使用基本功能,尽管这些功能实际上非常强大。例如,用户可以连接到所有受支持的数据源、清理和准备数据、构建和发布报表。用户甚至可以将报表嵌入公共网站中。

下一级是系统专业(Pro)服务,它基于免费服务,但增加了共享、协作、审核和自动刷新等功能。Pro 的服务还允许用户创建应用工作区。与免费服务一样,限制 Pro 用户为 10GB 的存储空间。但是,他们还可以创建应用程序工作区,每个工作区最多可支持 10GB 的存储空间。

系统高级(Premium)服务虽然基于 Pro 服务构建,但也为组织提供了大规模部署系统的专用公式,每个公式最大为 100TB。此外,组织可以将系统内容分发给非许可用户,也可以将内容嵌入自定义应用程序中。此外,还包括系统报表服务器,这是一种通过内部发布报表的内部部署解决方案。

1.6 自然语言"问答"功能

在系统中使用自然语言来查询数据是一个非常有用的功能。"问答"模块位于系统服务中的仪表板上、系统移动版的仪表板底部以及系统嵌套中的可视化效果上方,在系统桌面的建模目录下,可以进行语言架构的导入导出。

在用数据回答问题时,该项功能更为强大。向系统"问答"功能提问时,它会尽力给出正确答案。为了让"问答"功能更好地实现人机交互,一种方法是通过编辑语言架构来进行改进。为了能够让"问答"功能成功地解释其能够进行回答的大型问题集合,"问答"功能就必须对有关模型进行假设。如果模型结构不能满足一个或多个假设,则需要对其进行调整。无论用户是否使用"问答",针对"问答"功能的这些调整,对于系统中的任何模型来说都是同样的最佳优化做法。另一种方法是通过添加语言架构,该架构对数据集中表名和列名的术语及两者之间的关系进行定义和分类。在设计的过程中,要一切都从企业数据开始,数据模型越好,用户就越容易得到高质量的答案。

1.6.1 语言架构的本质

语言架构描述了对数据集中的对象进行"问答"功能应当理解的术语和短语,包括与该数据集相关的词性、同义词和短语。导入或连接到数据集时,系统将根据数据集的结构创建语言架构。向"问答"功能提问时,它会在数据中查找匹配项和关系,以了解问题的意图。

它不仅可以查找名词、动词、形容词、短语和其他元素,还可以查找关系等。例如,要描述顾客与产品之间的关系,可以说"顾客购买产品";要描述顾客和年龄之间的关系,可以说"顾客年龄";要描述顾客和电话号码之间的关系,可以简单地说"顾客的电话号码"。以上这些短语形状和大小不一,有些与数据模型中的关系直接对应,有些将列与其包含的表关联起来,另一些则将复杂关系中的多个表和列关联在一起。

上述所有示例中,都是用日常术语描述事物之间的关系。若以 YAML(Yet Another Markup Language)格式保存语言架构,此格式与常用的 JSON 格式相关,它提供的语法更灵活、更易读取,可以对语言架构进行编辑,还可将其导出和导入到系统桌面。应该指出,YAML 是一个类似 XML、JSON 的标记性语言。YAML 强调以数据为中心,并不是以标识语言为重点。因而 YAML 本身的定义比较简单,号称"一种人性化的数据格式语言"。其目的就是方便用户读写,实质上是一种通用的数据串行化格式。

1.6.2 设置编辑器

"问答"功能涉及两个阶段:一是建模阶段;二是提问和浏览数据(或称为使用)阶段。在一些企业,用户一般会被分为两类:一类是被称为数据建模人员或 IT 管理员的员工,负责组装数据集、创建数据模型和将数据集发布到系统上;另一类可能是联机使用数据的员工。还有些企业,这些角色可能混在一起。实现"问答"功能,主要进行如下操作。

1. 设置 YAML 文件的编辑器

建议使用 Visual Studio Code 来编辑语言架构 YAML 文件。Visual Studio Code 包含对 YAML 文件的现成可用支持,还可进行扩展,以专门验证系统语言架构的格式。其步骤如下。

(1) 安装 Visual Studio Code。

(2) 选择先前保存的示例语言架构:YAML 文件(SummerOlympics. lsdl. yaml)。

(3) 选择 Visual Studio Code 且始终使用此应用打开 YAML 文件。

(4) 在 Visual Studio Code 中安装 out-of-the-box YAML 支持扩展程序。

① 选择"扩展"选项卡(左侧最后一个)或按 Ctrl+Shift+X 组合键。

② 搜索 yaml 并在列表中选择"Red Hat YAML 支持"。

(5) 依次选择"安装"和"重新加载"。

2. 使用语言架构

可在系统桌面的"关系"视图中单击"建模"菜单,实现对语言架构的编辑、导入和导出操作，如图 1-46 所示。

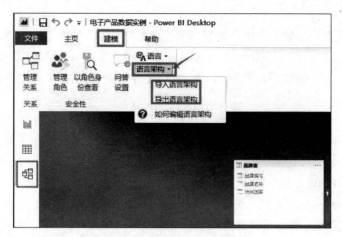

图 1-46　导入和导出语言架构

编辑语言架构的一种方法是将同义词添加到"同义词"窗格，而无须打开 YAML 文件。编辑语言架构的另一种方式是直接导出并编辑 YAML 文件。编辑语言架构 YAML 文件时，将表中的列标记为不同的语法元素，并对可能用于阐述问题的单词进行定义。例如，可说明作为动词主语和宾语的列，可添加用来引用模型中的表、列和度量值的备用字词。编辑语言架构之前，必须从系统桌面将其打开（导出），将 YAML 文件保存回同一位置视为导入操作，也可导入其他 YAML 文件。例如，如果用户有类似的数据集，并已花费大量精力来添加词性、识别关系、创建短语和创建同义词。"问答"功能使用所有这些信息以及用户提供的所有强化信息，来提供更好的答案、自动完成和问题汇总。

3. 编辑语言架构

首次从系统桌面导出语言架构时，文件中的大部分或全部内容将由问答引擎自动生成。这些生成的实体、单词（同义词）、关系和短语被指定为"状态：已生成"标记并包含在文件中，主要用于提供信息，但是对于用户自己的更改来说，这是一个有用的起点。要查看这些标记，应在"关系"视图中打开未编辑的 PBIX 文件并导出语言架构。

当用户将语言架构文件导回系统桌面，任何标记为"状态：已生成"的内容都会被忽略（稍后会重新生成），因此，如果想对某些生成的内容进行更改，应确保删除相应的"状态：已生成"标记。同样，如果想删除一些生成的内容，则需要将"状态：已生成"标记更改为"状态：已删除"，以便在导入语言架构文件时不会重新生成。导入语言架构的具体操作过程如下。

（1）在系统桌面的"关系"视图中打开数据集。

（2）在"建模"菜单下选择"导出语言架构"选项。

（3）选择 Visual Studio Code（或其他编辑器）。

（4）进行编辑并保存 YAML 文件。

（5）在系统桌面上，依次选择"关系"视图→"建模"菜单→"语言架构"→"导入语言架构"。

（6）导航到保存已编辑的 YAML 文件的位置并选中它。显示成功消息即表示已成功导入语言架构 YAML 文件。

1.6.3　向语言架构添加短语

短语是用户表示事物相互关系的方式。向语言架构添加短语的主要原因有 3 个。

一个原因是定义新术语。例如，如果想"列出最老的顾客"，则必须先告知"问答"这里所说的"老"是什么意思，为此可添加一个短语，如"年龄表示的是顾客的年龄"。

另一个原因是为了消除歧义。基本关键字搜索仅在单词具有多个含义时才进行。例如，"来自北京的航班"与"飞往北京的航班"不同。但"问答"功能不知道你指的是哪一个，除非加上"航班从出发城市起飞"和"航班飞往抵达城市"这两个短语。同样，只有加上"顾客从员工那里买的车"和"员工卖给顾客的车"这两个短语后，"问答"才能理解"张三卖给李四的车"和"李四从张三那买的车"之间的异同。

最后一个原因是为了改进重述。如果"问答"说出"展示顾客和其购买的产品"或"展示顾客和其审查过的产品"，而不是回答"展示顾客和其产品"，意思会更清楚，这取决于它是如何理解这个问题的。添加自定义短语可使叙述更浅显易懂。具体的短语类型分为以下几类。

1. 短语的类型

要理解不同类型的短语，首先需要记住几个基本的语法术语。

（1）名词：指一个人、地点或物品。例如：汽车、少年、通量电容器。

（2）动词：指一种行为或执行状态。例如：孵化、爆发、吞噬、喷射。

（3）形容词：指修饰名词的描述性词语。例如：强大的、神奇的、金色的。

（4）介词：指用在名词前面，用来将其与前面的名词、动词或形容词进行关联。例如：属于、为了、靠近。

2. 属性短语

"问答"功能主要使用属性短语，使用情景是当一种事物充当另一种事物的属性时。这类短语简单直接，在尚未定义更细化、更详细的短语时，它的作用非常大。使用基本动词"具有"，例如用"产品具有类别""东道国具有主办城市"等描述属性短语。还有自动允许带有介词"的"（例如"产品的类别""产品的订单"）和所有格（例如"张三的订单"）的问题。属性短语常用于如下类型的问答。

- 哪些客户下了订单？
- 按国家/地区升序列出主办城市。
- 显示包含茶的订单。
- 列出有订单的客户。
- 每种产品属于什么类别？
- 计算某个产品的订单。

系统会根据表/列包含的和模型关系生成模型中所需的绝大多数属性短语。通常情况下，无须自行创建。以下示例展示在语言架构中，显示的属性短语。

```
JSON 复制
产品具有类别(product_has_category):
    捆装(Binding):{表:产品}
短语:
    属性:{主题:产品,对象:产品.类别}
```

3. 名称短语

如果数据模型有一个包含命名对象的表（如运动员姓名和用户姓名），则使用名称短语。例如，必须使用"产品名称是产品的名称"短语，才可在问题中使用产品名称。名称短语还可"命名"为动词（例如，"列出名为张三的客户"）。名词短语与其他短语结合使用时，最重要的是让用户能通过名称值引用特定的表行。例如，在"买茶的顾客"中，"问答"可以指出"茶"是指产品表的整个行，而不仅仅是"产品名称"列中的值。名称短语用于如下问题的问答。

- 哪些员工叫张三？
- 谁是李四？
- 王五的体育运动。
- 指出班级 3 的运动员人数。
- 赵六买了些什么？

假设用户在模型中对名称列使用了易理解的命名约定（例如，"姓名"或"产品名称"而不是"品名"），系统将自动生成模型中所需的大多数名称词条，因而通常无须自行创建。

以下示例展示简单的名词短语如何在语言架构中显示：

```
JSON 复制
Binding:{Table:员工}
  Conditions:
  - Target:员工.全职
    Operator: Equals
    Value:false
短语:
  - Noun:
      Subject:员工
      Nouns:[承包商]
```

在名词短语中，有一类叫动态名词短语，它是根据模型中列中的值定义一组新名词，例如"作业定义员工的子集"。动态名词短语常用于以下问题的回答。

- 列出济南的收银员。
- 哪些员工是数据分析师？
- 列出 2019 年的裁判员名单。

以下示例展示动态名词短语如何在语言架构中显示 employee_has_job。

```
JSON 复制
Binding: {Table:员工}
Phrasings:
－ DynamicNoun:
    Subject:员工
    Noun:员工.工作
```

4. 形容词短语

形容词短语的定义是用于描述模型中的事物的新形容词。例如,需要使用"满意的顾客就是那些评级大于 6 的顾客"短语来提出"列出对华为手机满意的顾客"等问题。形容词短语有几种形式,用于不同的情况。简单的形容词短语根据条件定义一个新的形容词,例如"已停产产品的状态为 0"。简单的形容词短语常用于如下问题的问答。

- 哪些产品已停产?
- 列出已停产的产品。
- 列出金牌得主。
- 列出延期交货的产品。

常见的形容词短语主要分为以下两类。

第一类是度量形容词短语,它是根据表示形容词适用范围的数值定义新的形容词。例如"长度表示河流有多长""小国家/地区的土地面积小"。度量形容词短语常用于如下问题的问答。

- 列出长的河流。
- 哪条河最长?
- 列出赢得篮球金牌的最小国家/地区。
- 黄河有多长?

第二类是动态形容词短语,它是根据模型中某列的值定义一组新的形容词。例如"描述产品的颜色"和"具有事物性质的事件"。动态形容词短语常用于如下问题的问答。

- 列出红色的产品。
- 哪些产品是绿色的?
- 展示女子滑冰项目。
- 尚未解决的计数问题。

5. 介词短语

介词短语用来描述模型中的事物是如何通过介词联系起来的。例如,"城市属于国家"这个短语可以提高对"统计山东的城市"等问题的理解。当列为地理实体时,会自动创建某些介词短语。介词短语常用于以下问题的问答。

- 计算位于北京的客户数量。
- 列出有关语言学的书籍。
- 张三在哪个城市?
- 金庸写了多少本书?

以下示例展示介词短语如何在语言架构中显示 customers_are_in_cities。

```
JSON 复制
Binding: {Table: Customers}
Phrasings:
 - Preposition:
    Subject: customer
    Prepositions: [in]
    Object: customer.city
```

6. 动词短语

动词短语是用来描述模型中的事物是如何通过动词联系起来的。例如，"顾客购买产品"短语提高了对"谁买了豆浆？"和"张三买了什么？"等问题的理解。动词短语是所有类型短语中最灵活的，通常是将两个以上的事物相互关联起来，例如"员工向顾客销售产品"。动词短语常用于以下问题的问答。

- 谁把哪样产品卖给了谁？
- 哪个员工把茶卖给了张三？
- 李四将茶卖给了多少顾客？
- 列出王五卖给赵六的产品。
- 北京员工将哪些停产产品卖给了山东顾客？

在使用过程中，动词短语也可以包含介词短语，从而增加了灵活性，例如"运动员在比赛中赢得奖牌"或"顾客获得产品退款"。带有介词短语的动词短语常用于如下这类问题的回答。

- 有多少运动员在世乒赛中获得金牌？
- 哪些客户获得了奶粉退款？
- 张三在哪场比赛中获得铜牌？

当列包含动词和介词时，会自动创建某些动词短语。以下示例展示动词短语如何在语言架构中显示 customers_buy_products_from_salespeople。

```
JSON 复制
Binding: {Table: Orders}
  Phrasings:
   - Verb:
      Subject: customer
      Verbs: [buy, purchase]
      Object: product
PrepositionalPhrases:
      - Prepositions: [from]
        Object: salesperson
```

7. 与多个短语的关系

通常情况下，可以用多种短语方式描述一种关系。此情况下，一种关系可以有多种表述。表实体和列实体之间的关系通常同时具有属性短语和其他短语。例如,在客户和客户姓名之间的关系中,需要属性短语(例如客户有姓名)和姓名短语(例如客户姓名是客户的名字)。以下示例展示具有两个短语的关系如何在语言架构中显示 customer_has_name。

```
JSON 复制
Binding: {Table: Customers}
Phrasings:
    - Attribute: {Subject: customer, Object: customer.name}
    - Name:
        Subject: customer
        Object: customer.name
```

1.6.4 修补语言架构的缺失

查询用户的数据是利用正则表达式和常用关键字来进行的,系统中问答模块为用户提供了技术支持。问答模块能够有效地转换其响应的大量查询,由于问答模块必须对模型进行假设,如果模型的结构不满足其中任意一个假设,则必须更改模型。无论用户是否在系统中使用问答模块,这些更改都是系统中对任何模型的增强功能。

1. 表格之间缺少连接

在查询过程中,连接是一个完整查询的基础,如果用户的模型缺少表格之间的连接,那么系统报告和问答模块都无法转换,且无法加入这些表格,主要原因是用户无法对这些表格进行查询。例如,如果请求表和客户端表之间的连接不存在,那么客户就无法请求"北京客户的汇总交易",图 1-47 显示了需要工作的模型案例,以及为系统中的问答模块准备的模型。

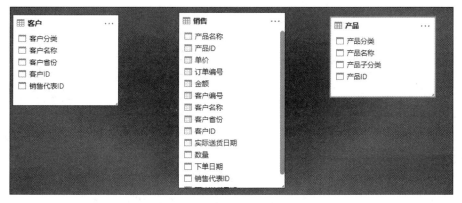

图 1-47 表数据之间缺少连接效果图

如果想实现以上操作,需要用户完成表数据之间的连接。下一步就是在问答系统中选择适合的连接,如图 1-48 所示。

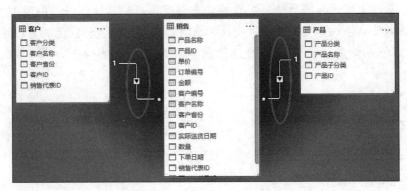

图1-48　连接之后的表数据

2. 重命名表和段

选择表和区域对于系统中的问答模块非常重要。例如,对于一个名为"消费者汇总"的表,表中包含了"用户概要"这个字段。当用户需要进行查询时,虽然"用户概要"前可以加上地区名作为定语,但是,后面的"用户概要"必须与表中字段一模一样,否则,系统就查不出来。例如,查询必须是"在北京的用户概要",而不能是"在北京的用户端"或者"在北京的客户概要"等与表中字段不一致的查询。虽然问答模块可以做一些基本的单词破解和识别工作,但问答模块还是期望用户的表格和字段名称是一致的,所以在操作中,有时需要对涉及的数据表或字段进行重命名。

3. 修复错误数据组合

由于错误数据组合会导致关闭基础数据的写入,具体而言,作为字符串的外部日期和数字部分将不会通过系统中的问答模块解析为日期和数字,因此用户应该确保在系统显示中选择的是正确的数据。

4. 检查年份和标识符字段是否不正确

系统会对数字部分进行总计,所以像"按年汇总交易"这样的指令可以显示在综合报价集合中。如果用户有特定的细分,而用户不需要系统来显示此操作,可将该部分的"总结"属性设置为"不总结"。注意年、月、日和ID字段,因为这些部分是不间断的字段,不同的字段对整体不敏感是不同的。

数据类别提供了关于字段的语义经过其数据组成的外延语义信息。例如,整数部分可以被分开,设置为邮政编码;字符串部分可以被分开,设置为城市、国家、地区等。首先,系统中问答模块利用数据类别来帮助决定使用何种视觉模块。其次,系统问答模块对用户如何使用日期和地理数据做出了一些合理的推测,使其能够理解某些类型的查询。例如,"何时张三下班?"中的"何时"相对肯定会指向日期部分,而"渐渐黑了的北京"中的"黑"可能是指一个城市而不是头发阴影。

5. 为重要部分选择按列排序

"按列排序"属性允许在部分排列以按备用字段自然排序。例如,当用户问"按衬衫尺寸排序客户"时,用户可能需要用户的衬衫尺码部分按基本尺码编号(XS、S、M、L、XL)排序,而不是依次排序(L、M、S、XL、XS)。

6. 标准化客户的模型

不建议用户重塑整个模型。在一些情况下,确实存在一些结构非常麻烦,以至于系统问答模块无法很好地处理它们。如果用户对模型的结构进行了一些基本的标准化,那么将从根本上增加系统报告的易用性,问答模块的精确度也会随之增加。应该采取的一般规则是:用户介绍的每一个特别的"事物"都应该通过一个模型(表格或部分)来表达。沿着这个思路,查询编辑器中可以访问大量的数据,而大量的、更明确的判断识别可能主要利用系统展示中的评估模型。

小结

本章主要介绍了大数据智能分析市场上所用的工具、Power BI 的桌面系统以及桌面系统的功能模块。除了认识一些基本工具外,对数据的获取方法与基本操作也做了简要介绍。然后介绍了报表的建立和可视化模板的下载和导入。最后介绍了系统界面、桌面视图、构造模块以及可视化组件等模块的基本操作,以及自然语言的"问答"功能。在本章中需要重点掌握 Power BI 系统的安装、功能、构成以及其优势等。

问答题

1. 什么是 Power BI?
2. 什么是 Power BI Desktop?
3. 什么是 Power View?
4. 什么是 Power BI Designer?
5. Power BI 服务是否可在本地使用?
6. 从 Excel 导入数据的第一步为什么需要提升标题?
7. 报表与仪表板的区别是什么?
8. 用于与数据交互和创建报表时系统可分为哪几类视图?
9. 有一个 Power BI 报告,在同一画布上显示条形图和圆环图。条形图显示按年度划分的总销售额,而圆环图则按类别显示总销售额。需要确保在条形图上选择年份时,而圆环图保持不变,应该怎么做?
10. 可视化组件的 3 个级别的筛选器分别为什么?

实验

安装 Power BI Desktop 到自己的笔记本计算机上。

第 **2** 章

创建图形

Power BI 桌面中有 3 种视图："报表"视图、"数据"视图和"关系"(或"模型")视图。其中,当前显示的视图会在左侧以一个垂直的黄色(注:本书是黑白印刷,相关颜色可参看具体操作界面,下同)细条表示,如图 2-1 所示。由于"报表"视图左侧有一个黄色细条,因此当前状态为"报表"视图,同时通过单击左侧导航栏中的这 3 个图标,可以在 3 种视图之间进行切换。

在"报表"视图中,可以创建任何数量的具有可视化内容的报表页,可以移动可视化内容,以及进行复制、粘贴、合并等操作。Power BI 桌面右侧的"可视化"区有 29(会随着时间有所变化)个默认的可视化图标。单击这些图标会打开相应的视图对象。

"数据"视图有助于检查、浏览和了解 Power BI 桌面模型中的数据。在"数据"视图中,显示的数据格式是其加载到模型中的样子。特别是在需要创建度量值和计算列时,或者需要识别数据类型或数据类别时,"数据"视图就变得尤为重要。"数据"视图界面主要由 6 部分构成。

图 2-1 视图类别

(1)"数据"视图图标:单击该图标可以进入"数据"视图。

(2)数据网络:显示选中的表,以及其中的所有列和行,隐藏列会显示为灰色。

(3)建模功能区:用于管理关系,创建计算,更改列的数据类型、格式和数据类别等。

(4)公式栏:用于输入度量值和计算列的 DAX。

(5)搜索:可在模型中搜索列和表。

（6）"字段"列表：可以选择需要在数据网络中查看的表和列。

"关系"视图显示模型中的所有表、列和关系,这对于包含多个表且关系十分复杂的模型尤其有用。

2.1　图形的应用场景

1. 比较场景

1）基于时间
- 离散情况下：使用折线图、柱状图。
- 连续情况下：使用折线图、雷达图。

2）基于分类
- 少种类情况下：使用柱状图、条形图。
- 多种类情况下：使用表格。

2. 分布场景

- 单个变量情况下：使用直方图。
- 2个变量情况下：使用散点图。
- 3个变量情况下：使用曲面图。

3. 构成场景

- 随时间变化情况下：使用百分比堆积柱状图、百分比堆积条形图、堆积面积图。
- 静态情况下：使用饼图、瀑布图、百分比堆积柱状图。

4. 联系场景

- 2个变量情况下：使用散点图。
- 3个变量情况下：使用气泡图。

2.2　可视化图形

2.2.1　堆积面积图

首次在 Power BI 桌面中加载数据时,将显示具有空白画布的"报表"视图,当添加数据后,可以在画布中的可视化对象内添加字段。

面积图与折线图、柱形图、散点图一样,都属于常用的商务图表。面积图是一种随时间变化而改变范围的图形,主要强调数量与时间的关系。面积图根据强调的内容不同,又可以细分为 3 类。

（1）基本面积图：显示各种数值随时间（或类别）变化的趋势线。

（2）堆积面积图：显示每个数值所占大小随时间（或类别）变化的趋势线。

（3）百分比堆积面积图：显示每个数值所占百分比随时间（或类别）变化的趋势线，可强调每个系列的比例趋势线。

堆积面积图是基于折线图发展而来的，最下方的折线和横坐标轴之间的区域使用一种颜色进行填充以示此折线的变化；同样，第二条折线的形成是在第一条折线的基础上，加上第二条折线的值，并且它们之间的面积以不同的颜色着色，以示醒目，其意义是若面积开口变大，表示上面折线数值增加，反之若面积开口收窄，表示上面折线数值减小。以此类推，第三条折线的形成是在第一条、第二条折线的值的基础上，加上第三条折线的值，所以三条折线是堆积形成的总体向上的曲线，本身曲线对应的值没有什么意义，而醒目的面积的变化代表了对应的曲线的变化。例如，可以在堆积面积图中绘制表示随时间推移的我国各省、市产业数据。如图 2-2 所示，其中 X 轴为"年"，Y 轴为"人民币（万元）"。

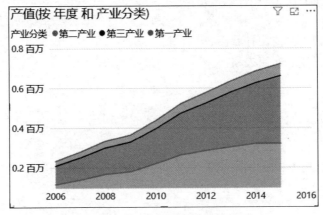

图 2-2　堆积面积图效果

如果想完成图 2-2 所示的堆积面积图，首先需要加载数据源。

打开 Power BI 桌面，依次选择"获取数据"→Excel→"各省市 GDP 数据. xlsx"→"打开"。在弹出的"导航器"页面勾选"各省市 GDP"复选框，再单击"编辑"按钮，进入 Power BI Query 编辑器。由于这个表格是二维表，为了便于分析，需要把二维表转换为一维表。这里需要把三个产业结构的数据转换为一个字段，选中"地区"和"年度"列，从"转换"菜单中选择"逆透视列"→"逆透视其他列"命令，如图 2-3 所示，其中选中的"地区"和"年度"列显示黄色背景。

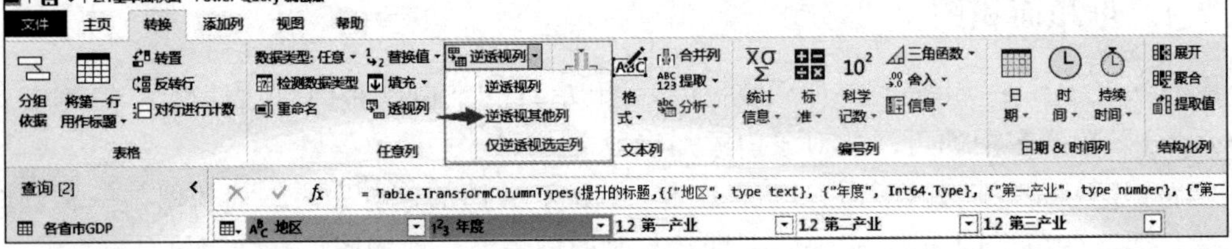

图 2-3　逆透视其他列

执行后就会产生两个新列，分别是产业类型和其对应的产值。这个表就变成一维表，重命名两个新列的名称，单击"关闭并应用"按钮，加载数据源到系统中。

利用上面形成的一维表创建堆积面积图的步骤如下。

（1）在"报表"视图状态下，从"可视化"窗格中单击"堆积面积图"图标，打开一个空可视化对象。

（2）选择字段"年度"，拖到"可视化"窗格中参数设置区的"轴"填充格。

（3）选择字段"产值"（依用户自定义的产业数据名字为准），拖到"可视化"窗格中参数设置区的"值"填充格。

（4）选择字段"产业分类"（依用户自定义的产业类型名字为准），拖到"可视化"窗格中参数设置区的"图例"填充格。

创建的堆积面积图如图2-4所示。

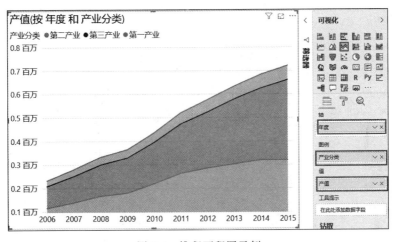

图2-4　堆积面积图示例

2.2.2　散点图和气泡图

在数据分析时，常常需要同时对多个指标进行考查，这时就需要用到散点图与气泡图。散点图可以在二维坐标系中对两个变量进行做图，散点的高低代表了其值的大小，颜色可以代表不同的类型，其优点是非常醒目，一目了然，其缺点是散点的大小是一样的。用户可以为气泡图多加载一个参数来控制气泡的大小，值越大，气泡就越大；反之，值越小，气泡就越小。散点图的显示是始终具有两个数值轴，以显示水平轴（X轴）上的一组数据和垂直轴（Y轴）上的另一组数据，并在其交叉处显示一个标记，标记默认是点，也可以选择方块、三角等形状。在散点图中这些数据点均衡或不均衡地分布在水平轴的上方。

创建散点图的步骤如下。

（1）单击"获取数据"，把"散点图气泡图数据集.xlsx"数据文件加载到系统中。

（2）在"报表"视图状态下，从"可视化"窗格中单击"散点图"图标，打开一个空可视化对象。

（3）选择字段"销售金额"，拖到"可视化"窗格中参数设置区的"X轴"填充格。

（4）选择字段"销售数量"，拖到"可视化"窗格中参数设置区的"Y轴"填充格。

（5）选择字段"产品名称"，拖到"可视化"窗格中参数设置区的"图例"填充格。

参数设置如图 2-5 所示，形成的散点图如图 2-6 所示。

图 2-5　散点图参数设置

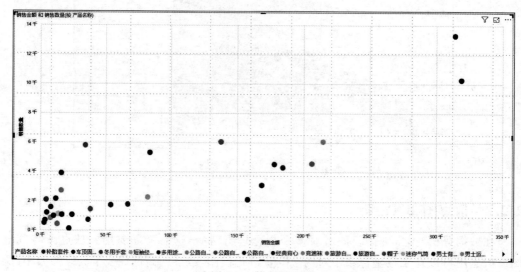

图 2-6　散点图示例

气泡图是将数据点替换为气泡，用气泡大小表示数据的其他维度。如在图 2-5 中，把字段"单价"拖到"可视化"窗格中参数设置区的"大小"填充格，则创建的效果图就变成了气泡图，如图 2-7 所示。

在以下场景，用户可以考虑使用散点图、气泡图。

（1）在不考虑时间的情况下，需要比较大量数据，如果散点图包含的数据越多，则比较的效果就越好。

（2）若数据点分布不连续，而对水平轴刻度要求过大，这时不适合绘制成折线图，建议将水平轴转换为对数刻度，这样就能有效地集中数据点，并能显示包含各个分组值的详细信息。

（3）散点图适合显示数据模式中的大组数据，例如要显示非时间依赖的线性或非线性趋势、群集数据和离群值数据。

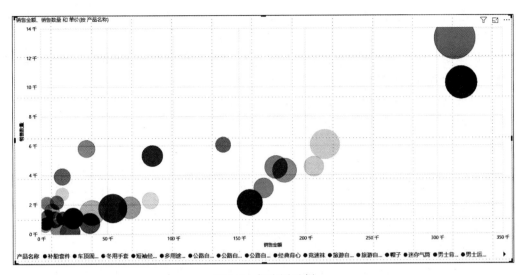

图 2-7　气泡图示例

2.2.3　功能区图

　　用户可以使用功能区图,其优点是直观显示数据,并快速发现哪个数据类别具有最高排名(最大值)。功能区图能够高效地显示排名变化,并且会在每个时间段内始终将最高排名(值)显示在最顶部,如图 2-8 所示。

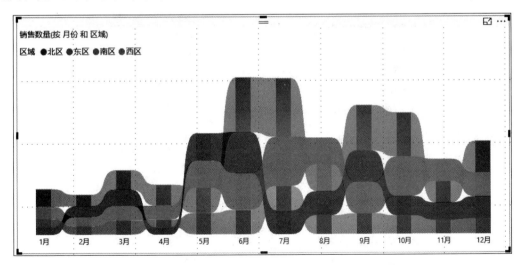

图 2-8　功能区图

　　以某公司销售数据集为例,创建功能区图的步骤如下。

　　(1) 单击"获取数据",把"功能区图.xlsx"数据文件加载到系统中。

　　(2) 在"报表"视图状态下,从"可视化"窗格中单击"功能区图"图标 ,打开一个空可视化对象。

　　(3) 选择字段"月份",拖到"可视化"窗格中参数设置区的"轴"填充格。

（4）选择字段"销售数量"，拖到"可视化"窗格中参数设置区的"值"填充格。

（5）选择字段"省份"，拖到"可视化"窗格中参数设置区的"图例"填充格。

使用功能区图可以清楚地观察在某段时间内目标函数的变化情况，如果用户要对销售数量进行排名，使用功能区图就比较合适。

用户可以设置或者调整功能区图的显示格式，在"可视化"窗格中单击"格式"图标，使用格式设置选项。功能区图的格式设置选项类似于堆叠柱形图中的相应选项，如图 2-9 所示。

功能区图可以在"间距""匹配系列颜色""透明度""边框"等设置选项上进行调整。

（1）间距：可以调整功能区之间的间隔，数值显示的是列的最大高度的百分比。

（2）匹配系列颜色：可以将功能区的颜色与系列颜色进行匹配。设置为关闭时，功能区为灰色。

（3）透明度：可以指定功能区的透明度，默认设置为 30。

（4）边框：可以在功能区的顶部和底部使用深色边框。默认情况下，边框为关闭状态。

由于功能区图没有 Y 轴标签，因此可能要添加数据标签。可以从格式设置选项的"数据标签"添加数据标签。设置如图 2-10 所示。

图 2-9　功能区图的格式设置选项

图 2-10　"数据标签"设置

2.2.4　径向仪表图

径向仪表图是在一个圆弧内显示一个单值，用于度量在实现目标过程中的进度，例如用于衡量实现关键绩效指标（KPI）的进度。使用直线（针）表示目标或目标值；使用明暗度表示针对目标的进度,表示进度的值在圆弧内以粗体显示。所有可能的值都沿圆弧均匀分布,从最小值(最左边的值)到最大值(最右边的值)显示。

径向仪表图适用于以下几种情况。

(1)显示某个目标的进度。

(2)表示百分比指标值,如KPI。

(3)显示单个指标的健康状况。

(4)显示可以快速扫描和理解的信息。

在图2-11的示例中,用户是汽车零售商,需要跟踪销售团队每月的平均销量。径向仪表图上显示的用户目标是140,用黑色针表示;可能的最小平均销量为0,用户已将最大值设为200;蓝色显示本月的平均销量超过了120,所以从仪表板上可以知道用户大约还有20(140-120=20)的差距来实现这一目标。

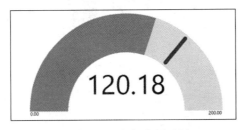

图2-11 径向仪表图示例

下面以某跨国销售公司的数据集为例,介绍创建径向仪表图的步骤。

(1)将销售数据加载到系统中。单击"获取数据",把"径向仪表图.xlsx"数据文件加载到系统中。然后在"报表"视图状态下,从"可视化"窗格中单击"仪表"图标 ,在画布区打开一个空的仪表图可视化对象。

(2)加载数据到仪表图来跟踪总销售额。在"字段"窗格中选择字段"总销售额",拖到"可视化"窗格中参数设置区的"值"填充格,并将聚合函数更改为"平均值",如图2-12所示。

默认情况下,系统创建的仪表图的当前值(在本例中为平均总销售额)在仪表板的中间点上。由于2015年销售额为65百万(即6500万),因此起始值(最小值)设为0,结束值(最大)设为双倍的当前值,即1.3亿元,如图2-13所示。

(3)设置目标值。将"任务额"字段拖放到目标值框中,如图2-14左侧所示。这时系统会自动添加一个红色指针用于表示目标值,本例中数值是70百万(即7000万),可以看出实际数值没有达到设定的目标,如图2-14右侧所示。

(4)设置最大值。在第(2)步中,系统使用"值"字段自动设置最小值(起始)和最大值(结束),用户也可以设置自己的最大值和最小值,而不使用双倍的当前值作为可能的最大值。将"字段"窗格中的"任务额"拖到"最大值"填充格,则其重新设置的径向仪表图如图2-15所示。

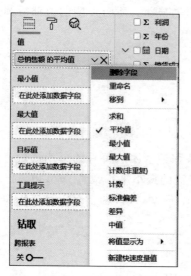

图 2-12　函数设置选项

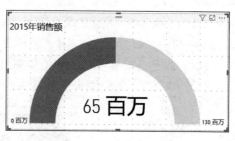

图 2-13　径向仪表图效果

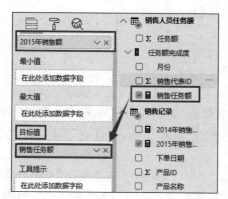

图 2-14　带目标数字的径向仪表

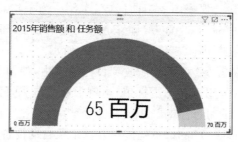

图 2-15　设置最大值的径向仪表

（5）保存报表，并将径向仪表图添加为仪表板标签。

（6）使用格式选项手动设置最小值、最大值和目标值。

其中将"任务额"从"最大值"框中删除；将"总销售额平均值"从"目标值"框中删除；单击"滚动油漆刷"图标 ；打开"格式"窗格展开仪表"测量轴"，然后输入最小值（这里默认)和最大值(这里输入 200 000 000);当仪表板轴下方显示目标值字段时,可输入一个值,这里输入 70 百万,即 70 000 000,如图 2-16 所示。

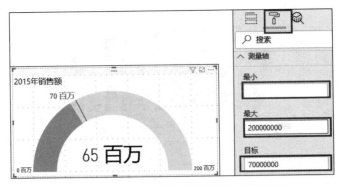

图 2-16 自定义最大值和目标值的径向仪表

2.2.5 组合图

在系统中,组合图是将折线图和柱形图合并在一起形成的单个可视化效果,通过将两个图表合并为一个图表,可以实现数据的快速比较。组合图可以具有一个或两个 Y 轴。Power BI 桌面和服务均支持组合图。打开 Power BI 桌面,并加载数据文件"零售分析示例"。

组合图适用于以下几种情况。

(1)具有 X 轴相同的折线图和柱形图。

(2)比较具有不同值范围的多个度量值。

(3)在一个可视化效果中说明两个度量值之间的关联。

(4)检查一个度量值是否满足另一个度量值定义的目标。

(5)节省画布空间。

若要创建自己的组合图,则打开 Power BI 桌面,再单击"获取数据",加载"组合图数据集.xlsx"文件数据。步骤如下。

(1)在"报表"视图状态下,从"可视化"窗格中单击"折线和束状柱形图"图标,打开一个空可视化对象。

(2)选择时间表下的字段"月份",把它拖到"可视化"窗格中参数设置区的"共享轴"填充格。

(3)选择"销售记录"表下的字段"2014 年销售额"和"2015 年销售额",分别把它们拖到"可视化"窗格中参数设置区的"列值"填充格。

(4)选择销售记录表下的字段"销售数量",拖到"可视化"窗格中参数设置区的"行值"填充格。

设置后的效果如图 2-17 所示。

(5)在可视化效果的右上角单击省略号(…)图标,选择"以升序排序"选项。然后再选择"排序方式"→"销售数量"命令,得到的效果如图 2-18 所示。

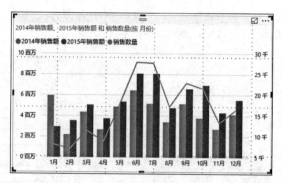

图 2-17　单轴组合

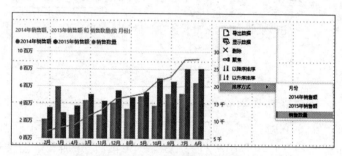

图 2-18　销售数量升序排列单轴组合

2.2.6　树状图

树状图可以显示各种信息。作为已确定形状的排列，树状图将分层数据显示为一组嵌套矩形。一个有色矩形（通常称为"分支"）代表层次结构中的一个级别，该矩形包含其他矩形（"叶"），根据要度量的值分配每个矩形内部的空间，矩形从左上方（最大）到右下方（最小）按大小顺序排列。

当存在以下情况时，可以选择树状图：

（1）要显示大量的分层数据；

（2）条形图不能有效地处理大量值；

（3）要显示每个部分与整体之间的比例；

（4）需要显示层次结构中指标在各个类别层次分布的模式；

（5）要使用大小和颜色编码显示属性；

（6）要发现模式、离群值、最重要因素和异常等。

下面介绍在 Power BI 桌面中如何创建和使用基本的树状图。例如，假设用户正在分析某个汽车销量公司各类汽车的销售情况，用户可以为汽车类别设置一个顶层矩形。然后汽车的类别矩形将根据所属的类别拆分成更小的矩形，这些小矩形将根据销售的数量确定大小和明暗度，如图 2-19 所示。

在上述的汽车及配件分类中，可以发现 SUV 的销售额最高，其次是越野车、旅游客车等，依次向右下角排列，这样销售额的大小就一目了然。同时也可以通过设置每个叶子节点的大小和明暗度来判断汽车及配件的销售额,矩形越大,颜色越深,值就越大。

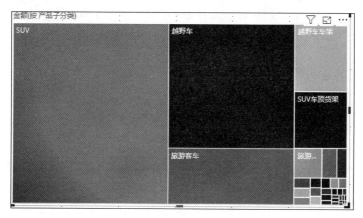

图 2-19　树状图的构建

用户要创建树状图,在 Power BI 桌面中单击"获取数据",加载"树状图数据集.xlsx"文件数据。创建图 2-19 所示树状图的步骤如下。

(1) 在"报表"视图状态下,从"可视化"窗格中单击"树状图"图标,打开一个空可视化对象。

(2) 选择"销售记录"表下的字段"金额",把它拖到"可视化"窗格中参数设置区的"值"填充格。

(3) 选择"产品分类"表下的字段"产品子分类",把它拖到"可视化"窗格中参数设置区的"组"填充格。

2.2.7　漏斗图

漏斗图可以帮助用户对线性流程进行可视化跟踪。例如,销售漏斗图就可以跟踪各个阶段的客户,如潜在客户→合格的潜在客户→预期客户→已签订合同的客户→已成交客户。用户使用漏斗图就可以一眼看出跟踪流程的销售状况。

漏斗图的每个阶段代表总数的百分比。因此,在大多数情况下,漏斗图的形状类似于一个漏斗,第一阶段为最大值,每个后一阶段的值都小于其前一阶段的值。漏斗图也很有用,它可以识别流程中的问题。

漏斗图适用以下情况。

(1) 数据是有序的,经过至少 4 个阶段。

(2) 第一阶段"目标值"预期大于最后一个阶段的数量值。

(3) 要按阶段计算可能的值(例如收入、销售额、交易量等)。

(4) 要能计算并跟踪转化率和保留率。

(5) 要能揭示线性流程中的瓶颈。

(6) 要能跟踪购物车的工作流。

(7) 要能跟踪单击广告、市场营销活动的进度和成功率等指标。

下面介绍如何创建漏斗图和使用漏斗图,以及进行简单的格式设置。基本漏斗图主要用于显示在每个销售阶段所拥有的机会数。

（1）打开 Power BI 桌面，单击"获取数据"，加载"漏斗图数据集.xlsx"文件数据。

（2）在"报表"视图状态下，从"可视化"窗格中单击"漏斗图"图标，打开一个空可视化对象。

（3）选择"实际数据"表下的字段"产品收入"，把它拖到"可视化"窗格中参数设置区的"值"填充格。

（4）选择"销售阶段"表下的字段"销售阶段"，把它拖到"可视化"窗格中参数设置区的"组"填充格。

设置后的基本漏斗图如图 2-20 所示。

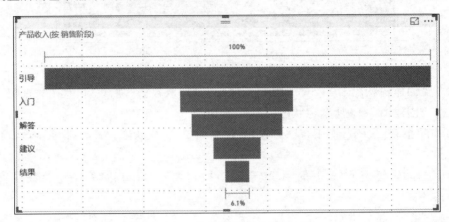

图 2-20　基本漏斗图

（5）如需要把数字标注到图上，可在"格式"状态下打开"数据标签"，并设置"标签样式"，这里选择显示的数字是占上一阶段的百分比，如图 2-21 所示。

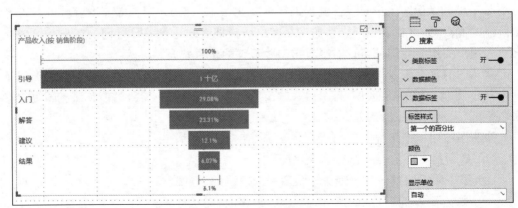

图 2-21　自定义格式的漏斗图

2.2.8　圆环图

圆环图类似于饼图，也是用于显示部分与整体的关系。唯一的区别是它的中心为空，因而圆环图有空间可用于放置标签或图标。创建圆环图的步骤如下。

(1) 打开 Power BI 桌面,单击"获取数据",加载"圆环图数据集.xlsx"文件数据。

(2) 在"报表"视图状态下,从"可视化"窗格中单击"圆环图"图标■,打开一个空可视化对象。

(3) 选择"销售记录"表下的字段"金额",把它拖到"可视化"窗格中参数设置区的"值"填充格。

(4) 选择"区域"表下的字段"区域",把它拖到"可视化"窗格中参数设置区的"图例"填充格。

设置后的效果如图 2-22 所示。

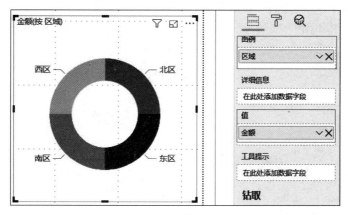

图 2-22 基本圆环图

在设计圆环图时请注意:

(1) 圆环图值的总和相加必须达到100%。

(2) 类别不要太多,否则会难以查看和解释。

(3) 圆环图最适用于将特定部分与整体进行比较,而不是对各个部分相互比较。

2.2.9 瀑布图

瀑布图显示的是随着值的增加或减少不断变化的总数。瀑布图可用于了解一系列修改(正更改或负更改)是如何影响初始值的(如净收入)。同时瀑布图上的柱形条可以使用不同的颜色进行编码,这样就可以快速区分增加或减少。初始值列和最终值列通常从水平轴开始,而中间值为浮动列。

瀑布图适用于以下几种情况。

(1) 跨时序或更改指标的不同类别。

(2) 要研究对总值有影响的任何更改。

(3) 要通过显示各种收入来源来计算总利润(或损失),并绘制企业的年利润图。

(4) 要说明一年中公司的起始和结束员工人数。

(5) 要可视化用户每月的收入和支出。

(6) 用户账户不断变化的余额。

下面介绍如何创建瀑布图。

（1）打开 Power BI 桌面，单击"获取数据"，加载"瀑布图数据集.xlsx"文件数据。

（2）在"报表"视图状态下，从"可视化"窗格中单击"瀑布图"图标■，打开一个空可视化对象。

（3）选择"销售记录"表下的字段"2015 年销售额"，把它拖到"可视化"窗格中参数设置区的"Y 轴"填充格。

（4）选择"区域"表下的字段"区域"，把它拖到"可视化"窗格中参数设置区的"类别"填充格。

（5）添加标题。在"格式"状态下，将"标题"设置为"开"，"标题文本"设置为"2015 年销售额"，然后设置"字体颜色"和"背景色"。

设置后的效果如图 2-23 所示。

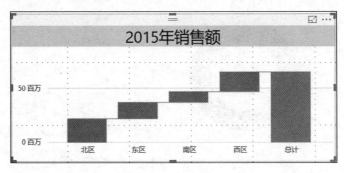

图 2-23　基本瀑布图

2.3　自定义视觉对象

下面学习如何使用关联进行用户视觉对象的下载、导入和部署。在创建或编辑 Power BI 报表时，可以使用多种不同类型的视觉对象。这些视觉对象显示在"可视化"窗格中。下载系统桌面或打开系统服务时，这组视觉对象都已"预打包"。系统提供的"可视化"窗格如图 2-24 所示。

除了可以使用图 2-24 中的视觉对象，也可以单击省略号（…）图标，它可以打开其他报表视觉对象源，即自定义视觉对象。用户也可以使用自定义视觉对象 SDK 来创建自定义视觉对象，使得用户能用最符合业务需求的方式来查看他们的数据。还可以将自定义视觉对象文件导入报表中，并像任何其他系统的视觉对象一样来使用它们。

图 2-24　"可视化"窗格一

2.3.1　自定义视觉对象的部署

自定义视觉对象可以采用 3 种部署形式：

• 自定义视觉对象；

- 组织视觉对象；
- 市场视觉对象。

1. 自定义视觉对象

自定义视觉对象是包含代码的包，这些代码用于给它们的数据提供呈现。任何人都可以创建自定义视觉对象并将其打包为可导入系统报表的单个.pbiviz文件。注意，自定义视觉对象可能包含存在安全或隐私风险的代码。在将其导入报表之前，请务必确认自定义视觉对象的作者和来源的可信度。

2. 组织视觉对象

系统管理员可以将自定义视觉对象部署到企业里，使报表制作者可以轻松发现和使用管理员已批准在公企业内部使用的自定义视觉对象。管理员有权限选择要在公司内部部署的特定自定义视觉对象，以及设定一种简便的方法来进行管理（例如更新版本、禁用/启用）此类视觉对象。对于报表制作者而言，这是一种很简单的发现企业内部独特使用的视觉对象，以及对这些视觉对象进行无缝更新的方法。

3. 市场视觉对象

社区成员以及微软已经将自定义视觉对象公开发布到应用市场（AppSource网站）上。在应用市场可以找到更多的Power BI视觉对象并可以下载。所有这些自定义视觉对象都已经测试过并通过微软的功能和质量审核，用户可以下载这些视觉对象，并将它们添加到系统报表中。应用市场为Office 365、Azure、Dynamics 365、Cortana和Power BI等产品的数百万用户提供解决方案，帮助人们更高效、更为完美地完成工作。

2.3.2 从文件导入自定义视觉对象

首先，单击"可视化"窗格底部的省略号（…）图标，然后在下拉列表中选择"从文件导入"选项，如图2-25所示。

在"打开文件"对话框中选择要导入的.pbiviz文件，然后选择"打开"选项。自定义视觉对象图标会被添加到"可视化"窗格底部，供用户在报表中使用，如图2-26所示。

图2-25 "可视化"窗格二

图2-26 "可视化"窗格三

2.3.3 导入组织视觉对象

从图 2-25 中单击"从应用商店导入"级联菜单，在弹出的"Power BI 视觉对象"对话框的选项卡中选择"我的组织"，如图 2-27 所示。

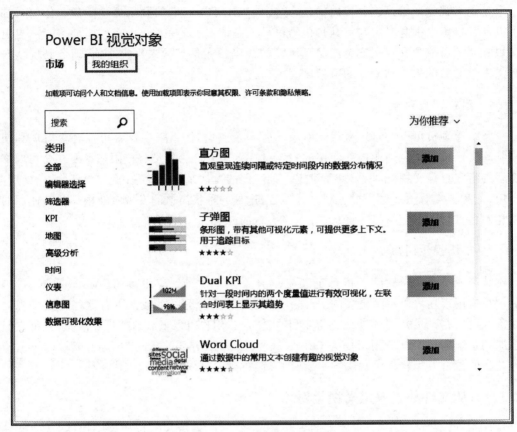

图 2-27 "Power BI 视觉对象"对话框

通过滚动浏览列表，找到要导入的视觉对象。如图 2-28 所示，单击"添加"按钮，即可导入自定义视觉对象。自定义视觉对象图标会被添加到"可视化"窗格底部，供用户在报表中使用，如图 2-29 所示。

2.3.4 下载和导入自定义视觉对象

有两种方法从微软的应用市场网站下载或导入自定义视觉对象：一是在 Power BI 系统中获取；二是从应用市场网站获取。

首先，需要访问微软应用市场（AppSource），并选择"应用"选项卡。在该选项卡中可以查看每种类别的热门应用，包括 Power BI 应用。由于要找的是自定义视觉对象，因此可以选择左侧导航列表中的"Power BI 视觉对象"，从而缩小结果范围，如图 2-30 所示。

图 2-28 选择组织视觉对象

图 2-29 导入组织视觉对象效果

图 2-30 选择"Power BI 视觉对象"

AppSource 会显示每个自定义视觉对象的标签。每个标签均有自定义视觉对象的快照、简短说明和下载链接。如需了解更多详情，应选择标签进行显示，如图 2-31 所示。

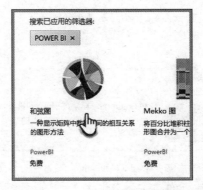

图 2-31　自定义视觉对象标签

在详细信息页中，用户可以查看屏幕截图、视频、详细说明等内容。通过单击"立即获取"按钮，并同意使用条款，可以下载自定义视觉对象，如图 2-32 所示。

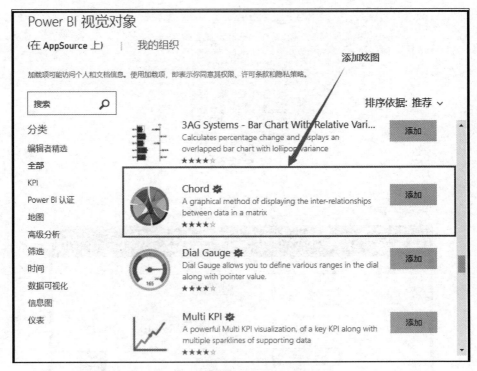

图 2-32　自定义视觉对象详细材料

单击自定义视觉对象下载链接，如图 2-33 所示。下载页介绍了如何将自定义视觉对象导入系统桌面和系统服务，还可以下载包含自定义视觉对象并展示其功能的示例报表，如图 2-34 所示。最后，保存.pbiviz 文件，再打开 Power BI，将.pbiviz 文件导入报表。

图 2-33 下载自定义视觉对象

图 2-34 获取自定义视觉对象示例报表

注意：

（1）导入完成后，自定义视觉对象即可添加到特定报表中。若要在其他报表中使用此视觉对象，还需要将它导入相应报表。使用"另存为"选项保存包含自定义视觉对象的报表时，自定义视觉对象的副本会与新报表一同保存。

（2）如果看不到"可视化"窗格，表示无权编辑报表，只能将自定义视觉对象添加到有权编辑的报表，不能添加到与自己共享的报表中。

2.4 视图筛选器

在 Power BI 报表中有多种不同的方式进行交互，筛选器就是其中的一种。筛选器可保留用户最关心的数据，而将其他不关心的数据隐藏。要说明的是，突出显示与筛选是不同的。突出显示不是筛选，它不会删除数据，而是突出显示部分可见数据；未突出显示的数据虽然仍可见，但会变暗。而筛选器是把不关心的数据在显示报表或者视图中不显示，但原始数据集和视图中并不受影响。

筛选器位于 Power BI 报表视图的右侧，按照筛选器所作用的范围，可以分为 4 类。

（1）视觉级筛选器：适用于对报告画布上的单独视觉对象进行操作。

（2）页面级筛选器：适用于对显示在该报告页面的所有视觉对象进行操作。

（3）钻取级筛选器：适用于对报告中的单独条目进行操作，可应用于报表中的单个实体。

（4）报告级筛选器：它的作用范围更广，不仅可以对当前视图、当前页面施加作用，还能够对该报表内的所有页面都进行筛选操作。

在以上4类筛选器具体操作时，还将根据筛选内容字段的不同，把筛选器分为数字、文本、日期和时间等不同的筛选器类型。不同类型筛选器的字段，其筛选的使用方式略有不同。

首先介绍"筛选器"窗格的打开，"筛选器"窗格如图2-35所示。打开"筛选器"窗格后，它将显示在报表画布的右侧，与"可视化"窗格毗邻。如果用户没有看到工作表，可选择右上角图标使其放大。报表页面同样具有系统中的筛选器，记录在页面级筛选器标题下。

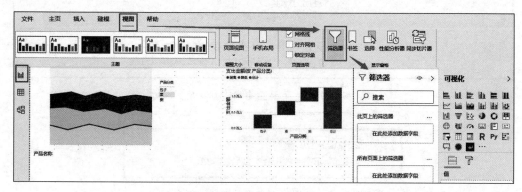

图2-35　"筛选器"窗格

在系统扩展组件中，报告可以在"编辑"视图或"阅读"视图中打开。在"编辑"视图和"桌面报告"中，报告所有者可以向报告添加筛选器，并且这些系统筛选器可以不受报告的限制而独立存在。在"阅读"视图中查看报告的用户可以与系统中的筛选器关联，并保留其进度，但无法向报告添加新的筛选器。在系统扩展组件中，报表保留用户在"筛选器"窗格中所做的任何进度。要将筛选器工作表重置为默认值，应从主页面菜单栏中选择"重置为默认值"选项。

2.4.1　添加筛选器

在特定认知图中添加筛选器（也称为系统可视化筛选器）有两种不同的方法：一是通过筛选目前能表示使用的字段；二是通过区分现在不被认知图利用的字段，将该字段专门添加到视觉级别筛选器中。下面通过两个相互关联的例子，来详细介绍添加筛选器字段的步骤。

例2-1：添加日期和文本筛选器

（1）打开"可视化"和"筛选器"窗格，如图2-36所示。

（2）选择一个视觉效果使其动态化。视觉使用的每个字段都在"字段"表中识别，并进一步记录在"筛选器"窗格中的"此视觉对象上的筛选器"标题下。如图2-37所示，在筛选器中添加了 2017 年和 2018 年的销售额。

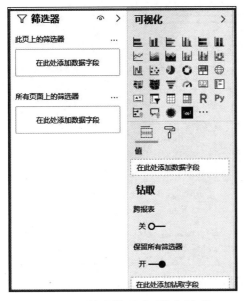

图 2-36 "筛选器"和"可视化"窗格

图 2-37 将筛选字段拖入筛选器设置界面

（3）添加一个筛选器到现在被认知图使用的字段，这里添加了"日期-月份"。

（4）向下看视觉水平筛选器区域，然后选择"箭头"图标来增加筛选条件。在图 2-38 中用户将筛选"月份"，选择了 1 月份。

（5）设置基本筛选、高级筛选或前 N 过滤控件，可以了解如何在系统中使用报表筛选器。在这种情况下，将选择基本筛选并按 1 月（January）、3 月（March）和 5 月（May）放置复选标记，如图 2-39 所示。

图 2-38 添加另一个字段进行筛选

图 2-39 "基本筛选"设置

（6）呈现新系统筛选器的视觉变化。如果将报告与筛选器分开，则报告使用者可以与"阅读"视图中的筛选器关联，如图2-40所示。

图2-40 "阅读"视图中的筛选器关联

（7）从"字段"表中选择需要包含为另一个可视觉级别筛选器的字段，然后将其拖到"此视觉对象上的筛选器"区域中。在此例中，用户将区域管理中的省份拖到视觉级别筛选器容器中，然后选择"高级筛选"选项，其值等于"广东"，如图2-41所示。当然，也可以在"筛选类型"栏下选择"前N个"选项，通过这个选项很容易查看最大的或者最小的N个数据。

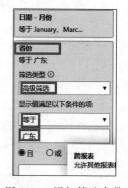

例2-2：添加筛选器作用范围的操作

添加系统筛选器，则按照以下步骤。

（1）在桌面和系统扩展组件编辑视图中，通过从"字段"表中选择一个字段并将其拖入合适的筛选器中，在"筛选器"中

图2-41 添加筛选参数

显示"在此处添加数据字段"，可以将字段"省份"拖入此处，实现将筛选器添加到可视页面中，这样即可获取报表中的相应数据，如图2-42所示。

（2）将"省份"字段作为筛选器条件后，使用"基本筛选"和"高级筛选"控件进行调整，如勾选"北京"复选框，如图2-43所示。

（3）将另一个字段拖入视觉级别筛选器区域，不会将该字段添加到视觉中，而是允许用户使用此新字段筛选视觉效果。注意，在使用"基本筛选"或"高级筛选"控件之前，基本上将"链"作为筛选器不会更改视觉效果。

用于产生认知图的每个字段同样都可以作为筛选器访问。首先，选择一个视觉效果使其动态化。作为视觉的一部分使用的字段记录在工作表和视觉级别筛选器标题下的筛选器工作表中，如图2-44所示。使用"基本筛选"和"高级筛选"控件可以调整任意字段。

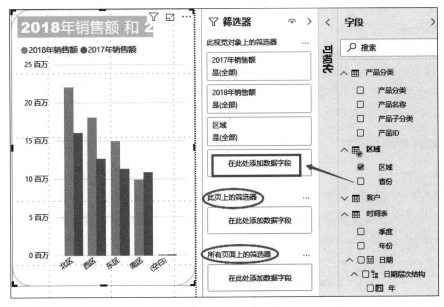

图 2-42　添加筛选器参数前

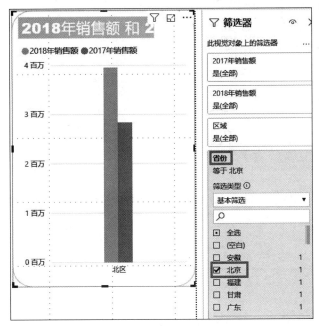

图 2-43　添加筛选器参数后

图 2-44　筛选器筛选类型的选择

2.4.2　筛选器的模式和作用域

在视图中筛选器对报表交互的模式有两种："阅读"视图和"编辑"视图。筛选功能是否可用,取决于它所处的模式。

在"阅读"视图中,可以与报表中的全部现有筛选器进行交互,并保存所做的选择。不过,无法添加新筛选器。

在"编辑"视图中,可以添加报表级、页面级、钻取级和视觉对象级筛选器。保存报表后,筛选器也随之保存,即使是在移动应用中打开它,也不例外。如果在"阅读"视图中查看报表,可以与用户添加的筛选器进行交互,但无法添加新筛选器。

下面具体讲解筛选器的筛选模式。

1. 内容字段筛选器

1) 随意模式

勾选复选框可选择或取消选择,全部复选框可用于打开或关闭所有复选框的条件。复选框说明该字段的所有可访问条目。在修改筛选器时,重新更新会重新显示,以反映用户的最新决定,如图 2-45 所示。

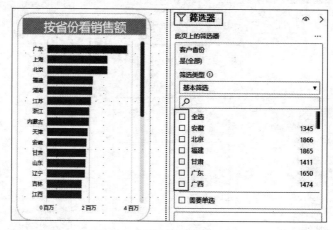

图 2-45　筛选器设置界面

2) 推进模式

选择"高级筛选"以更改为最新的模式,利用下拉控件和内容框来识别要合并的字段。通过选择可以制作复杂的筛选器关系。在设置所需的条件后,选择"应用筛选器"执行,如图 2-46 所示。

2. 数字字段筛选器

1) 限定模式

如果条目有限,选择字段名称就会显示限定性复选框,使用复选框可以复选,也可以勾选"需要单选"复选框后,单选某一项。

2) 推进模式

如果条目的范围很大,选择"字段名称"将打开推进筛选器模式,利用下拉菜单和内容框,确定用户需要查看的目标范围。如把"销售金额"拖入筛选框,由于销售金额的范围较大,推进筛选器模式就自动展开,如图 2-47 所示。

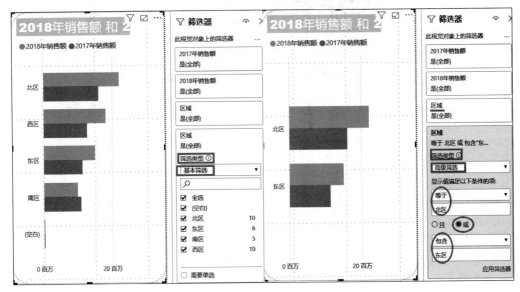

图 2-46 内容字段筛选器

通过以上筛选器模式介绍，用户可以基本掌握构建复杂筛选器的方法。应该指出的是，设置所有设置所需的条件后，必须单击"应用筛选器"按钮来实现执行。

筛选器和切片器两者既有共性又有区别。筛选器和切片器都可以实现报表的交互，只是切片器显示在报表画布上，用户可以直观看到并直接单击交互；而筛选器不在画布上展示，其优点是可以节省画布空间，使报表看起来更简洁，但缺点是不直观，视线需要移到页面之外的区域进行交互，如果想让用户更好地使用，需要添加一个简单的说明。

2.4.3 访问筛选器

无论用户使用的是桌面，还是云端系统，系统筛选器工作表都会显示在报告画布的右侧位置。如果用户没有看到"筛选器"表，请从右上角选择"＞"符号以对其进行扩展，如图 2-48 所示，左边是云端系统的"筛选器"窗格截图，右边是桌面系统的"筛选器"窗格截图。

由于系统筛选器具有持久性，当用户远离报表进行查询时，系统还会保留筛选器、切片器和其他信息，以查看用户所做的更改；因此，当用户返回报告时，可以对筛选器进行清除。

下面简要介绍在系统中将筛选器添加到整个页面的步骤。

图 2-47 数字字段筛选器

图 2-48　云端系统（左）和桌面系统（右）的"筛选器"窗格

（1）在"编辑"视图中打开"报告"视图页面。

（2）打开"可视化"和"筛选器"工作表以及"字段"表（注意，有时未被有效打开）。

（3）从"字段"表中选择用户需要包含的字段作为一个页面级筛选器，并将其拖到"此页上的筛选器"区域中，这里选择时间表中的"年份"，拖入"此页上的筛选器"。

（4）选择需要筛选的目标，并设置"基本筛选"或"高级筛选"控件，这里选择"基本筛选"并勾选"2016"复选框。

受此筛选器影响的画布上的所有显示，都将被重新设置以反映最新更改。设置如图 2-49 所示。

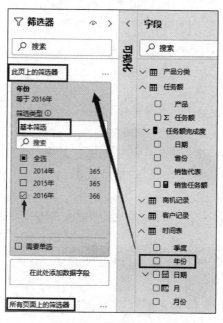

图 2-49　页面级筛选器

如果用户使用系统筛选器备份报表,报表阅读者可以在"阅读"视图中关联筛选器,选择或清除组件。

2.4.4　筛选器查看和清除

1. 筛选器查看

在"筛选器"窗格的下部有"所有页面上的筛选器"选项,这意味着所有页面上的组件都可以被合并到此筛选器中。

如图 2-50 中的柱形图和散点图所示,此报告页面包含了产品销售数量和销售金额的信息。然后,在"此视觉对象上的筛选器"栏下,是"产品名称""订单数量""销售数量"和"销售金额"4 个字段。在"此页上的筛选器"栏下勾选"2016 年"复选框,意味着向用户披露该报告仅包含 2016 年产品销售的有关信息。任何看到此报告的人都可以在系统中与这些筛选器连接,并且通过转移和选择筛选器来查看筛选器的一些下级条目,如图 2-51 所示。

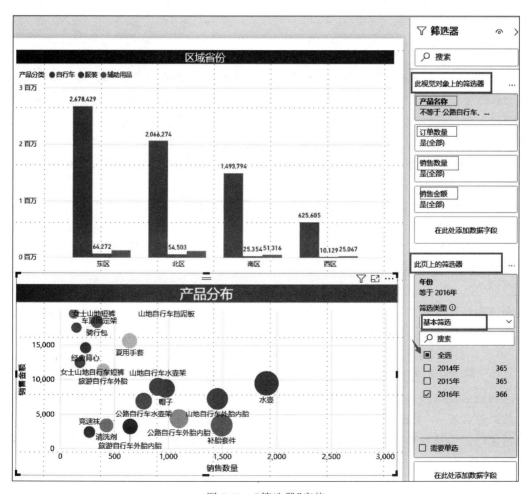

图 2-50　"筛选器"窗格

2. 筛选器清除

用户还可以通过选择筛选器名称旁边的"×"按钮来清除筛选器。清除筛选器可以将其从使用中移除，但不会从报告中删除信息。例如，如果用户删除财政年度（Fiscal Year）是 2016 年的筛选器，那么货币年度信息仍会保留在报告中，但它将永远不再筛选显示 2016 年的财政数据。尽管如此，一旦清除筛选器，将无法更换筛选器，因为它已从组件中清除，有个更好的选择是通过选择"橡皮擦"图标来清除滤波器，如图 2-52 所示。

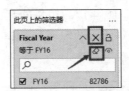

图 2-51　查看筛选器的下级条目　　　图 2-52　筛选器的清除

本节介绍了筛选器，应该指出因为筛选器的创建方式不同，它的行为方式也不完全相同。筛选器的创建方式影响了它在"编辑"模式下新"筛选器"窗格中的行为方式。在本节将要结束的时候，对此部分知识进行扩展，介绍一些不同种类的筛选器。

（1）手动筛选器。手动筛选器是报表创建者在新"筛选器"窗格中拖放到任意位置的筛选器。有权编辑报表的用户可以在新窗格中编辑、删除、清除、隐藏、锁定、重命名或排序此类筛选器。

（2）自动筛选器。自动筛选器是在视觉对象生成时自动添加到"筛选器"窗格的"此视觉对象上的筛选器"。此类筛选器以组成视觉对象的字段为依据。有权编辑报表的用户可以在新窗格中编辑、清除、隐藏、锁定、重命名或排序此类筛选器，但无法删除自动筛选器，因为视觉对象引用这些字段。

（3）包含筛选器和排除筛选器。如果对视觉对象使用了包含或排除功能，包含筛选器和排除筛选器就会自动添加到"筛选器"窗格中。有权编辑报表的用户可以在新窗格中删除、锁定、隐藏或排序此类筛选器，但无法编辑、清除或重命名包含筛选器或排除筛选器，因为此类筛选器与视觉对象的包含和排除功能相关联。

（4）向下钻取筛选器。如果用户对报表中的视觉对象使用向下钻取功能，向下钻取筛选器就会自动添加到"筛选器"窗格中。有权编辑报表的用户可以在新窗格中编辑或清除此类筛选器，但无法删除、隐藏、锁定、重命名或排序此类筛选器，因为此类筛选器与视觉对象的向下钻取功能相关联。若要取消向下钻取筛选器的结果，则单击视觉对象的"向上钻取"按钮。

（5）交叉钻取筛选器。如果向下钻取筛选器通过交叉筛选或交叉突出显示功能传递到报表页上的另一个视觉对象，交叉钻取筛选器就会自动添加到新窗格中。有权编辑报表的用户无法删除、清除、隐藏、锁定、重命名或排序此类筛选器,因为此类筛选器与视觉对象的向下钻取功能相关联,而且也无法编辑此类筛选器,因为此类筛选器源自另一个视觉对象中的向下钻取。若要删除交叉钻取筛选器,则单击传递此类筛选器的视觉对象的"向上钻取"按钮。

(6)钻取筛选器。钻取筛选器通过钻取功能从一个报表页传递到另一个报表页。此类筛选器显示在"钻取"窗格中。钻取筛选器分为两种类型:第一种类型是调用钻取的筛选器。报表编辑人员可以编辑、删除、清除、隐藏或锁定此类筛选器。第二种类型是根据源报表页的报表页级别筛选器传递到目标的钻取筛选器。报表编辑人员可以编辑、删除或清除此类暂时钻取筛选器,但无法为最终用户锁定或隐藏此类筛选器。

(7)URL筛选器。通过添加URL查询参数,可以将URL筛选器添加到新窗格中。有权编辑报表的用户可以在新窗格中编辑、删除或清除此类筛选器,但无法隐藏、锁定、重命名或排序此类筛选器,因为此类筛选器与URL参数相关联。若要删除此类筛选器,则从URL中删除参数。

(8)直通筛选器。直通筛选器是通过问答创建的视觉对象级别筛选器。用户可以在新窗格中删除、隐藏或排序此类筛选器,但无法重命名、编辑、清除或锁定此类筛选器。

小结

本章介绍的是Power BI最基本的工具,详细地讲解了图形的创建以及其简单的应用场景。本章的重点是自定义视觉对象,而本章的关键则是要注重实践,熟记建图流程、所需参数和图形变换等技能,同时要掌握每种图形适用的应用场景和用户要想达到的目的。

问答题

1. Power BI有哪些方式可提高Excel体验?

2. 在创建散点图时,由于散点图只有一个数据点,散点图是否只有一个聚合X轴和Y轴上的所有值的数据点?还是聚合了水平线或垂直线上的所有值?

3. 计划使用针对Power BI报告Server优化的Power BI Desktop来创建报告。该报告将发布到Power BI报告Server。需要确保用户可以使用报告中的所有可视化。可用的方法有哪些?

4. 如果要显示3个数值之间的关系并将水平轴转换为对数刻度,该工作表数据包括分组的值集,并且希望在大型数据集中显示模式,显示线性趋势、非线性趋势、数据群集和异常值,应该选择哪种类型的可视化组件?

5. 管理员如何管理组织的自定义视觉对象?

6. 如果管理员将自定义视觉对象从公共市场上传到组织存储,当供应商在公共市场更新视觉对象后,它是否会被自动更新?

7. 是否有方法禁用组织的存储?

8. 组织中使用组织的自定义视觉对象的用户需要登录才可以查看和使用吗?

9. 组织的自定义视觉与市场视觉对象有何相似之处？

10. 管理员在组织中可以控制使用自定义视觉对象吗？

实验

1. 创建散点图、高密度散点图、气泡图和点图。

2. 创建径向仪表图。

3. 创建单轴组合图、双轴组合图。

4. 创建树状图，并显示交叉筛选。

5. 创建漏斗图，并显示交叉筛选。

6. 创建圆环图、聚簇列图、树状图和时间序列图。

7. 创建饼图、圆环图和瀑布图。

第3章

构建报表

报表制作流程的第一步是从各个数据源导入数据,Power BI 桌面可以从很多数据源导入数据,如 Excel、CSV、XML,各类数据库(SQL Server、Oracle、My SQL)以及两大主流开源平台(Hadoop、Spark)等。下面仅介绍 Power BI 桌面如何对获取到的数据集进行塑形。所谓塑形就是确定数据集的列名以及数据类型,另外还进行一些基本数据的清洗、转换工作,以保证系统报表模块能正确解读数据集。塑形后的数据集就是 Power BI 桌面报表绘制区的输入源。一旦数据塑形好,就能切换到 Power BI 桌面报表区绘制各种报表。

3.1 报表的构建

本节重点介绍用数据集进行报表的构建,使用 Power BI 桌面中的工具对数据集实现可视化。基于单个数据集,下面用几个示例来说明如何向报表添加可视化视图。图 3-1 所示是 Power BI 桌面系统。

左边框竖着排列有 3 个图标,分别是"报表"视图、"数据"视图以及"模型"视图。右面横排也排列有 3 个图标,分别代表"筛选器"窗格、"可视化"窗格以及"字段"窗格。它们是提供添加和配置可视化对象所需的工具。其中"字段"窗格中是加载输入的数据集的列表,系统可以访问每个数据集列。用户在"报表"视图中执行的大多数任务都是单击操作或拖放操作。例如,要将可视化对象添加到报表页面,只需单击"可视化"窗格顶部的"可视化"图标。Power BI 桌面会将可视化对象添加到设计图面,用户可以将其拖动到其他位置或调整其窗口大小。然后,用户也可以通过在"字段"窗格中选择列来指定要添加到可视化对象的数据。

在设计图面上选择可视化对象后,Power BI 桌面系统会更新"可视化"窗格以包含特定于该可视化对象的配置选项。例如,这里假设用户单击了"可视化"窗格中的"矩阵"图标,然后在画布区构建一个空的矩阵表格对象等待加载数据。图 3-2 显示了"可视化"窗格,其中在设计图面上选择了可视化对象"矩阵"中的单元格。在这种情况下,接着即可把"字段"窗格中的字段名"省份"和"区域"分别添加到"行"和"列"填充格。

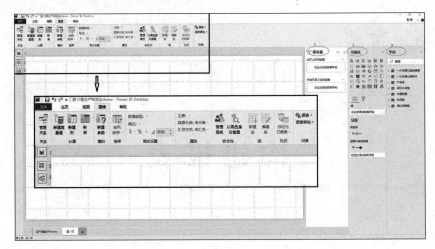

图 3-1　Power BI 桌面系统界面

除了"可视化"窗格的顶部包含用于向报表添加可视化对象的图标外,窗格的其余部分都是特定于所选可视化的配置选项,这部分窗格分为 3 个选项卡:"字段""格式"和"分析"。图 3-2 中,选择了"字段"选项卡(方块所在位置),此选项卡上的选项主要用于将数据应用于可视化对象。第二个选项卡"格式"提供了用于配置所选图表的显示方式的选项。选项分为多个类别,这些类别特定于所选可视化对象的配置。图 3-3 显示了可视化对象的"格式"选项。

图 3-2　可视化对象下的"字段"选项　　　　图 3-3　可视化对象的"格式"选项

"分析"选项卡允许用户向某些类型的可视化对象添加动态参考线。本书后面章节将更详细地介绍此选项卡。

图 3-2 中"字段"选项卡中的"行"和"列"字段已经添加了"省份"和"区域"两个参数，这时一个空的矩阵表单就搭建完成，如图 3-4 所示。

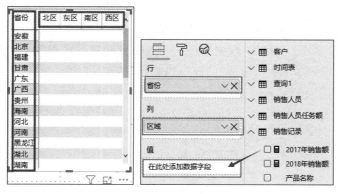

图 3-4 空矩阵表单的设置

如果想添加数据，用户可以单击"值"字段下面的"在此处添加数据字段"区，激活此字段，然后到"字段"窗格中勾选用户想添加的数据，例如这里添加"2017 年销售额"。其结果如图 3-5 所示。

省份	北区	东区	南区	西区	总计
	3578				3578
安徽		1858198			1858198
北京	2836899				2836899
福建			2147873		2147873
甘肃				1833894	1833894
广东			3756410		3756410
广西			1625421		1625421
贵州				1430812	1430812
海南			1213016		1213016
河北	1390742				1390742
总计	3578	16028960	11296743	10858025	12643990	50831296

图 3-5 空矩阵表单结果

注意，表单自动添加了"总计"行和"总计"列，方便用户的使用。

3.2 创建数据列

Power BI 桌面报表的数据分为数据源和数据模型。数据源默认情况下的"逻辑"视图是查询，数据源和查询的结构相同。用户可以通过 M 查询语言增加自定义列，去修改查询的结构，M 查询语言不会影响数据源，只会修改查询导出的数据。默认情况下，系统按照查询把数据加载到数据模型中，数据模型和查询的结构相同，用户可以通过 DAX 在数据模型上创建计算列（Calculated Column）和度量值（Measures）。

3.2.1　自定义数据列

在 Power BI 桌面打开"编辑查询"页面，可以创建自定义数据列，使用的是 M 查询语言，M 查询语言用于创建灵活性数据查询，该语言是区分大小写的。用户可以修改数据模型的架构，既可以添加自定义数据列，也可以向数据模型中添加数据列。

自定义数据列的建立可以采用如下操作步骤。

（1）在确认了加载"项目 1_数据集.xlsx"文件数据集的条件下，双击"编辑查询"图标，打开一个"Power Query 编辑器"的新窗口页面。

（2）在"查询"栏选择"时间表"表格。

（3）单击"添加列"菜单，再选择"自定义列"图标并双击，就会弹出一个"自定义列"窗格。

例如，创建"月份值"列，通过使用 M 查询语言，把"日期"（格式是 mm/dd/yyyy）转换为"月份值"（格式是整数），设置的值和格式如图 3-6 所示。单击"确定"按钮后，一个名为"月份值"的新列就产生了，如图 3-7 所示。

图 3-6　"自定义列"窗格

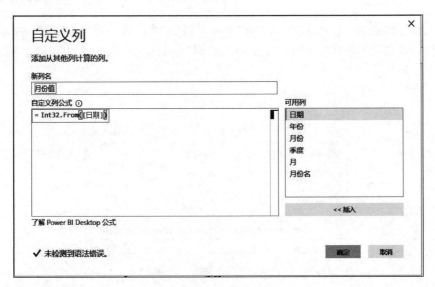

图 3-7　自定义列效果（新列"月份值"）

3.2.2　计算列

在 Power BI 桌面,使用"报表"视图中的"新建列"功能创建计算列,如图 3-8 所示。

图 3-8　"新建列"操作

利用查询编辑器也可以添加"自定义列",但在"报表"视图或"数据"视图中创建的计算列,是以用户已加载到模型中的数据为基础。例如,可以选择连接两个不同但相关表中的值执行添加或提取子字符串。像任何其他字段一样,刚刚创建的"新建列"将显示在"字段"列表中,但它们将带有特殊图标,显示的值是公式运行的结果。用户可以随意对列进行命名,像其他字段一样添加到报表可视化对象中,如图 3-9 所示。

新创建的计算列是以已加载到模型中的数据为基础,根据公式计算的数据列。计算列是从数据模型中进行数据计算,不会修改数据模型。因此,计算列的值只会出现在"报告"视图和"数据"视图中。

计算列使用 DAX 定义字段的数据值,基于加载到数据模型的数据和公式来计算结果。计算列只计算一次,与报告没有交互行为,这意味着,计算列不会根据在报告页上选择的筛选器来动态计算表达式的值。计算列的值是基于当前数据行进行计算的,每行有一个计算列的值。

图 3-9　呈现计算列

在计算列使用 DAX 计算结果时,该表达式是一个旨在处理关系数据(如 Power BI 桌面中的数据)的公式语言。DAX 包括一个含超过 200 个函数、运算符和构造的库,这个库可为创建度量值提供巨大的灵活性,几乎可以计算任何数据分析所需的结果。DAX 中的函数旨在处理以交互方式切片(Slicer)或筛选的报表中的数据,例如 Power BI 桌面中的数据。

3.2.3　度量值

度量值是在报表交互时对报表数据执行的聚合计算。度量值使用 DAX 定义字段的数据值,从数据模型中计算数据,不会修改数据模型。因此,度量值只会出现在"报告"视图和"数据"视图中。度量值通常用于聚合统计,是基于用户选择的筛选器,可以显示不同的聚合值。度量值是聚合值,但不是每行都有一个聚合值。举个例子,创建两个度量值,它们分别是"销售金额"和"2017 年销售额",其公式分别是:

销售金额 = SUM([金额])

2017 年销售额 = CALCULATE([销售金额],'时间表'[年份]="2017 年")

度量值能够引用其他表的数据列,根据数据模型中的关系,能够完成很多交互的数据统计。

3.3　报表可视化控件的设计

在显示报表数据时，Power BI 桌面会提供多种方式，用户可以对数据的显示进行微调，使数据显示的效果更合理。

3.3.1　层次结构

Power BI 桌面支持在"报告"视图中创建字段的层次结构，在同一个查询中，拖动一个字段到另一个字段下，系统会自动创建一个层次结构，并以父层次字段的名称命名。例如，把字段"销售代表"拖到字段"销售经理"下，系统就会自动创建一个名为"销售经理　层次结构"的新文件夹，里面包含"销售经理""销售代表"这两个字段。显示效果如图 3-10 所示。

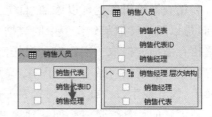

图 3-10　创建层次结构

Power BI 桌面内置了一个可视化控件等级切片器（Hierarchy Slicer），能够显示字段的层次结构，在字段中设置一个层次结构，如图 3-11 所示。

等级切片器是支持逐层展开的，控件显示的结构是一个树形结构，单击左侧的下三角按钮，就能够展开，以树形结构显示子级别的数据，如图 3-12 所示。

图 3-11　设置层次结构

图 3-12　展开层次结构

3.3.2　数字的格式控制

可以在 Power BI 桌面设置字段的数据类型。选中一个字段，打开"建模"菜单，选择"销售记录"下的字段列"金额"，然后在"建模"菜单下设置字段的数据类型、格式、货币符号（$）、显示百分比（%）、千位分隔符（,）或小数位数（0～n）等，这里设置显示的小数位数是 1，说明数据只显示一位小数，如图 3-13 所示。

图 3-13　数字的格式控制

3.3.3　字段值的筛选

可视化控件可以只显示排名靠前的 N 行数据,可以通过字段设置筛选条件来实现。单击"报表"视图,在"字段"列表中单击字段"产品名称"后面的"…"按钮,添加筛选条件,按照特定字段的值来筛选当前字段的值,如图 3-14 所示。

图 3-14　设置筛选器

3.4　创建列表

在数据建模中需要创建两个表之间的关系时,Power BI 系统要求和关系相关的两个数据列必须有一列是唯一值,且不允许存在重复值。在"销售记录"表中存在"下单日期"列,把该列以 int 表示的日期类型输出,可以按照如下过程来进行设置。

3.4.1　添加新查询

打开查询编辑器,选中"下单日期"列,右击,在弹出的快捷菜单中选择"作为新查询添加"命令,从当前列中新建查询,新产生的列默认名是"列表",如图 3-15 所示。

3.4.2　列表转换为表单

新列是一个列表类型,需要把列表类型转换为表单类型,选中该列表,在"文件"菜单下单击"到表"命令,就可以把列表转换为表单。当从一个列表创建表单时,系统需要用户选择分隔符,如果该列表没有任何分隔符,则选择"无"选项,如图 3-16 所示。

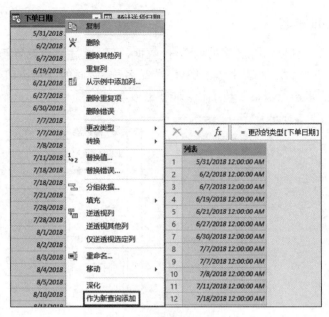

图 3-15　添加新查询

图 3-16　列表转换为表单

3.4.3　修改数据

新表的数据列名是 Column1，右击该列，在弹出快捷菜单中选择"重命名"命令，把该列重命名为"整数时间"；选择"更改类型"命令，把该列的数据类型修改为"整数"；选择"删除重复项"命令，删除重复的数据值，如图 3-17 所示。

3.4.4　查看导出数据表的实现步骤

在右侧的"查询设置"窗格中查看"应用的步骤"，选择某一个步骤，单击步骤名称前的"×"，即可把选择的步骤删除，如图 3-18 所示。

图 3-17　修改数据

图 3-18　查看实现的步骤

3.5　系统报表服务器

系统工具库中的一个新工具是报表服务器。报表服务器是一个本地报表服务器，其中包含一个可显示的管理报表和 KPI（Key Performance Indicators）的网上门户，同时也提供了创建 Power BI 报表、分页报表、移动报表和 KPI 工具。用户可以采用不同的方式访问这些报表，主要包括使用网上浏览器、移动设备或在收件箱中以电子邮件的形式查看报表。这是一个用于创建、部署和管理系统报表的本地解决方案，该产品包含在系统高级用户（Premium）的订阅中，为用户展现了一种在自己的数据中心内提供报表的工具。反过来，也可以通过浏览器、系统移动应用程序或电子邮件附件查看报表。

如果选择安装系统报表服务器，则必须使用报表服务器的配置管理器指定服务账户、网上服务 URL、SQL Server 数据库和网上门户 URL 等设置，如图 3-19 所示。用户需要先对配置进行设置，然后才能开始使用实际的报表。

报表服务器的配置管理器包含在报表服务器的安装中，但它与用于管理报表的工具分开。对于报表管理，必须使用报表服务器网上门户，该门户在配置必要的设置后才能启用。通过网上门户，可以访问所有报表和关键业绩指标，以及执行计划数据更新或订阅已发布报表等任务。

与系统服务一样，报表服务器与系统配合才能使用。用户可以创建报表，然后将其保存到报表服务器上。例如，可以将图 3-20 所示的报表保存到报表服务器上。

该报表包括一个表和一个可视化功能区。要将报表保存到报表服务器上，必须使用"另存为"命令并提供网上门户的 URL。

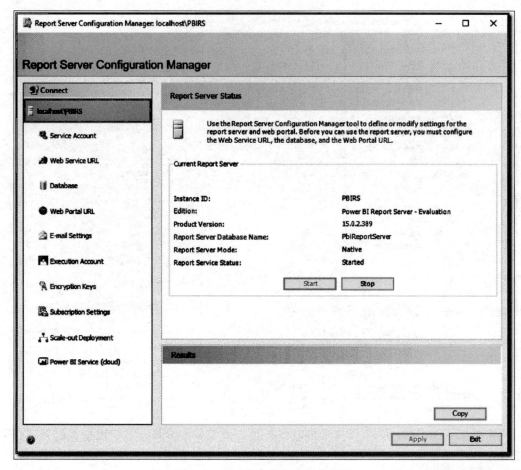

图 3-19　报表服务器的配置管理器

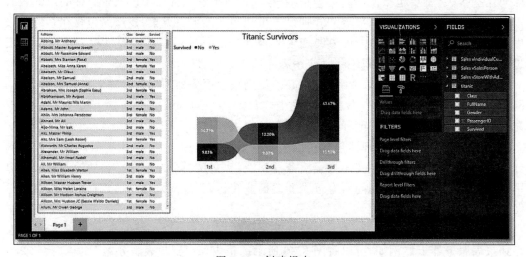

图 3-20　创建报表

当用户连接到报表服务器网上门户时，即进入主页，其中列出了已添加到服务器的所有报表。例如，图 3-21 显示了在系统中添加的两个报表：AdventureWorksSales 和 Titanic。

图 3-21　在系统中添加的两个报表

要查看 Titanic 报表，可单击相应的报表图标，显示如图 3-22 所示的报表页面。

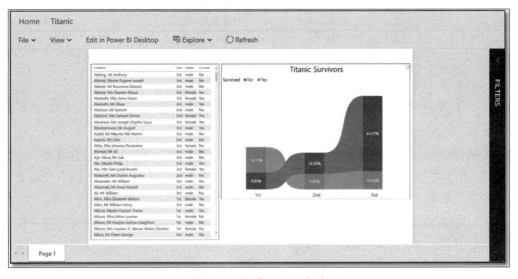

图 3-22　查看 Titanic 报表

注意，报表看起来与用户在系统中看到的类似，尽管颜色与原始颜色略有不同，但仍可以让用户了解报表服务器的工作原理以及将报表从系统复制到报表服务器的难易程度。

报表服务器仍然是一个较新产品，用户可能会遇到一些问题。例如，如果将产品安装在不属于域的独立服务器上，则可能无法在 Edge 浏览器中查看报表。这时用谷歌的 Chrome 浏览器可以在系统报表服务器中查看报表，并且还可以以管理员身份运行 IE 浏览器,并正确呈现报表。

用户可能遇到的另一个问题与用户正在使用的系统版本有关。用户必须使用一个兼容报表服务器优化的版本,然而这并不是最新版本。如果在较新版本的系统中创建报表,然后发现必须还原到旧版本以将报表保存到报表服务器,这样做可能会出现问题,主要的原因是较旧版本的系统可能无法正确处理报表文件。

3.6　创建矩阵表格透视图

使用可视化对象的最佳方法是自己动手使用它们。通过这种方式,用户可以亲身体验这些工具,同时了解所有部件是如何组合在一起的。用户将添加和配置一个矩阵表格和两个切片器视图对象。图 3-23 显示了设置后的效果。左侧的可视化对象是单元格,右侧的两个视图对象是切片器。

地区 ▲	第二产业	第三产业	第一产业	总计
安徽省	71,751.67	49,427.92	18,164.04	139,343.6
北京市	34,762.92	117,569.99	1,290.85	153,623.7
福建省	83,184.95	65,641.37	14,968.75	163,795.0
甘肃省	20,449.55	19,396.37	6,438.94	46,284.8
广东省	237,586.67	231,945.83	24,499.99	494,032.4
广西壮族自治区	48,931.36	39,319.84	18,350.25	106,601.4
贵州省	22,892.42	26,736.33	8,080.59	57,709.3
海南省	6,179.01	11,228.19	5,893.65	23,300.8
河北省	112,993.16	78,051.90	26,432.55	217,477.6
河南省	134,080.42	82,103.86	32,444.37	248,628.6
黑龙江省	48,655.69	46,035.79	16,745.83	111,437.3
湖北省	85,547.17	72,088.90	23,176.38	180,812.4
湖南省	81,939.34	73,897.38	24,329.19	180,165.9
吉林省	48,688.60	34,983.80	11,680.58	95,352.9
江苏省	228,378.05	196,537.06	27,836.74	452,751.8
江西省	55,698.07	37,486.06	13,014.44	106,198.5
辽宁省	101,926.17	80,084.77	17,378.17	199,389.1
内蒙古自治区	65,490.15	46,638.61	11,905.78	124,034.5
总计	2,314,905.33	2,036,452.16	436,332.27	4,787,689.7

地区
☐ 安徽省
☐ 北京市
☐ 福建省
☐ 甘肃省
☐ 广东省
☐ 广西壮族自...
☐ 贵州省
☐ 海南省
☐ 河北省

年度
☐ 2006
☐ 2007
☐ 2008
☐ 2009
☐ 2010
☐ 2011
☐ 2012
☐ 2013

图 3-23　创建矩阵表格示例

在构建矩阵表格之前,用户需要对加载到系统的"各省市 GDP 数据.xlsx"数据文件进行重塑,需要把二维表格转换为一维表格。双击"编辑查询"打开查询编辑器。按下 Ctrl 键,并选择"地区"和"年度"两个列,然后选择"转换"菜单下的"逆透视列"→"逆透视其他列",这样就把二维表格转换为一维表格,如图 3-24 和图 3-25 所示。

图 3-24　逆透视其他列前

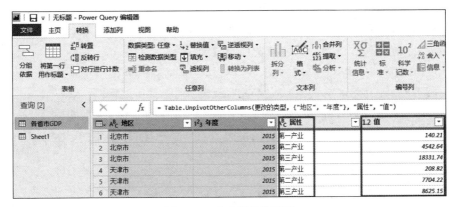

图 3-25 逆透视其他列后

另外,用户应该注意到,右边的"应用的步骤"栏中记录了上述操作的每一步,单击"×"按钮可以返回上一步,这样方便用户更改。单击"文件"菜单,选择"关闭并应用"命令,就完成了数据格式的重塑,可以进行矩阵表格的构建工作了。

矩阵表格可视化聚合了测量跨列和行的数据,同时支持广泛的向下获取功能,具体取决于数据以及矩阵表格的配置。

要添加图 3-23 中显示的矩阵表格,应按照以下步骤操作。

(1)单击"可视化对象"窗格中的"矩阵"图标,完成将矩阵表格对象添加到已选中的画布中。

(2)将"地区"列从"字段"窗格拖到"可视化"窗格上的"行"部分中。

(3)将转换过来的列名为"属性"的字段,重命名为"产业类型",并把它从"字段"窗格中拖到"可视化"窗格的"列"部分。

(4)将"字段"窗格中的"值"列拖到"可视化对象"窗格上的"值"部分,如图 3-26 所示。这样矩阵表格中就充满了数据。

(5)添加两个切片器,单击"可视化"窗格上的切片器图标,然后将"地区"拖入"字段"下的填充栏,同样,也可再制作一个"年度"切片器。

添加所需数据后,可以在"格式"选项卡上配置可视化设置,以确保其外观符合用户的需要,并且可以轻松浏览数据。要使单元格看起来更加美观,可用鼠标选中并激活矩阵表格,接着执行以下步骤:

(1)单击"格式"图标(一个滚筒图标),并从"样式"下拉列表中选择"差异最小"选项。

(2)展开"网格"部分并将"垂直网格"选项设置为"开",并为"垂直网格颜色"选项选择最浅的黄色。

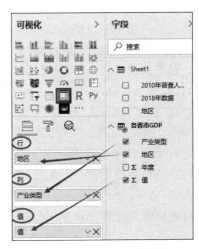

图 3-26 矩阵表格的参数设置

（3）展开"列标题"部分，将"文本大小"选项设置为12。

（4）展开"行标题"部分，将"文本大小"选项设置为12。

（5）展开"值"部分，将"文本大小"选项设置为10。

（6）展开"小计"部分，将"文本大小"选项设置为10。

（7）展开"总计"部分，将"文本大小"选项设置为10。

（8）展开"标题"部分，将"标题"选项设置为"开"。在"标题"文本框中，输入"各省市GDP"，在"字体颜色"选项中设置合适的颜色。在"对齐"部分单击"中心"选项，然后将"文本大小"选项设置为17。

（9）在"边框"部分将选项设置为"开"。

最后矩阵表格格式设置如图 3-27 所示。

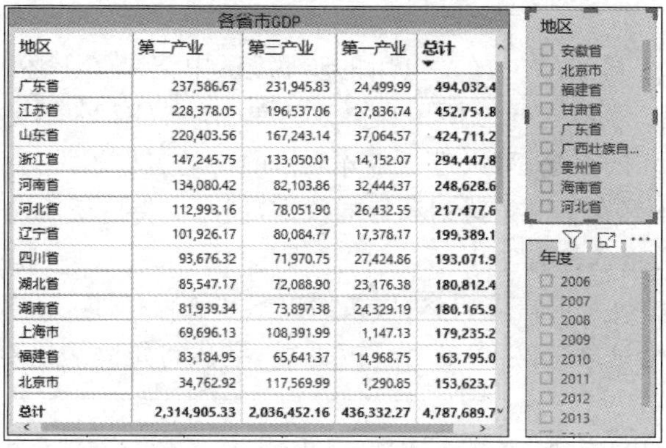

图 3-27　矩阵表格格式设置示例

3.7　创建表和卡视图

将列添加到可视化对象时，系统通常会汇总数据为全局视图提供信息。用户在 3.6 节中使用矩阵表格时已经看到了这一点，其中度量值"总计"列在"省份"和"产业"列中聚合，以便为每个离散组提供小计。

在某些情况下，用户可能不希望自动聚合数据。例如，用户可能希望添加一个仅列出单个 GDP 的表格视图对象。要实现这样的操作，需要单击设计图面底部的"＋"按钮以插入第二页，接下来，单击"可视化"窗格上的"表"图标，然后将"年度""地区""产业类型"和"值"4 列添加到"可视化"窗格的"值"部分。

这时系统将自动尝试汇总"年度"和"值"列，因为它们分别使用 Count 和 Sum 聚合函数来包含这两列中的每一列数值，在"可视化"窗格中单击"列"的下拉箭头，然后选择"不进行汇总"选项。设置内容如图 3-28 所示。

向表格可视化对象添加"日期"列时，系统会自动将日期分出层级，从而生成 4 列，包括年、季、月和日 4 部分。如果用户只想显示单个"日期"列，则必须重置"日期"列。在"可视化"窗格中，单击"列"的下拉箭头并选择"日期"选项，不勾选"日期层次结构"复选框。则系统将更新表，只显示"日期"列。其参数设置如图 3-29 所示。

图 3-28 "字段"设置

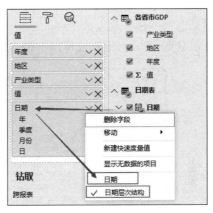

图 3-29 消除 4 级日期层次的设置

最后一步是在表中添加一个多行卡,单击"多行卡"图标,再将"产业类型"字段从"字段"窗格拖到"可视化"窗格的"多行卡"区域中。结果如图 3-30 所示。

年度	地区	产业类型	值	日期
2015	安徽省	第二产业	10,946.83	
2015	安徽省	第三产业	8,602.11	
2015	安徽省	第一产业	2,456.69	
2015	北京市	第二产业	4,542.64	
2015	北京市	第三产业	18,331.74	
2015	北京市	第一产业	140.21	
2015	福建省	第二产业	13,064.82	
2015	福建省	第三产业	10,796.90	
2015	福建省	第一产业	2,118.10	
2015	甘肃省	第二产业	2,494.77	
2015	甘肃省	第三产业	3,341.46	
2015	甘肃省	第一产业	954.09	
2015	广东省	第二产业	32,613.54	
2015	广东省	第三产业	36,853.47	
2015	广东省	第一产业	3,345.54	
2015	广西壮族自治区	第二产业	7,717.52	
2015	广西壮族自治区	第三产业	6,520.15	
2015	广西壮族自治区	第一产业	2,565.45	
2015	贵州省	第二产业	4,147.83	
2015	贵州省	第三产业	4,714.12	
2015	贵州省	第一产业	1,640.61	
2015	海南省	第二产业	875.82	
2015	海南省	第三产业	1,972.22	
2015	海南省	第一产业	854.72	

第二产业
2,314,905.33
值

第三产业
2,036,452.16
值

第一产业
436,332.27
值

图 3-30 表和多行卡的结合

3.8　报表设计技巧

系统报表包含丰富的可视化对象，用户可以构建具有富有洞察力的仪表板。下面针对如何创建系统图表、表格和切片器，介绍几个报表设计的技巧。

3.8.1　在报表画布中添加表格

提供信息的一种有效方法是在表格中提供一些数据，如图 3-31 显示的表格，其中包含所有的分析数据。当然，用户也可以根据具体分析来筛选所需的数据，例如使用切片器。

区域	省份	月份	任务额	销售代表ID	销售任务额		区域
北区	北京	12	5,825,060.83	2,905.00	5,825,061		☐ 北区
北区	河北	12	5,825,060.83	2,905.00	5,825,061		☐ 东区
北区	河南	12	5,825,060.83	2,905.00	5,825,061		☐ 南区
北区	黑龙江	12	5,825,060.83	2,905.00	5,825,061		☐ 西区
北区	吉林	12	5,825,060.83	2,905.00	5,825,061		
北区	辽宁	12	5,825,060.83	2,905.00	5,825,061		
北区	内蒙古	12	5,825,060.83	2,905.00	5,825,061		
北区	山东	12	5,825,060.83	2,905.00	5,825,061		月份
北区	山西	12	5,825,060.83	2,905.00	5,825,061		☐ 01
北区	天津	12	5,825,060.83	2,905.00	5,825,061		☐ 02
东区	安徽	12	5,825,060.83	2,905.00	5,825,061		☐ 03
东区	湖北	12	5,825,060.83	2,905.00	5,825,061		☐ 04
东区	江苏	12	5,825,060.83	2,905.00	5,825,061		☐ 05
东区	江西	12	5,825,060.83	2,905.00	5,825,061		☐ 06
东区	上海	12	5,825,060.83	2,905.00	5,825,061		☐ 07
东区	浙江	12	5,825,060.83	2,905.00	5,825,061		☐ 08
南区	福建	12	5,825,060.83	2,905.00	5,825,061		☐ 09
南区	广东	12	5,825,060.83	2,905.00	5,825,061		☐ 10
南区	广西	12	5,825,060.83	2,905.00	5,825,061		☐ 11
南区	海南	12	5,825,060.83	2,905.00	5,825,061		■ 12
总计			5,825,060.83	2,905.00	5,825,061		

图 3-31　将表和切片器添加到报表画布

图 3-31 中除了表格之外，还在报表页面中添加"区域"和"月份"两个切片器，用于按用户习惯操作筛选数据。应用切片器时，系统会根据切片器中所选的数据值更新表格。通过这种方式关注不同的信息，可以轻松、快速地访问各种类别的数据，无须手动清除大量数据。

在图 3-31 中还可以将单元格数据进行高级查看。例如，图 3-31 可以显示所有省市的"任务额"数据，同时通过选择也可以获取某个省市、区域以及某月份的数据信息，如图 3-32 所示。

在单元格中也可以设置向下获取类别，根据数据类型及其分层特性，来选择显示每个层次的顺序。例如，可以将此单元格配置到进一步深入与每个类别关联的 T-SQL 语句中。本书说的 T-SQL 即 Transact-SQL（Transact Structured Query Language），是 SQL 在微软 SQL 服务器上的增强版，它是用来让应用程序与 SQL Server 沟通的主要语言。T-SQL 提供标准 SQL 的 DDL 和 DML 功能，加上延伸的函数、系统预存程序以及程序设计结构（例如 IF 和 WHILE）让程序设计更有弹性。

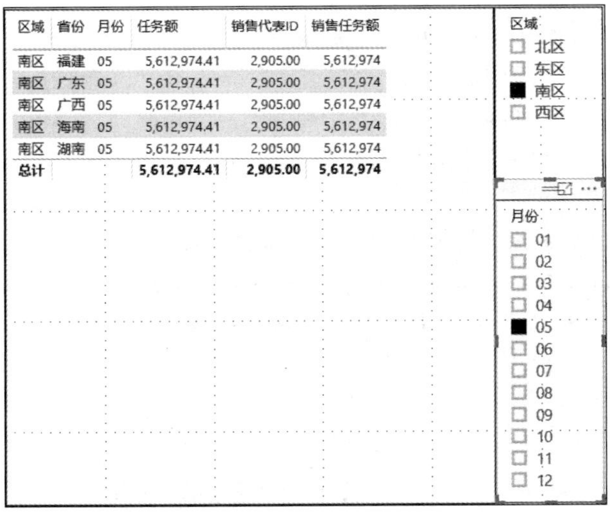

区域	省份	月份	任务额	销售代表ID	销售任务额
南区	福建	05	5,612,974.41	2,905.00	5,612,974
南区	广东	05	5,612,974.41	2,905.00	5,612,974
南区	广西	05	5,612,974.41	2,905.00	5,612,974
南区	海南	05	5,612,974.41	2,905.00	5,612,974
南区	湖南	05	5,612,974.41	2,905.00	5,612,974
总计			5,612,974.41	2,905.00	5,612,974

区域
☐ 北区
☐ 东区
■ 南区
☐ 西区

月份
☐ 01
☐ 02
☐ 03
☐ 04
■ 05
☐ 06
☐ 07
☐ 08
☐ 09
☐ 10
☐ 11
☐ 12

图 3-32　切片器的使用

3.8.2　在报表中添加可视化效果

系统能支持各种可视化对象，当然用户还可以导入更多的可视化对象。例如，图 3-33 显示的就是一个报表页面，其中包含 3 种类型的可视化对象，每种可视化对象都是从不同的视角来分析数据的。

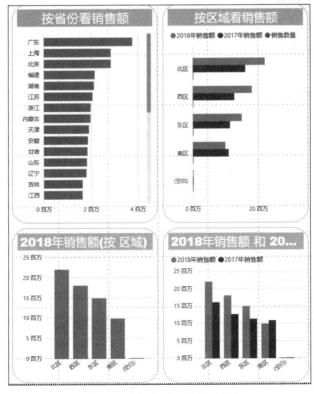

图 3-33　向报表页面添加可视化

图 3-33 左侧和右上角的可视化对象是聚类条形图。可视化展现了如何使用聚类条形图从不同角度快速分析数据的方法。通过聚类条形图，可以通过各种方式对相关数据进行分组，以提供不同的视角。

（1）左侧的聚类条形图是按用户对数据进行的分组，对于每个用户来说，为每种操作类型提供总计数据。

（2）右上角的聚类条形图也是按用户对数据进行的分组。

（3）右下方的可视化基本上与其上方的聚类条形图相同，但方式不同。

根据不同的要求和目的，可以针对相同的数据尝试使用不同的可视化效果，以方便用户以最佳的视角查看数据库。

3.8.3 在报表中添加仪表

系统还允许用户向报表添加仪表、卡和关键性能指标（KPI）等元素。例如，添加图 3-34 中所示的仪表，以显示为响应用户运行 T-SQL 语句的失败尝试而执行的 ROLLBACK 语句数。

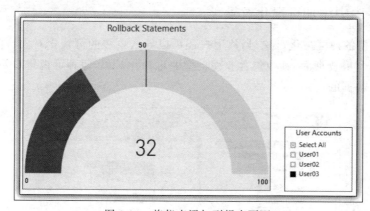

图 3-34　将仪表添加到报表页面

在图 3-34 中，用户还添加了一个切片器，以便查看单个用户是否达到指定的阈值。用户可以指定任何目标值，图中的仪表的指定目标为 50，并且结果显示的是与用户相关的回滚操作数。

用户可以根据系统服务中的值设置警报（在系统中无法执行此操作），因此目标值的设置很重要。但值得注意的是，要使用此功能，必须拥有系统 Pro 许可证，该许可证允许用户设置警报，定期通知潜在的问题。用户还可以设置定期生成电子邮件通知的警报，也可以向卡片和 KPI 视觉效果添加提醒。

3.8.4 同步切片

用户在设计报表时，根据分析的需要可以把报表划分为不同的主题，其中每个主题独占报表的一个页面，而在这些画布上一般会摆放相同的筛选器。筛选器也叫作切片，它的主要功能是为分析数据提供不同的视角，以满足用户切换页面、查看报表时，希望通过不同的视角来观察报表，以此发现数据中隐藏的信息。切片同步是一个新的功能，但是目前使用该功能还是有一定的限制条件,它只针对系统桌面内置的切片器才有效,而对于从网上商城中加载的用户自定义切片器是无效的,也就是说不能启用同步切片的功能,例如等级切片器还不能实现切片的同步。切片同步是把整个页面的切片都添加进去,使得整个页面的切片和其他页面的切片都是同步的。不同的页面中的切片同步可以实现分组,每个分组中的切片都是同步的。

下面详细介绍在系统桌面中设置切换同步的步骤。

1. 打开同步切片的视图

在"报告"视图中,打开"视图"菜单,勾选"同步切片器"复选框,如图 3-35 所示。

2. 添加同步的切片器

在同步切片的视图中,选择同步切片的页面进行加入,如图 3-36 所示。

图 3-35　"视图"菜单

图 3-36　切片器选项

3.8.5　永久筛选器

在系统服务中查看报表时,有时会从当前的报表切换到其他的报表上,等到回到原来的报表上,用户希望系统能够保存切片。这就意味着,系统服务必须保存终端用户离开当前报表时所选择的切片,并在重新打开当前报表时,看到的是之前所看到的样子,之前选中的切片现在依然是选中的。用户的这个需求可以通过永久筛选器(Persistent Filters)来实现,这个功能在系统中默认是启用的。即所有的系统报表会自动保存筛选器、切片器和其他的数据视图的更新。

用户可以通过选择"文件"→"文件设置"→"属性"→"当前文件"→"报表设置"命令,来查看永久筛选器的设置,如图 3-37 所示。

在当前的版本中,永久筛选器有一定的使用限制,当页面存在自定义的切片器时,永久筛选器的作用将会失效。用户在发布报表时,会把报表的切片、筛选器等设置为初始状态,我们把报表发布时的状态称作报表的默认状态。在启用永久筛选器之后,系统服务器会保存用户的切片数据。当看到图 3-38 所示的图标时,说明报表当前没有处于默认状态,用户可以通过"还原为默认值"按钮,把切片重置到发布时的默认状态。

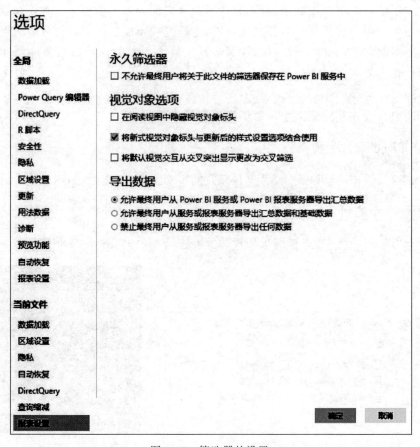

图 3-37　筛选器的设置

图 3-38　设置选项

3.8.6　切片的类型及隐藏

切片是系统内置的图表，该图表会根据数据的类型提供不同的类型。切片的类型主要包括下拉、列表、介于、之前、之后和相对日期，用户可以通过 ⌄ 按钮来设置切片的类型。例如，如果切片的数据类型是相对日期，则可以把切片的类型设置为之间，用户就可以选择指定连续日期区间内的数据信息。设置如图 3-39 所示。

切片器还提供了隐藏功能，即如果把切片器隐藏起来，用户是查看不到切片器的存在的。这样，系统可以在用户不知情的情况下，选择特定的筛选条件，或者把筛选条件传递到其他页面。有时，需要把固定的条件作为钻取（Drillthrough）的筛选器，如果该筛选条件不想被用户感知到，并且还需把切片器的条件传递到钻取页面，就需要把切片器隐藏起来。

在操作中，首先在页面尺寸中增加页面的高度，然后把切片器拉到页面的底部，最后减少页面的高度，这样系统就可以把切片器隐藏起来。设置过程如图 3-40 所示。

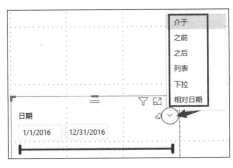

图 3-39　设置切片数据　　　　　图 3-40　切片器设置选项

3.8.7　条件格式化

系统可以按照用户的意愿根据一个字段对另一个字段进行格式化显示，在当前的版本中，用户能够对字段的背景色和字段颜色进行动态设置。可以选中一个图表（Chart），单击其"格式"图标，即可打开"条件格式"目录，用户即可根据需要进行格式化设置，如图 3-41 所示。

一般情况下条件格式化选项的默认值是 Off，当切换到 On 时，系统桌面会自动打开设置窗体，用户在窗体中设置背景色、色级（Scales）和字体颜色，实现条件格式化的设置。

图 3-41　条件格式化

3.9　矩阵视觉对象

在 Power BI 桌面和系统服务的报表中可以创建矩阵视觉对象，使用矩阵视觉对象元素，可以轻松地创建网格视觉效果。在网格内部可以使用不同的视觉效果，以此进行跨功能组件合成。矩阵视觉对象类似于表，但两者还有一定的区别。表仅支持两个维度，且数据是平面结构，也就是说，表可以显示但不可以聚合重复值。矩阵支持梯级布局，可以实现跨多个维度有目的地显示数据，同时矩阵可以自动聚合数据，并启用向下钻取，能将矩阵内的元素与相应报表页上的其他视觉对象一起交叉突出显示。例如可以选择行、列和各个单元格交叉突出显示。此外，矩阵还可以将选择的单个单元格或多个单元格复制并粘贴到其他应用程序中。更重要的是，用户还可以选择线条、部分矩阵格和交叉功能。总之，为了提高格式空间的利用率，矩阵视觉对象可以支持这一种具有创新型的设计。注意，框架和表格视觉效果反映了连接的报表主题的样式和色调。有些可能不是用户期望的网格视觉效果，那么用户可以在报告主题设置中对其进行修改。

借助矩阵视觉对象功能，可以在桌面系统或者云端服务系统报表中创建矩阵视觉对象（有时也称为"表"），并能使用其他视觉对象交叉突出显示矩阵内的元素。

3.9.1　报表主题

在讲解如何使用矩阵视觉对象的步骤之前，应该先了解系统在表格和矩阵中是如何计算总计和小计的。"总计"和"小计"行是在基础数据的全部行上求取度量值，这不仅是在可见的或显示的行中简单地相加，还可能最终显示的"总计"行的值与预计的值存在一定的差异。查看以下矩阵视觉对象，如图 3-42 所示。

月份	销售任务额	销售代表ID		销售代表	任务额
01	2,502,874	2,905.00		韩十四	9,256,901.40
02	3,970,048	2,905.00		李四	3,429,444.22
03	5,851,535	2,905.00		刘一	5,017,934.04
04	4,333,389	2,905.00		钱十三	11,351,234.98
05	5,612,974	2,905.00		乔十二	2,975,019.23
06	8,138,120	2,905.00		孙七	4,836,006.07
07	8,356,737	2,905.00		王五	4,338,816.05
08	5,277,042	2,905.00		吴九	3,384,820.44
09	7,268,671	2,905.00		萧十一	2,384,432.89
10	7,868,679	2,905.00		张三	4,395,651.04
11	4,628,100	2,905.00		赵六	6,725,379.34
12	5,825,061	2,905.00			
总计	69,633,231	34,860.00		总计	69,633,230.59

图 3-42　矩阵视觉对象示意图

从图 3-42 显示的数据来看，最右边的矩阵视觉对象中的各行显示的是每个销售人员/日期组合的金额。但是，由于显示的每个销售人员可能会对应多个日期，也就导致这些数字可能会出现不止一次，因此，基础数据的准确总计并不等于可见值的简单相加。要求和值是一对多的关系是一种常见模式，所以必须特别注意。当查看总计和小计时，需注意这些值是基于基础数据的，并不仅仅是基于可见值计算的。

3.9.2　向下钻取行

借助矩阵视觉对象，可以执行之前无法实现的各种向下钻取（扩展）活动，主要包括向下钻取（扩展）行/列、单独分区和单元格。

在"可视化"窗格中，如果向"字段"的"行"部分添加多个字段，可以为矩阵视觉对象的行启用向下钻取（扩展）功能。这类似于创建层次结构，以便向下钻取（扩展）层次结构，并分析每个级别的数据。在图 3-43 中，"行"部分包含"类别"和"子类别"，形成

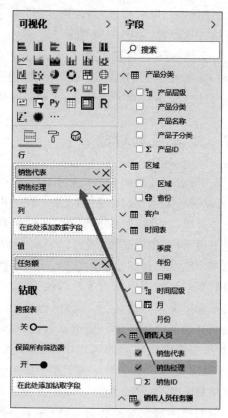

图 3-43　视图组件

了可以向下展示的行分组（或层次结构）。

如果视觉对象在"行"部分中形成了分组，那么视觉对象会在其左上角显示"钻取"和"扩展"图标，如图 3-44 所示。

单击这些图标可以实现向下钻取层次结构，类似于其他视觉对象中的钻取和扩展行为。在图 3-44 中，可以从"类别"向下扩展到"子类别"。如选择向下扩展一个级别图标（⊞），操作和显示结果如图 3-45 所示。

销售代表	任务额
陈二	3,494,768.90
韩十四	9,256,901.40
李四	3,429,444.22
刘一	5,017,934.04
钱十三	11,351,234.98
乔十二	2,975,019.23
孙七	4,836,006.07
王五	4,338,816.05
吴九	3,384,820.44
萧十一	2,384,432.89
张三	4,395,651.04
赵六	6,725,379.34
郑十	1,889,511.10
总计	69,633,230.59

图 3-44　视觉对象示意

销售代表	任务额
陈二	3,494,768.90
李雅兰	3,494,768.90
韩十四	9,256,901.40
赵文超	9,256,901.40
李四	3,429,444.22
李雅兰	3,429,444.22
刘一	5,017,934.04
李雅兰	5,017,934.04
钱十三	11,351,234.98
赵文超	11,351,234.98
乔十二	2,975,019.23
王晨光	2,975,019.23
孙七	4,836,006.07
总计	69,633,230.59

图 3-45　"子类别"显示的视觉对象示意

除了使用这些图标，还可以右击任意行标题，然后在弹出的快捷菜单中选择"向下钻取"命令，如图 3-46 所示。

选择"向下钻取"命令扩展的是该行级别的矩阵，其他所有行标题除外，即只会扩展右击的行标题。例如，右击图 3-46 中"销售代表"中人员名字，在弹出的快捷菜单中选择"向下钻取"命令，结果如图 3-47 所示。同时用户也会注意到其他顶层行不会再出现在矩阵中。这种钻取（扩展）方法是一项十分有用的功能，在介绍"交叉突出显示"部分时，会发现这项功能的巨大优势。

图 3-46　向下钻取行操作

图 3-47　向下钻取行后的视觉对象示意

用户也可以单击左上角的"向上钻取"图标，返回上一顶层视图。如果选择右击菜单中的"显示下一级别"命令,系统会按字母顺序列出所有下一级项(在此示例中,为"子类别"字段),不含更高级别的层次结构分类,如图3-48所示。

　　当用户右击并选择"扩展至下一级别"命令时,将看到如图3-49所示的视觉对象。用户可以使用"包括"和"排除"命令,其作用是在矩阵中保留(或删除)右击的行(和所有子类别)。

图3-48　显示下一级别视觉对象示意　　　　图3-49　扩展至下一级别视觉对象示意

3.9.3　向下钻取列

　　向下钻取(扩展)列与向下钻取(扩展)行类似。如图3-50中"列"字段中也有两个字段,形成了类似于前面使用的行层次结构。"列"字段中包含"区域"和"省份"。

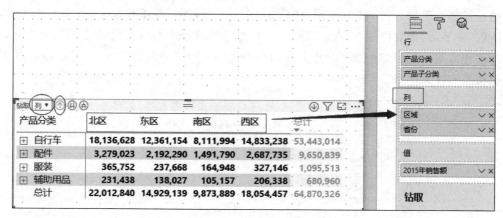

图3-50　视觉对象示意

　　在矩阵视觉对象中,当右击某列时,在弹出的快捷菜单中可以看到"向下钻取"命令。如图3-51中,右击列名"西区",然后在弹出的快捷菜单中选择"向下钻取"命令,则系统会显示"西区"列层级结构的下一级项的相关内容,如图3-52所示。

　　与向下钻取行的操作相同,可以通过对列选择"显示下一级别""扩展至下一级别""包括"或"排除"命令等,完成对应操作,来满足不同用户的数据显示需求。

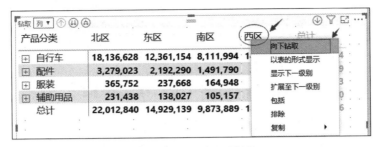

图 3-51　向下钻取列操作

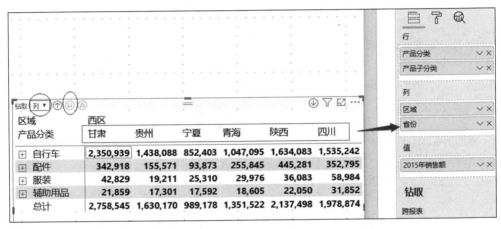

图 3-52　向下钻取列的视觉对象示意

　　需要注意的是，矩阵视觉对象左上角的"向下钻取"图标和"向上钻取"图标仅对行有效，对列操作无效。如果想完成"向下钻取列"和"向上钻取列"，必须使用右击操作来完成。

3.9.4　阶梯布局设计

　　矩阵视觉对象自动缩进层次结构中每个父级以下的子类别，就是所谓的阶梯布局。图 3-53 展示了矩阵视觉对象中的表。

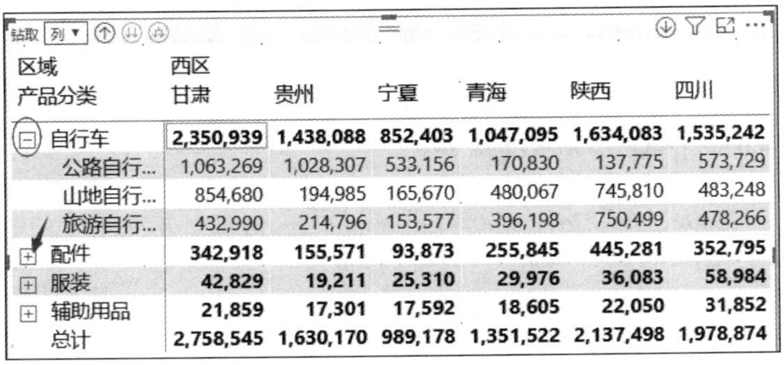

| 区域 | 西区 | | | | | |
产品分类	甘肃	贵州	宁夏	青海	陕西	四川
⊟ 自行车	2,350,939	1,438,088	852,403	1,047,095	1,634,083	1,535,242
公路自行…	1,063,269	1,028,307	533,156	170,830	137,775	573,729
山地自行…	854,680	194,985	165,670	480,067	745,810	483,248
旅游自行…	432,990	214,796	153,577	396,198	750,499	478,266
⊞ 配件	342,918	155,571	93,873	255,845	445,281	352,795
⊞ 服装	42,829	19,211	25,310	29,976	36,083	58,984
⊞ 辅助用品	21,859	17,301	17,592	18,605	22,050	31,852
总计	2,758,545	1,630,170	989,178	1,351,522	2,137,498	1,978,874

图 3-53　矩阵视觉对象示意

图 3-54 展示了采用阶梯布局的矩阵视觉对象的实际效果。注意，类别"自行车"将其子类别"公路自行车""旅游自行车""山地自行车"略微缩进，让视觉对象变得更简洁紧凑。

产品分类	北区	东区	南区	西区	总计
⊟ 自行车	18,136,628	12,361,154	8,111,994	14,833,238	53,443,014
公路自行…	7,567,535	5,644,475	4,312,894	5,468,804	22,993,708
山地自行…	5,965,421	3,541,662	2,261,880	5,141,090	16,910,053
旅游自行…	4,603,672	3,175,017	1,537,220	4,223,344	13,539,253
⊟ 配件	3,279,023	2,192,290	1,491,790	2,687,735	9,650,839
山地自行…	1,579,031	842,892	660,989	1,488,510	4,571,422
公路自行…	801,607	774,625	510,929	522,331	2,609,493
旅游自行…	612,373	394,726	189,134	385,299	1,581,532
车轮	76,294	41,974	43,750	64,578	226,596
大齿盘	54,900	34,853	16,686	72,453	178,892
脚踏板	44,026	30,672	20,469	34,756	129,924
车把	37,576	24,441	16,473	32,648	111,139
刹车	14,865	10,927	4,729	18,416	48,937
变速器	13,258	9,339	5,040	20,730	48,367
车座	17,020	10,548	5,525	15,133	48,227
中轴	12,384	9,420	4,455	17,786	44,044
前叉	7,005	3,985	7,289	6,099	24,378
耳机	6,752	2,619	5,532	6,528	21,431
链条	1,931	1,270	789	2,468	6,459
⊟ 服装	365,752	237,668	164,948	327,146	1,095,513
运动衫	135,811	86,139	62,971	125,323	410,245
短裤	78,807	61,358	32,304	73,446	245,915
背心	58,119	36,959	23,155	59,473	177,706
手套	38,164	21,933	17,409	31,098	108,604
紧身衣	24,286	13,138	11,293	14,263	62,980
背带短裤	17,350	9,611	11,285	12,320	50,565
帽子	7,758	4,874	3,874	7,365	23,744
袜子	5,457	3,783	2,655	3,859	15,754
总计	22,012,840	14,929,139	9,873,889	18,054,457	64,870,326

图 3-54　采用阶梯布局的矩阵视觉对象示意

如果用户感觉以上没有达到所要的效果，也可以调整阶梯布局的设置。选择矩阵视觉对象后，在"可视化"窗格的"格式"部分（图 3-55 中的滚动油漆刷图标）中，展开"行标题"部分。下面有两个选项可以选择："渐变布局"开关和"渐变布局缩进"，其中"渐变布局"开关用于启用或禁用渐变布局，"渐变布局缩进"用于指定缩进量，以像素为单位，如图 3-55 所示。如果禁用"渐变布局"开关，则子类别会显示在另一列中，而不是在父类别下进行缩进。同时用户也可以根据自己的喜好，来设置其他阶梯布局的格式。

3.9.5　行、列小计的显示与隐藏

可以在矩阵视觉对象中，显示/隐藏行和列的小计，以满足不同用户的需求。在图 3-56 中，显示的是行小计已设置为"打开/显示"的效果。

在"可视化"窗格的"格式"部分中，可以展开"小计"项，并将"行小计"滑块移动至"关"。执行此操作后，会隐藏行小计中的数据。如图 3-57 所示。相同的操作过程适用于列小计的显示与隐藏。

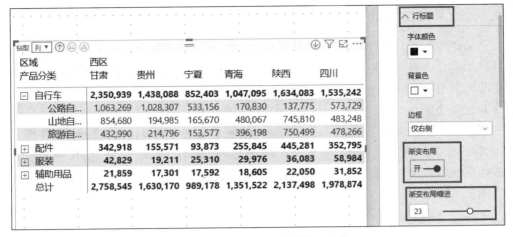

图 3-55　阶梯布局格式的设置示意

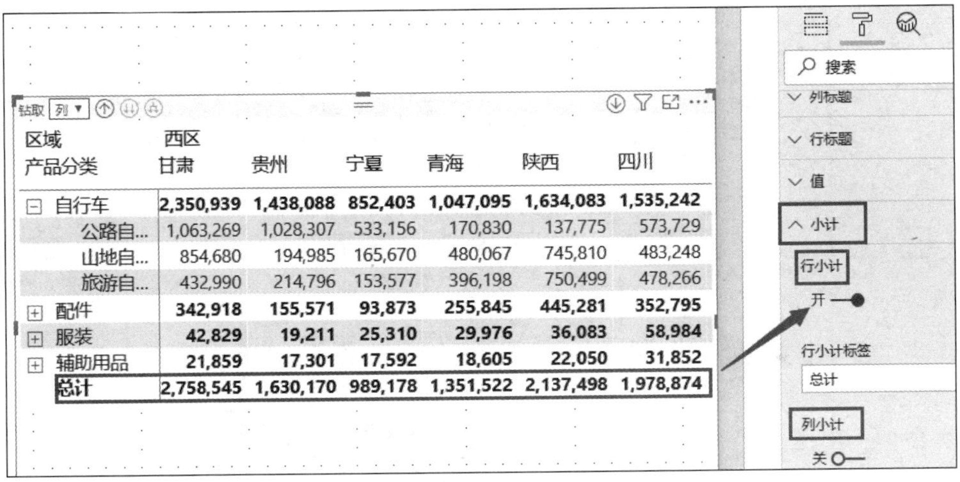

图 3-56　显示行小计的视图对象示意

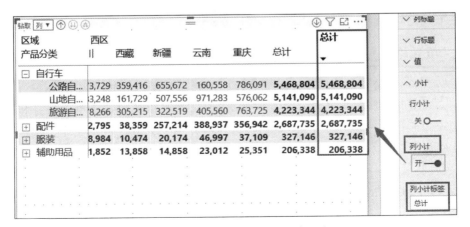

图 3-57　隐藏行小计的视图对象示意

3.9.6 交叉突出显示

借助矩阵视觉对象，用户可以选择矩阵中的任意元素作为交叉突出显示的依据。在"矩阵"中选择一列即可突出显示它，报表页上的其他任何视觉对象也会予以反应。此类型的交叉突出显示一直是其他视觉对象和数据点选择的常见功能，矩阵视觉对象也可以提供此相同功能。

此外，还可以在采用按住 Ctrl 键的同时单击完成交叉突出显示操作。例如，在图 3-58 中，选择的是矩阵视觉对象中的一组子类别，本图例选择了"西区"。注意，视觉对象中未选择的项显示为灰色，同时用户会发现报表页上的其他视觉对象显示也会随着矩阵视觉对象的显示而变化。

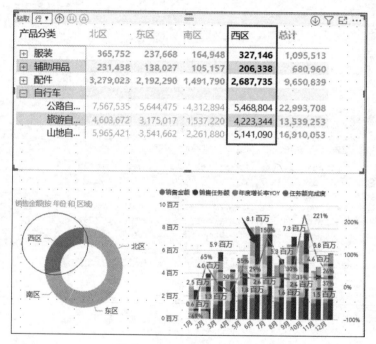

图 3-58 交叉突出显示效果

3.9.7 单元格的复制

矩阵或表中的数据信息可以提供给其他应用程序使用，如 Dynamics CRM、Excel 或其他 Power BI 报表。可以通过右击选定的单元格，在弹出的快捷菜单中选择相应的命令，将单个单元格或选定的单元格复制到剪贴板，并粘贴到其他应用程序。操作过程如图 3-59 所示。

若要复制单个单元格的值，可右击单元格，在弹出的快捷菜单中选择"复制"→"复制值"命令，即可将此剪贴板上未格式化的单元格的值粘贴到其他应用程序中，如图 3-60 所示。

图 3-59　复制单元格操作示意

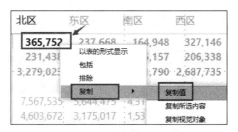

图 3-60　单元格值的复制

若要复制多个单元格,可选择单元格范围或使用 Ctrl 键的同时单击一个或多个单元格。右击单元格,在弹出的快捷菜单中选择"复制"→"复制所选内容"命令,此时复制的内容包括列标题、行标题、单元格值,如图 3-61 所示。

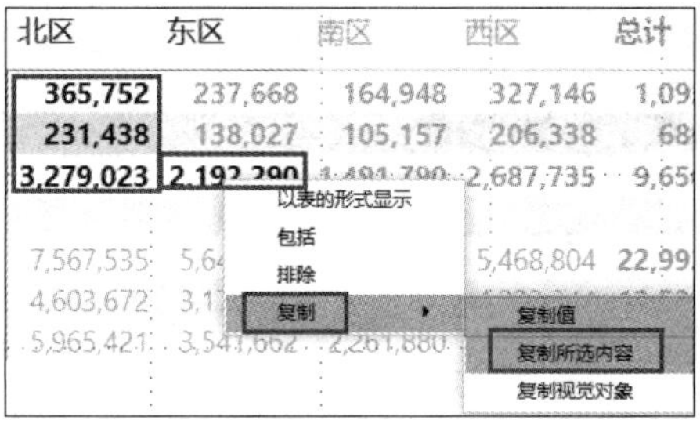

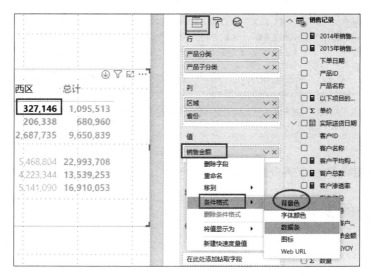

图 3-61　选定单元格的复制效果

3.9.8　条件格式设置

借助矩阵视觉对象,可以将条件格式(颜色和底纹)应用于矩阵中单元格的设置,还可以将条件格式应用于文本和值的格式设置。在选中矩阵视觉对象后执行以下任一操作。

首先选择一个单元格中的数据,在"字段窗格"🗏 中,找到"值"栏下的"销售金额",然后右击"销售金额",在弹出的快捷菜单中选择"条件格式"→"背景色"命令,如图 3-62 所示。

图 3-62　条件格式设置

在弹出的"背景色-销售金额"对话框中，设置"依据为字段"为"销售金额"，如图 3-63 所示。

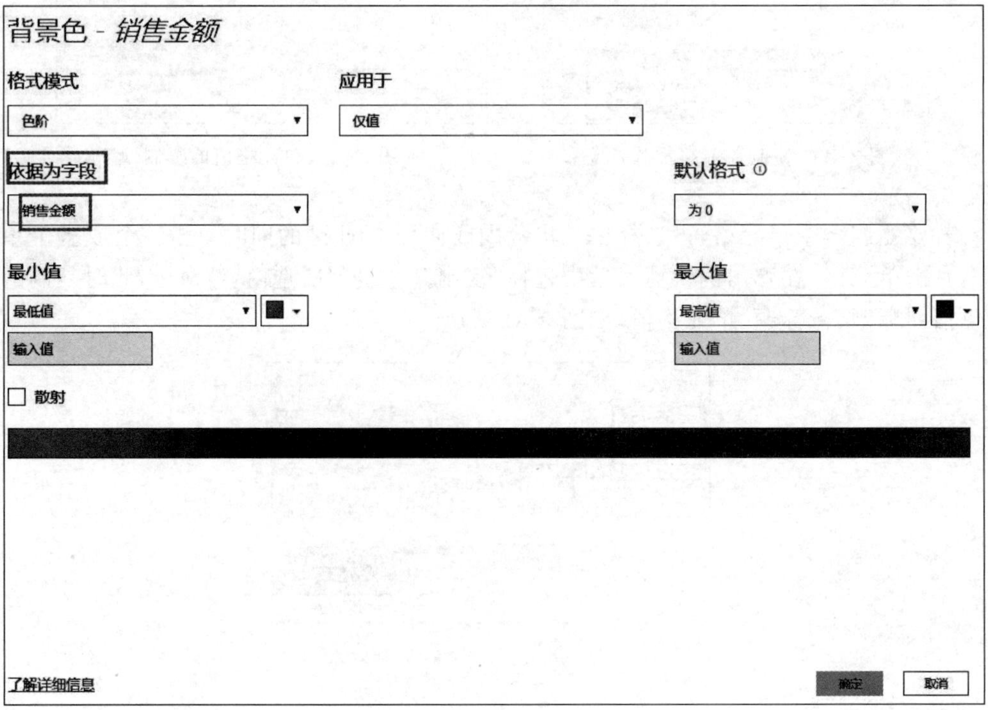

背景色 - *销售金额*

格式模式	应用于
色阶 ▼	仅值 ▼

依据为字段	默认格式 ⓘ
销售金额 ▼	为0 ▼

最小值	最大值
最低值 ▼　■ ▼	最高值 ▼　■ ▼
输入值	输入值

☐ 散射

了解详细信息　　　　　　　　　　　　　　　　　　　　　　　　　　确定　　取消

图 3-63　背景设计过程

同样也可以进行"字体颜色"设置，这里选择黑色。设计好后，表格如图 3-64 所示。通过单击"高级控件"，在弹出的相应对话框中可以对颜色和值进行自定义设置。

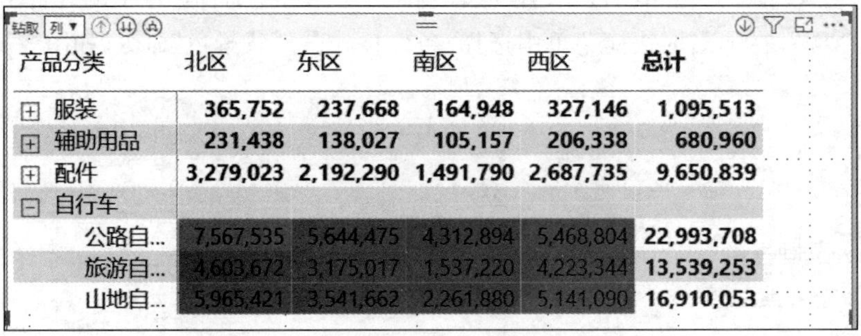

钻取 列 ▼ ↑ ⊕ ⓐ				⊕ ▽ ⊡ ⋯
产品分类	北区	东区	南区	西区	总计
⊞ 服装	365,752	237,668	164,948	327,146	1,095,513
⊞ 辅助用品	231,438	138,027	105,157	206,338	680,960
⊞ 配件	3,279,023	2,192,290	1,491,790	2,687,735	9,650,839
⊟ 自行车					
公路自…	7,567,535	5,644,475	4,312,894	5,468,804	22,993,708
旅游自…	4,603,672	3,175,017	1,537,220	4,223,344	13,539,253
山地自…	5,965,421	3,541,662	2,261,880	5,141,090	16,910,053

图 3-64　条件设计后的矩阵表格

这时单元格的颜色会随着数字的大小而改变。

3.10　报表的发布

系统在工具套件中扮演着关键角色，虽然可以在系统中做许多事情，但最终目标是构建视觉丰富的报表，为用户和使用者提供对底层数据的可操作界面，用户还必须向依赖其信息的人员提供这些报表。为此,用户需要将报表发布到系统服务或将其保存到系统报表服务器。也就是说系统创建的报表通常是可以发布到系统服务上的,发布后,可视化可以过滤、获取或固定到仪表板上。

下面介绍如何将报表发布到系统服务,并通过系统界面处理已发布的报表;用户如何查看和更新报表,将报表组件保存到仪表板以及根据已发布的数据集创建新报表等任务;如何在系统中更新报表之后再将其重新发布到系统服务上等操作。

3.10.1 报表发布到系统服务

本节使用的示例借助前面在系统中构建的报表,为方便起见,将报表命名为"设置报表的钻取",这是在示例中使用的名称。图 3-65 显示了"报表"视图中显示的报表单元格可视化页面,该报表由 5 页组成,每页都有视觉效果。

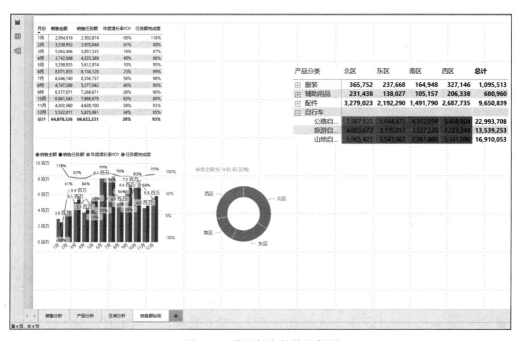

图 3-65 设置报告的钻取例图

要将"设置报告的钻取"报表发布到系统,需切换到"主页"菜单,单击"发布"选项,然后单击"发布到 Power BI"按钮。如果用户尚未登录系统服务,系统将提示用户提供登录凭证,连接后,系统会提示用户选择目的地。然后选中"我的工作区"选项,单击"选择"按钮,如图 3-66 所示。

选择目标后,将弹出"发布到 Power BI"对话框,该对话框中显示发布状态,提示信息前有复选标记,同时对话框还显示"知道吗"等有关使用系统服务的提示消息,如图 3-67所示。

发布到 Power BI
选择一个目标
我的工作区
仪表盘2
教学用
选择
取消

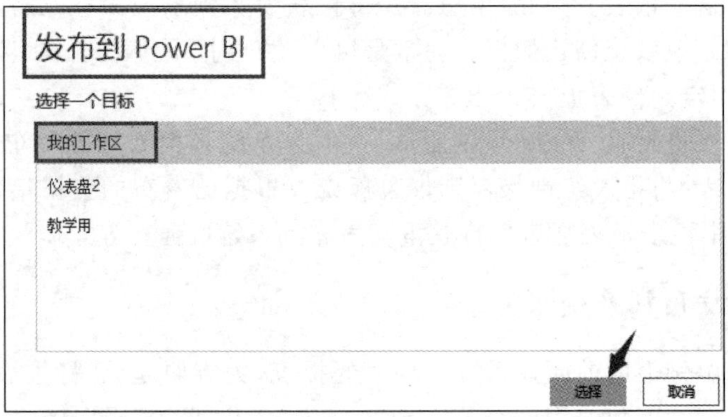

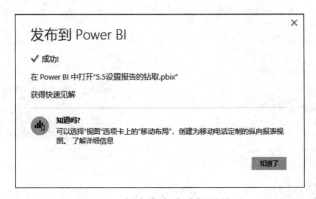

图 3-66　将报表发布到我的工作区示意

发布到 Power BI
✓ 成功!
在 Power BI 中打开"5.5设置报告的钻取.pbix"
获得快速见解
知道吗?
可以选择"视图"选项卡上的"移动布局"，创建为移动电话定制的纵向报表视图。了解详细信息
知道了

图 3-67　报表发布成功提示界面

3.10.2　访问报表

用户可以从任何支持的浏览器中通过系统站点访问已发布的报表。例如，用户已经从 Windows 中的 Chrome 和 Edge 以及 Mac OS 中的 Chrome 和 Safari 访问该网站。登录时，用户将进入开发界面，该界面提供导入和可视化数据所需的工具。图 3-68 展示的是"设置报告的钻取"报表文件在系统服务中发布后的界面。

"设置报告的钻取"报表和数据集列在左窗格的"我的工作区"部分中（用户必须在登录服务后展开此部分）。"我的工作区"部分是用户的个人工作区，用于访问和修改用户自己的仪表板、报表和数据集。

在"我的工作区"部分，可以访问以下 4 个类别中的任何一个。

1. 仪表板

仪表板用于通过切片或小部件显示数据的画布。仪表板只能与一个工作区相关联，但它可以显示来自多个数据集或报表的可视化。如果是系统 Pro 或 Premium 用户，还可以共享仪表板。

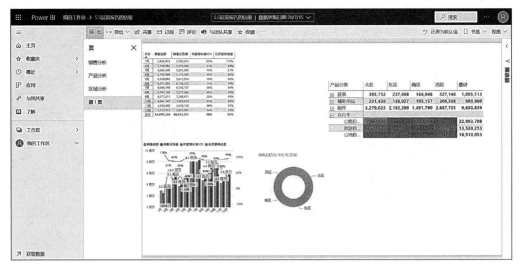

图 3-68 "设置报告的钻取"报表文件在系统服务中发布后的界面

2．报表

报表是基于已定义数据集中数据的可视化集合。每个报表都由一个或多个页面组成，报表只能与一个工作区关联，但可以与该工作区中的多个仪表板关联。用户可以在"浏览"视图或"编辑"视图中与报表进行交互，具体取决于用户授予的权限级别。

3．工作簿

工作簿是通过将微软 Excel 文件上传到系统服务而创建的特殊类型的数据集。用户可以从系统服务中上传 Excel 文件，也可以直接从 Excel 发布文件。工作簿数据不需要特殊格式。这与导入 Excel 文件不同，后者将数据集添加到"数据集"类别。要导入 Excel 文件，必须将文件中的数据格式化为 Excel 表格。

4．数据集

数据集是用户导入或连接到的相关数据的集合。数据集类似于数据库表，可用于多个报表、仪表板和工作区。用户可以从组织中其他人发布的文件、数据库、在线服务或系统应用中检索数据。

在图 3-69 中，选择"报表"部分中的"设置报告的钻取"报表，并在主窗口显示报表内容。在这种情况下，用户可以选择单元格可视化页面，也可以选择任何其他页面来查看这些可视化对象，就像用户在系统中看到的那样。

默认情况下，系统会在"浏览"视图中显示报表。如果用户具有适当的权限，也可以在"编辑"视图中使用该报表。在"编辑"视图，单击窗口顶部的"编辑报表"按钮，可允许用户直接在系统界面修改报表和可视化组件。在系统服务中更新可视化文件类似于在系统中更新可视化文件。注意，"编辑"视图包括"可视化"窗格和"字段"窗格。

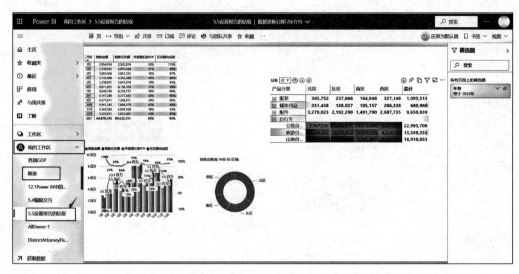

图 3-69　编辑系统服务中的"设置报告的钻取"报表

　　测试编辑功能的一种简单方法是更新报表的"集群柱形图可视化"，以显示超过 3 000 000 元的销售额。首先选中要编辑的可视化界面，然后展开"可视化"窗格的"筛选器"部分中的"销售金额"列，在"显示值满足以下条件的项"下，选择"大于"，并将 3 000 000 添加到框中，然后单击"应用筛选器"按钮，如图 3-70 所示。

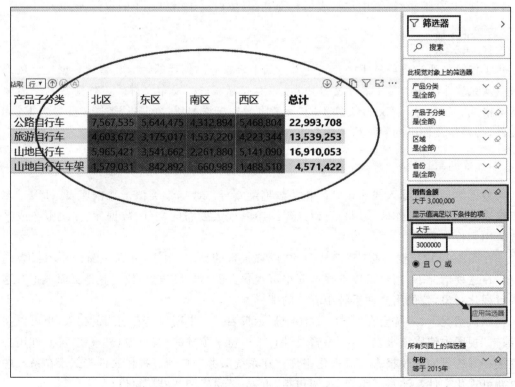

图 3-70　在系统服务中进行数值筛选

3.10.3 更新和重新发布报表

一般情况下,用户可能更愿意修改完报表后,将它们再重新发布到系统服务中,而不是直接在系统服务中更新。例如,假设用户要通过向"矩阵"可视化对象添加获取筛选器来更新"设置报告的钻取"报表,使用"省份"和"产品名称"列作为筛选器,设置界面如图 3-71 所示。

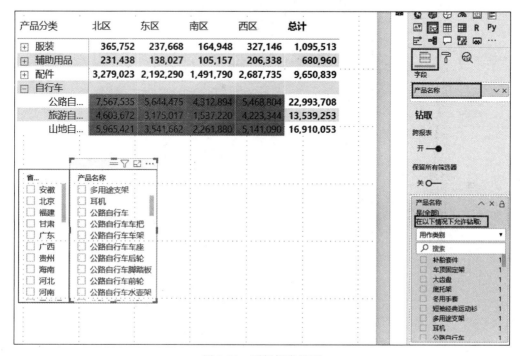

图 3-71 更新报表界面

要添加获取筛选器,需选择"矩阵"表,然后将"省份"列从"字段"窗格拖到"可视化"窗格的"钻取"部分。接下来,将"产生名称"列拖到"省份"列下方的"钻取"部分,如图 3-72 所示。

设置筛选器的"钻取",可以使用户根据一个报表中的值访问另一个报表。由于"省份"和"产品名称"列已添加为"矩阵"表中的"钻取"筛选器,因此用户能够直接从包含"省份"或"产品名称"值的其他视觉对象进行访问。系统会根据所选的"省份"或"销售名称"自动过滤此"矩阵"表。

在系统中更新并保存报表后,用户可以像以前一样将其发布到系统服务,除非系统提示验证是否正在替换现有数据集,如果确认更新,单击"置换"按钮即可。

虽然"替换数据集"对话框的要求是只应用于"设置报告的钻取"报表数据集 ,但报表本身也会在系统服务中更新。用户可以通过返回系统服务并查看单元格报表来验证是否更新。

要测试钻取单元格可视化功能,需转到饼图、圆环图页面,右击饼图视图上需要钻取的部分(图 3-73 中选择的是"西区"),在弹出的快捷菜单中选择"向上钻取"命令,如图 3-73 所示,左边为钻取前,右边为钻取后的图示。

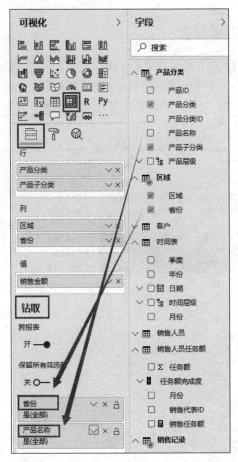

图 3-72 "矩阵"表筛选器中"钻取"的设置

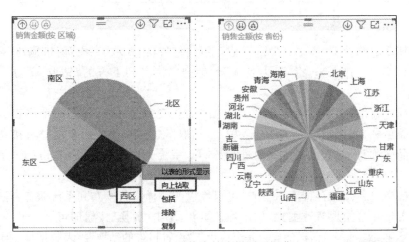

图 3-73 在系统中钻取饼图可视化

当单击饼图的可视化小块时,系统会将用户带到单元格可视化页面,其中数据通过对"分区"的数据进行筛选,结果如图 3-74 所示。需要说明的是,这里只有"南区"被列出。

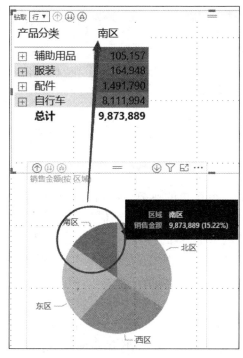

图 3-74 "南区"销售额查看界面

3.10.4 将报表固定到仪表板

将报表文件发布到系统服务时,只会将报表及其数据集添加到服务中。如果要在仪表板上包含报表组件,则必须将它们专门固定到仪表板上。

用户可以直接在报表中按页面固定报表项目。例如,要将 GDP 页面添加到仪表板,需转到该页面,然后单击右上角的"固定活动页"按钮。当出现"固定到仪表板"对话框时,用户可以选择将页面添加到现有仪表板或创建新仪表板,如图 3-75 所示。

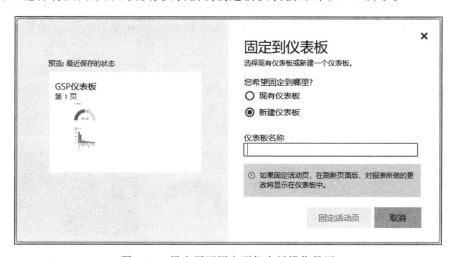

图 3-75 报表页面固定到仪表板操作界面

如果选择"现有仪表板"单选按钮,可从下拉列表中选择已经存在的仪表板。如果选择"新建仪表板"单选按钮,则需为该仪表板提供名称。选择仪表板或输入新名称后,单击"固定活动页"按钮,当出现"固定到仪表板"对话框时,单击"转到仪表板"按钮,默认情况下,系统在视图中显示仪表板,报表页面作为图标添加到仪表板上。用户可以通过调整报表图标的大小或重新定位、编辑图标的详细信息,以及执行其他操作,也可以更改仪表板本身。

3.11 仪表板

仪表板的作用是用来监控用户的业务,查看信息、挖掘信息并为用户提供决策的依据。仪表板上的可视化可以从一个或多个基础信息集返回,也可以从一个或多个查询结果集返回。仪表板结合了内部部署和云端信息,无论信息位于何处,都可以提供整合的读取。仪表板可以是单个页面,通常称为画布。它使用可视化来通知事件。由于它仅限于至少一个页面,因此仪表板仅包含该事件中最重要的组件。

如系统仪表板允许用户考虑零售超市、区域销售、个体商店交易、产品类别、客户群、销售渠道、折扣边际和利润等诸多信息,以便从信息中获取洞察力。有时为了获得有关上述要点的数据分析,用户需要针对不同对象、使用不同方式来获取这些信息,其目的是提高业务生产力。例如,超市的整体销售和表现、各地区的表现、用户各个部门的表现、按类别划分收入等。通常用户使用可视化进行报告时,他们将在仪表板上固定这些可视化组件。

3.11.1 外部共享仪表板

尽管系统旨在为用户提供类似关联内的用户仪表板,但用户也可以向不同企业的个人提供仪表板,称之为"系统认可的关联"。关联方式可以描述为：每个用户都需要在工作单位内拥有电子邮件地址。系统不承认私人的电子邮件,例如 163.com、qq.com 等。用户的工作单位需要一个单位电子邮箱,并且大多数用户必须在该区域内有一个电子邮件地址。大多数用户(包括云平台内的电子邮件)都被认为是一个类似的关联。如果用户使用微软 Office 36 以及 Dynamice 365,可能会有多个窗格,用来填充具有类似关联的几个位置。下面讲解共享仪表板的方法,如图 3-76 所示。

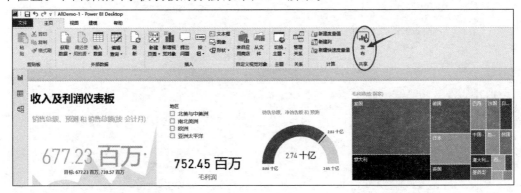

图 3-76 发布仪表板操作

在 Power BI 桌面系统中,当制作好自己的仪表板并打算与外部人员共享时,单击"发布"按钮,假设用户已经是 Power BI 的用户,那么在弹出的新对话框中输入用户名和密码后,系统就开始上传仪表板数据到用户的云端服务账户,等上传完毕,用户可以看到弹出如图 3-77 所示的对话框。

图 3-77 发布成功对话框

这样用户就可以登录到自己的 Power BI 的云端账户,或者称为 Power BI 服务,查看自己上传的仪表板,如图 3-78 所示。

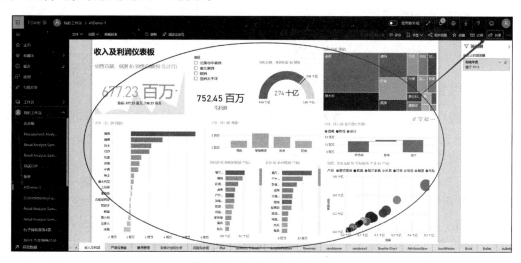

图 3-78 查看上传的仪表板

单击右上角的"共享"按钮,如果是 Power BI Pro 用户,就可以把该仪表板发布出去了,可以向不同单位的用户提供仪表板与外部人员共享。

对于内部用户端共享仪表板,可以通过电子邮件或向他们发送仪表板的 URL 来欢迎内部用户共享仪表板。在这种情况下,用户必须获得批准才可以进行操作。如果没有被批准,则用户必须在单击仪表板 URL 时请求授权。

对于外部客户端共享仪表板,用户可以通过电子邮件欢迎他们与外部用户来共享仪表板。在外部客户端收到电子邮件时,用户应该使用非个人的电子邮件账户登录系统,作为欢迎的一部分。如果用户从未使用过此系统,可以在登录时第一次进行免费记录。总之，Power BI 为用户提供了安全可靠的信息分享系统，方便信息交流。

3.11.2 在外部查看仪表板

下面介绍在 iPhone、安卓系统（Android）手机、Windows 10 上查看仪表板和报告。

1. 在 iPhone 上查看仪表板

首先在 iPhone 上打开"系统"应用程序并注册。

仪表板区域中的星星表示最喜欢的明星单位。仪表板名称下面的符号（在本例中为 MBI）是分类显示。在浏览有关系统分类的其他内容时，系统会检查每个仪表板中的信息。在默认情况下，系统仪表板在用户的 iPhone 上看起来有点不同，所有的平铺显示似乎都是一样的宽度，它们是从头到尾依次组织起来的。

系统服务中将专门为纵向模式的手机读取仪表板进行设置。这样只需将手机侧向翻转，即可在手机上以横向模式查看仪表板。用户可以向上和向下滑动手机屏幕以查看仪表板中的所有图块，还可以实现以下操作。

（1）单击一个图标以打开它的聚焦模式并使用它。

（2）单击 ☆ 图标，将其设为收藏夹。

（3）单击 🖧 图标，让同事查看用户的信息中心。

（4）单击 ⤢ 图标，铆接并剔除仪表板的不同区域，以平移进行导航。

（5）单击 ▣ 图标，打开平铺显示聚焦模式并随心所欲地浏览。

2. 在安卓系统手机上查看仪表板

首先通过手机打开系统应用程序并注册，之后单击仪表板将其打开，显示的界面与在 iPhone 上看到的类似。仪表板区域的星星表示最喜欢的明星单位。仪表板名称下面的符号是分类显示。在浏览有关系统的类的其他内容时，系统会检查每个仪表板中的信息。系统仪表板在用户的手机上看起来完全不同。所有的平铺显示都是一样的宽度，它们是从头到尾依次组织起来的。如果用户是仪表板所有者，则在系统服务中，系统将专门为纵向模式下的手机生成仪表板进行阅读。在仪表板上，系统将在名称旁边显示（…）图标以询问、刷新或获取有关仪表板的数据：向上和向下滑动手机屏幕以查看仪表板中的所有图块，要返回仪表板主页，需按下仪表板名称以打开分步路径，然后单击想要进的空间。

3. 在 Windows 10 上查看仪表板

在 Windows 10 设备上打开系统应用程序并注册，并单击仪表板将其打开。

仪表板区域中的黑色星星表示最喜欢的明星单位。每个仪表板名称下面的符号显示，浏览有关系统分类的其他内容，系统会分析每个仪表板中的信息。但是 Windows 10 手机上的系统仪表板看起来与手机的显示有点不同。所有的平铺显示都是一样的宽度，它们是从头到尾依次组织起来。用户可以将手机侧向翻转，以便在手机上以横向模式查看仪表板。如果用户是仪表板所有者，在系统服务中将生成专门读取针对纵向模式电话的仪表板。在仪表板中，用户可以进行如下操作。

（1）单击图标可以打开并使用它。

（2）单击完整的屏幕图标全屏图标，为用户的系统仪表板提供全屏显示，不带边界线或 PowerPoint 中的幻灯片放映等菜单。

（3）单击 🔏 图标，与同事共享用户的信息中心。

（4）单击 ☆ 图标，将仪表板设置为收藏夹。

（5）要返回仪表板主页，请按下仪表板名称以打开下级路径，然后选我的工作空间。

（6）在 Windows 10 手机上以横向模式查看仪表板，只需转动手机就可以在横向模式下联合阅读仪表板。仪表板布局从一系列图标更改为整个仪表板的读取，用户可以看到所有仪表板的图标都在系统服务中排序。

（7）单击 ⤢ 图标，铆接或剔除仪表板上的不同区域，以平移进行导航。

（8）通过下级菜单打开平铺显示聚焦模式，并随心所欲地浏览。

小结

本章主要介绍了报表的构建，这也是 Power BI 的基本工具之一，需重点掌握。在设计表格时，应该重点掌握添加、删除单元格、添加量表、筛选器等组件；能够添加并使用同步切片、隐藏切片以及筛选器等功能；能掌握把报表发布到云端等操作和应用原理。

问答题

1. 什么是 Power BI 的计算列，为什么会用到它们？
2. 模型中为什么会需要一个与其他表格无任务关系的表格？
3. 什么是 Power BI 系统中的计算部分？使用它们的原因是什么？

实验

1. 构建一个报表，同时使用本章介绍的所有要件，如切片器、筛选器等。
2. 构建一个报表，并把它发布到云端，同时固定到仪表板上。

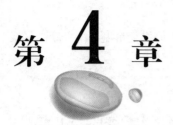

第 4 章

查询编辑器与切片器

随着系统的不断发展和完善,系统也不断扩展其功能,例如增加一些新的连接器,其目的是让用户增强其各个方面的应用,特别是查询服务器中的语言数据库和 Spark 数据源。系统将用户的所有数据和云数据都收集并存储在一个更加集中的区域中,用户可以根据需要随时随地获取该区域的数据,也可以使用预先捆绑的内容包和隐式连接器,从设计上来简化导入数据的过程,例如马尔凯图(Marketo)、赛富时(Salesforce)、谷歌分析等。

本章将指导用户使用系统中的查询编辑器导入并操作数据,用户使用系统可以访问各种数据源,整合来自多个数据源的数据、转换和增强数据,以及构建利用数据的报表。系统是一套全面的集成工具,通过各种丰富的可视化来检索、整合和呈现数据。该系统用于构建可以发布到系统服务或保存到系统报表服务器上的综合报表,可以通过浏览器、移动应用或自定义应用与其他人共享这些报表。

4.1 查询编辑器简介

首先打开 Power BI 并加载相应的实验项目数据,然后打开查询编辑器,选择"时间表"选项,可以得到如图 4-1 所示的界面。

系统中的功能分为 3 个视图,用户可以从主窗口左侧的导航窗格访问这些视图。

要启动查询编辑器,可单击"主页"菜单上的"编辑查询"按钮。查询编辑器将作为系统主窗口的单独窗口打开,并显示左窗格中所选数据集的内容。如果没有任何信息关联,系统查询编辑器将显示为准备表格。一旦进行数据查询,查询编辑器将与网上信息源关联,系统查询编辑器会加载有关信息的数据,之后用户就可以开始获取这些信息。

查询编辑器一般被分为菜单栏、项目栏、信息查看区、查询设置区 4 个区域,为了更好地让用户了解这 4 部分内容,在图 4-1 中进行了标注。其中,菜单栏表示的是目前捕获的许多动态图标,显示它正在与信息进行交换通信;项目栏位于左侧表格中,记录了问题并可供选择、调查和整型;信息查看区位于内页中,显示来自所选问题的数据信息,查询设置区位于界面的右侧,显示发布查询的属性和已连接的进度。

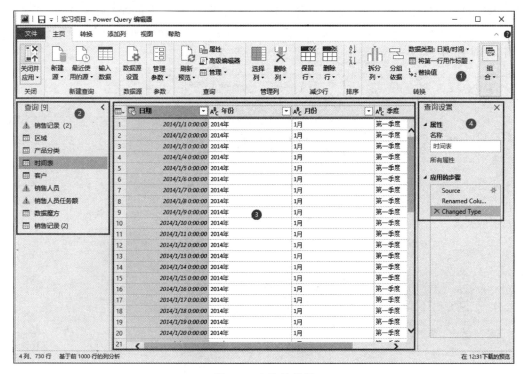

图 4-1　查询编辑器

1.　菜单栏

打开 Power BI,在"主页"菜单中单击"编辑查询"按钮,就打开了一个新的"查询编辑器"窗口,如图 4-1 所示。菜单栏在查询编辑器中,主要包含 4 个菜单选项:"主页""转换""添加列""视图"。

1)"主页"菜单

图 4-2 是编辑查询器页面的"主页"菜单,包含输入数据、管理参数、数据项的编辑和拆分等功能。

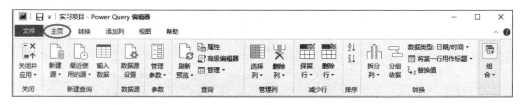

图 4-2　编辑查询器"主页"菜单

如果要加载新的数据项信息,并与已经启动的项目关联,可以选择"新建源"来加载或者捕获数据。我们从出现的菜单中选择信息来源，这里以连接网页 http://ha. huatu. com/zt/gkzw/2018fs/content/135000. html 为例。

首先在"新建源"菜单中选择 Web 子菜单，如图 4-3 所示；然后把这里的网页地址输入 URL 的文本框中，如图 4-4 所示；单击"确定"按钮后，一个新的"导航器"窗口就产生了，如图 4-5 所示。选择 Table0 后，单击"使用示例添加表"，这样网页中的表格就添加到了 Power BI 中。

图 4-3   选择 Web 数据源

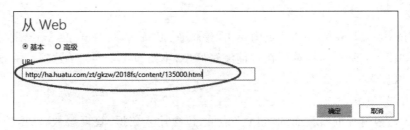

图 4-4   "从 Web"的 URL 文本框中输入网页地址

图 4-5   表视图显示数据界面

当然,在"新建源"菜单中也可以选择 Excel 表、文本文件或者在数据库中加载数据,用户可以自己练习。

2)"转换"菜单

该菜单提供了对正常信息变更分配的访问,例如,表格、任意列、文本列、编号列、日期&时间列、结构化列、脚本等,如图 4-6 所示。

图 4-6　"转换"菜单

3)"添加列"菜单

该菜单提供了相关的辅助功能,包括从文本、从数字、从日期和时间等,如图 4-7 所示。

图 4-7　"添加列"菜单

4)"视图"菜单

该菜单用于翻转是否显示某些纸张或窗格,它包含布局、数据预览、列、参数、高级、依赖项 6 项内容,它还可以用于显示高级编辑器,如图 4-8 所示。

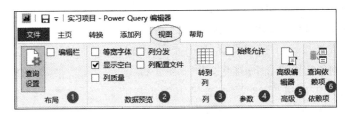

图 4-8　"视图"菜单

2. 项目栏

编辑查询器左侧的区域显示动态查询的数量,以及查询的各个表单的名称。当用户从左侧工作表中选择一个项目时,其信息将显示在中间区域的信息查看区中,用户可以在其中调整和更改信息,以解决用户的问题。

3. 信息查看区

编辑查询器的中间区域显示了所选查询的数据信息，如图4-9所示。

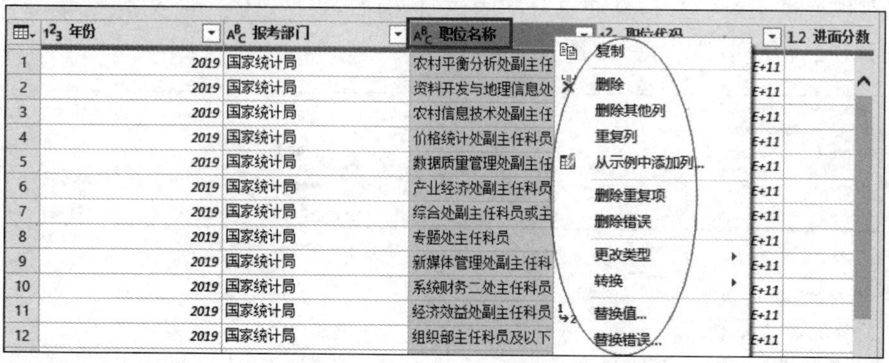

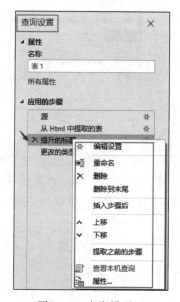

图 4-9　信息查看区

图4-9显示的是从国家统计局网站上加载的网页数据，选择该表，单击标题以显示选择到的字段内容。当用户右击字段名称或条带捕获区时（一般为黄色区域），在弹出的快捷菜单中可选择相应操作，如图4-9所示。

4. 查询设置区

查询设置区是所有与显示的项目相关的位置。例如，查询设置区中的"应用的步骤"区域反映了应用的步骤，例如从网上提取表格、提升标题、更改类型等。必须指出的是，这些操作并不会改变它的基本信息，相反，根据查询编辑器修改和制作的信息透视图会与基本信息形成连接。在查询设置区，用户可以根据需要重命名、移除或重新部署排序，可以通过右击"应用的步骤"细分中的进度，然后查看显示的菜单。所有查询步骤均根据在"应用的步骤"区域中显示的模式来完成，如图4-10所示。

图 4-10　查询设置区

如果用户需要针对每个进程制作的代码来查看查询编辑器，或者需要制作自己的特定成型代码，可以使用"主页"菜单中的"高级编辑器"专门对代码进行更改。要关闭窗口，可选择"完成"或"取消"命令捕获。若要保存工作成果，可选择"文件"→"保存"（或"另存为"）命令来完成保存工作。

4.2　Excel 工作簿导入 Power BI 桌面

通过系统桌面,可将 Excel 工作簿导入系统桌面,借助当前将工作簿导入系统桌面的功能,用户就可以使用系统桌面,在 Excel 和系统桌面之间进行更多通信(如导入/导出)。如果报表和可视化效果均基于 Excel 工作簿自动创建,导入后,用户可以使用系统桌面的现有功能以及其更新的新功能继续改善和优化该报表。

4.2.1　Excel 工作簿的导入

若要导入工作簿,可在系统桌面中选择"文件"→"导入"命令,并在子菜单中选择导入的 Excel 工作簿内容,如图 4-11 所示。

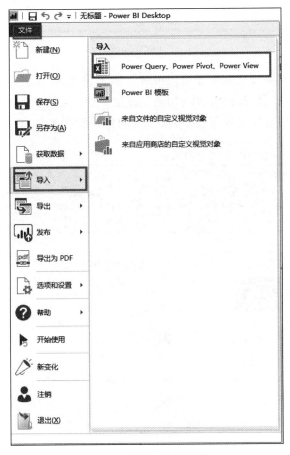

图 4-11　导入过程示意

在弹出的对话框中选择要导入的工作簿。选择工作簿之后,系统桌面将分析该工作簿并将其转换为系统桌面文件(.pbix)。该操作只执行一次。创建系统桌面文件之后,系统桌面文件将与原始 Excel 工作簿毫无关联,可修改或更改(以及保存和共享)系统桌面文件且不影响原始工作簿。导入完成后,系统将显示摘要页面,画布上会描述已转换项目并列出不能导入的所有项目，如图 4-12 所示。

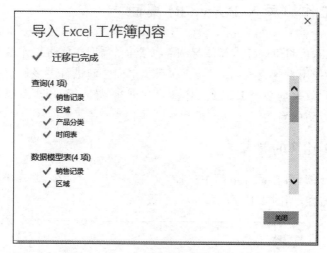

图 4-12　加载完成示意

　　选择关闭后，将在系统桌面中加载该报表。图 4-13 显示了导入 Excel 工作簿后的系统桌面，系统桌面根据工作簿内容自动加载了报表。由于已导入工作簿，用户可以继续处理报表（例如创建新的可视化效果、添加数据或创建新的报表页）以及继续使用系统桌面中的所有功能和特性。

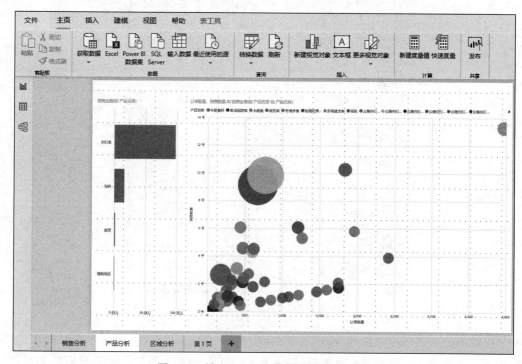

图 4-13　导入 Excel 工作簿后的系统桌面

4.2.2　工作簿导入的元素

系统桌面可以导入 Excel 工作簿中的元素，如表 4-1 所示，被导入的元素称为对象。

表 4-1　导入的对象元素

Excel 工作簿中的对象	系统桌面文件中的最终结果
超级查询	Excel 中的所有超级查询都会转换为系统桌面中的查询。如果 Excel 工作簿中已存在定义了的查询组，那么将在系统桌面中复制相同结构和数据。除非已经在 Excel 中设置为"仅创建连接"的查询，否则应加载其他所有查询。可在系统桌面查询编辑器的"开始"菜单中的"属性"对话框自定义加载行为
Power Pivot 外部数据连接	所有 Power Pivot 外部数据连接都将转换为系统桌面中的查询
链接表或当前工作簿表	如果 Excel 中有工作表链接到数据模型或链接到查询（通过使用"从表格"或 M 语言中的 Excel.CurrentWorkbook()函数），将显示下列选项： (1) 将表导入系统桌面文件。该表格是数据的一次性快照，之后将不能编辑系统桌面中的表数据。使用此选项创建的表有大小限制，字数上限为 100 万个字符（包括所有列标题和单元格）。 (2) 保留与原始工作簿的连接。用户还可以保留与原始 Excel 工作簿的连接，系统桌面每次刷新时都会检索表中的最新内容，就像在系统桌面中针对 Excel 工作簿创建的其他查询一样
数据模型计算列、度量值、KPI、数据类别和数据关系	这些数据模型对象将转换为系统桌面中的等效对象。注意，某些数据类别在系统桌面中是不可用的，例如图像。在这些情况下，将对有问题的相关列重置数据类别信息
Power View Excel 工作表	为每个 Power View Excel 工作表创建新报表页。报表的名称和报表页面顺序与原始 Excel 工作簿匹配

4.2.3　导入工作簿的限制

Excel 工作簿被导入系统桌面中，为用户提供了便利，但是在导入过程中还存在一些限制条件，主要有以下几种情况。

1. 分析服务表格模型的外部连接

在 Excel 2013 中，无须导入数据就可创建 SQL Server 分析服务表格模型的连接，并在这些模型之上创建 Power View 报表。目前不支持使用这种将 Excel 工作簿导入系统桌面的连接类型。解决方法是，必须在系统桌面中重新建立这些外部连接。

2. 层次结构

系统桌面目前不支持数据模型为层次结构的对象类型。因此，将 Excel 工作簿导入系统桌面时会略过层次结构。

3. 二进制数据列

系统桌面目前不支持数据模型为二进制数据列的类型。系统桌面生成的表中已删除二进制数据列。

4. Power View 的部分元素

系统桌面目前尚未提供 Power View 中的一些功能，例如布景主题或特定可视化效果类型（具有播放轴的散点图、向下钻取行为等）。这些不支持的可视化效果会导致在系统桌面报表中的对应位置出现可视化效果不受支持的提示消息，可以根据需要删除或重新配置。

5. M 语言中的 Excel. CurrentWorkbook 的命名范围

命名范围使用超级查询中的从表或使用 M 中的 Excel. CurrentWorkbook。目前不支持将这个名称范围数据导入系统桌面。目前，这些名称范围会被当作外部 Excel 工作簿的连接，加载到系统桌面。由于系统桌面目前不提供超级数据透视表（PowerPivot）和服务器报告服务（SRS）数据源，因此不支持 SQL 服务器报告服务（SSRS）的超级数据透视表（PowerPivot）外部连接。

4.2.4 修改查询

在查询编辑器中，用户可以使用 M 语言修改查询，或修改查询字段的类型，或向查询中添加数据列。对查询进行修改会导致系统同步更新数据模型，这和使用 DAX 修改数据模型有本质的区别：前者是修改数据表，后者是修改"数据"视图。系统通过查询编辑器来修改数据模型，对查询的每一次修改都是一个步骤，用户可以根据需要增加或删除步骤、调整步骤的顺序，并可以迭代引用先前创建的步骤，应用这些操作对数据进行再次加工和处理，以满足数据分析的需求。

下面以加载"包子铺案例数据 powerBI. xlsx"数据为例，进行讲解。在系统加载数据后，在"主页"菜单中单击"查询编辑"按钮进入查询编辑器，如图 4-14 所示。

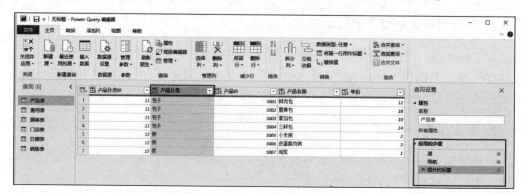

图 4-14　查询编辑器原始页面

在图4-14中,查询编辑器为每个标题字段的数据类型用特定的图标显示,最常用的数据类型是数字(Number),图中用"123"显示,或者数据类型为文本(Text),图中用"ABC"显示。每一个查询都是由一系列的列和行构成的数据表,每一列都有特定的数据类型,每一次查询和更改数据类型,其右面的"应用的步骤"区域就会记录每一次操作。

1. 修改数据类型

例如把"产品分类"的数据类型更改为"文本",就可以右击该标题,在弹出的快捷菜单中选择"更改类型"→"文本"命令,如图4-15所示;同理"产品分类ID"的数据类型更改也这样操作,只是"更改类型"选择"整数"。在用户操作的同时,右侧的"应用的步骤"区域就会记录这两次操作,如图4-16所示。

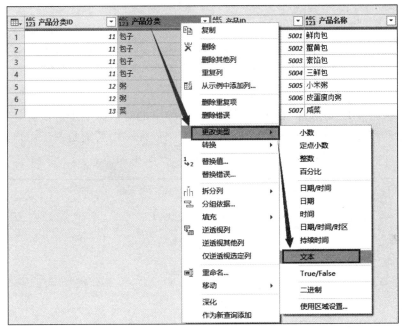

图4-15　修改数据类型

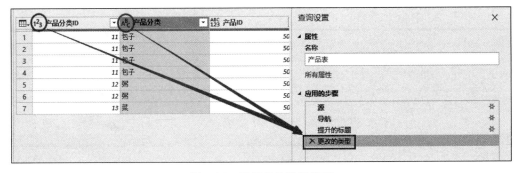

图4-16　记录修改数据类型

当修改数据类型完成后，标题"产品分类 ID"的前面的图标变成了"123"，它表示是"数字"类型；而标题"产品分类"的前面的图标变成了"ABC"，它表示是"文本"类型。这两次数据类型更改操作，都记录在右侧的"更改的类型"这个"应用的步骤"里，如果想撤回更改，只要单击"更改的类型"前面的"×"按钮即可。

2. 添加数据列

用户可以添加计算列，切换到"添加列"菜单，即可以在图 4-17 所示的界面中通过输入 M 查询语言来创建新的数据列。

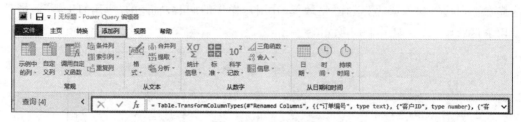

图 4-17　数据列的添加

也可以从图 4-17 中选择"自定义列"命令，在弹出的对话框中进行设置。在左侧可用的列中添加列和公式，并对新添加的列进行命名。Power BI 系统是基于用户输入的表达式创建新的计算列，并添加到数据模型中，如图 4-18 所示。

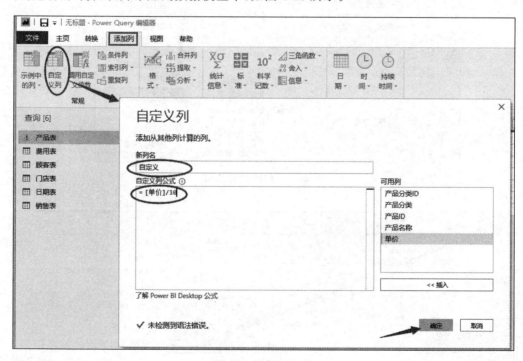

图 4-18　自定义列

3. 添加排序列

在对数据进行排序时，有时不能使用 DAX，此时必须使用 M 查询语言。例如，对班级（Class）进行排序，使用 DAX 的 IF 函数，按照班级名称新建一个字段（Class Ordinal），就可以按照以下代码进行输入。

```
Class Ordinal = IF(Schools[Class] = "一年级",1,IF(Schools[Class] = "二年级",2,3))
```

设置 Class 按照 Class Ordinal 排序，系统会出现图 4-19 中的错误提示。

Sort by another column

This column can't be sorted by a column that is already sorted, directly or indirectly, by this column.

图 4-19　添加排序列时的错误提示

在这种情况下，必须使用 M 查询语言在完成添加排序列，在 Schools Query 中新增字段，代码如下：

```
= Table.AddColumn(KustoQuery, "Class Ordinal",
each if [Class] = "一年级" then 1
    else if [Class] = "二年级" then 2
    else if [Class] = "三年级" then 3
    else 4)
```

4. 查询组合

查询组合（Combine）主要用于同时对多个查询结果进行操作，用于在查询级别对数据进行修改。系统支持合并（Merge）查询和追加（Append）查询两个操作，其中合并查询操作用于连接数据，追加查询操作追加数据到指定的查询结果中。

1）合并查询

合并查询用于把两个查询结果的数据连接到一起。可以使用查询编辑器中的"主页"菜单下的"合并查询"选项下的"将查询合并为新查询"，在弹出的"合并"对话框中根据用户的需求进行相关内容的设置，如图 4-20 和图 4-21 所示。

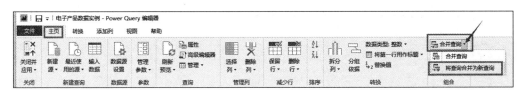

图 4-20　合并查询

通过连接操作（Join）把两个查询数据表进行合并，生成一个新的查询。系统在进行合并时，只支持等值条件的连接操作，其相应字段的值相等时，匹配成功。例如，选择"产品明细表"作为其中一个查询，单击"产品编号"作为连接的条件，第一个表称作左表，第二个表称作右表。也可以选择多个数据列作为连接条件，按住 Ctrl 键，单击“产品编号”，就可以把这个字段作为连接。在合并连接过程中是把两个数据表中字段“产品编号”相等的记录进行连接。当然，在进行合并操作时，系统也能提供多种连接的类型。

合并
选择表和匹配列以创建合并表。
产品明细表
产品编号 产品名称 品牌 类别 采购价格 零售价格
1001 小米手机 小米 手机 1800 2000
1002 小米电脑 小米 电脑 4700 5200
1003 小米平板 小米 平板 1300 1500
2001 苹果手机 苹果 手机 6000 8000
2002 苹果电脑 苹果 电脑 8000 10000
销售明细表
销售日期 产品编号 产品名称 销售数量 金额（万元）
5/1/2015 1001 小米手机 4000 800
5/2/2015 1001 小米手机 6000 1200
5/3/2015 2001 苹果手机 2000 1600
5/4/2015 1003 小米平板 1000 150
5/5/2015 1001 小米手机 3000 600
联接种类
左外部(第一个中的所有行，第二个中的匹配行)
使用模糊匹配执行合并
模糊匹配选项
确定
取消

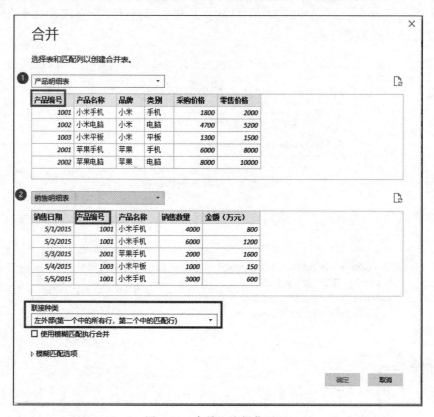

图 4-21　合并查询操作界面

在创建合并查询之后，默认情况下，系统会把连接的右表显示在左表字段的末尾，字段名为右表名，而字段值为 Table，同时在编辑栏上也会显示 M 查询语言对应的代码，如图 4-22 所示。

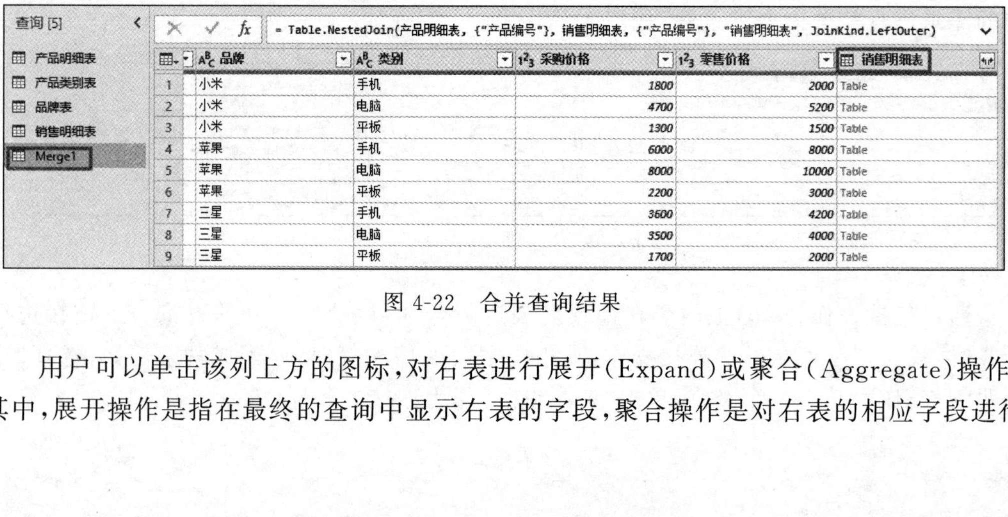

查询 [5]
产品明细表
产品类别表
品牌表
销售明细表
Merge1
= Table.NestedJoin(产品明细表, {"产品编号"}, 销售明细表, {"产品编号"}, "销售明细表", JoinKind.LeftOuter)
品牌 类别 采购价格 零售价格 销售明细表
1 小米 手机 1800 2000 Table
2 小米 电脑 4700 5200 Table
3 小米 平板 1300 1500 Table
4 苹果 手机 6000 8000 Table
5 苹果 电脑 8000 10000 Table
6 苹果 平板 2200 3000 Table
7 三星 手机 3600 4200 Table
8 三星 电脑 3500 4000 Table
9 三星 平板 1700 2000 Table

图 4-22　合并查询结果

用户可以单击该列上方的图标，对右表进行展开（Expand）或聚合（Aggregate）操作。其中，展开操作是指在最终的查询中显示右表的字段，聚合操作是对右表的相应字段进行聚合操作,返回聚合值,如图 4-23 所示。

2）追加数据

在查询过程中,如果想实现把一个数据表的查询结果添加到另一个查询结果表中,可以利用系统实现追加数据操作,相当于集合的 Union 操作。

首先选中当前查询,单击"追加查询"下的"将查询追加为新查询"命令,然后在弹出的"追加"对话框中,选择要实现操作的"主表"和"要追加到主表的表",如图 4-24 所示。在追加查询过程中,可以追加一个查询或多个查询。

图 4-23　展开操作

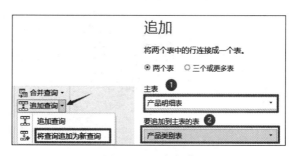

图 4-24　追加操作

4.2.5　转换操作

在查询编辑器中,可以对数据进行转换(Transform)操作,例如分组、字符的拆分、透视、逆透视、去重和替换值等。

1. 分组

分组是用于按照特定的列对现有的查询进行分组聚合,能够产生新的查询。单击"转换"菜单下的"分组依据"命令,用户可以根据需求对某列进行某种操作的设置,如图 4-25 所示。

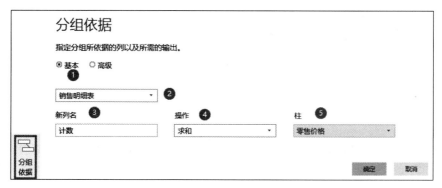

图 4-25　分组

2. 拆分列

系统可以实现把一个字符类型列按照分隔符或者特定数量的字符，分割成多个数据列。单击"转换"菜单下的"拆分列"命令，选择对列进行拆分的规则，如图 4-26 所示。

3. 透视和逆透视

系统可以实现对数据进行透视（Pivot Column）和逆透视（Unpivot Column）操作。通过这两个操作来完成数据的行列转换，如图 4-27 所示。

图 4-26　拆分列

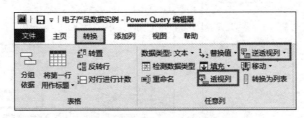

图 4-27　透视和逆透视

4.2.6　查询的其他操作

系统也可以实现对查询进行分组，分组的目的是组织查询，便于查找。当查询的数量非常多时，可以按照功能或页面对不同的查询进行分组。如果想将查询加载到报表或者显示到"报表"视图中，可以通过打开查询的属性对话框进行设置，如图 4-28 所示。

图 4-28　查询的其他操作

如果用户勾选了"启用加载到报表"复选框，那么查询的数据会显示在"报表"视图中；如果勾选了"包含在报表刷新中"复选框，那么查询的结果可以随着报表的刷新而自动刷新数据。

4.3 连接和加载数据

在"主页"菜单中单击"获取数据"命令,可以实现从多种数据源(文档、数据库、Azure等)中加载数据。在系统桌面中,每一个数据源都被抽象成一个查询,在加载数据时,系统支持对查询进行编辑,可以通过在查询编辑器中编辑查询,实现对数据的清理、转换,以满足复杂的业务需求。

4.3.1 连接数据源

用户可以通过系统工作区中的信息接口,实现在系统中连接数据来快速扩展其他的信息范围。系统工作区中提供了大量信息源,可以通过选择"获取数据"下的 Web 子菜单来选择需要关联的信息,如图 4-29 所示。

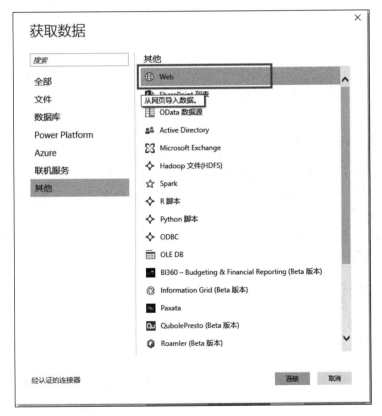

图 4-29 连接网络资源

在弹出的对话框中(如图 4-4),用户可以实现与网上信息源进行交互,这里任选一个网页"进出口商品经营单位所在地总值表"为例,网址是 http://www.china.com.cn/ch-company/07-05-10/page070318.htm,可以选择 Web 并把这个网址输入 URL 栏中。

当用户选择正确时,系统工作区的查询开始启动工作。系统工作区与网上的信息资源进行关联,图 4-30 显示了在该网站画布上找到的内容及工作状态。

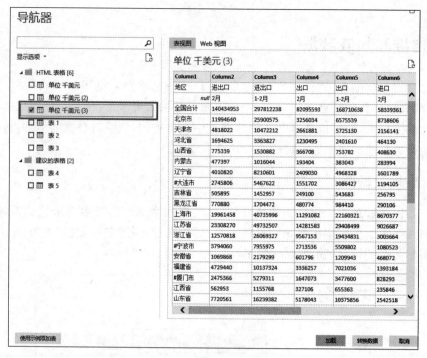

图 4-30　获取网上数据

4.3.2　加载 Excel 数据

用户也可以将 Excel 中的数据下载到本地主机上，在"主页"菜单下选择 Excel 数据类型并单击，选择需要加载的工作表，单击"打开"按钮，在弹出的"导航器"对话框对数据进行编辑，设置显示的选项，如图 4-31 所示。

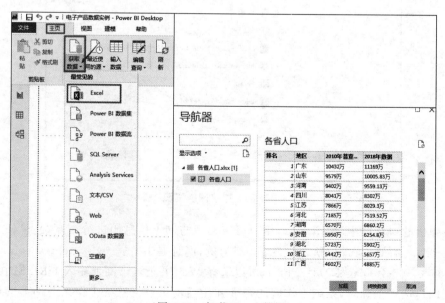

图 4-31　加载 Excel 数据

在本例中,直接单击"加载"按钮,把 Excel 中的"各省人口"表数据加载到报表中,单击左边的"数据"视图,查看加载的数据,其中数值型数据以累加符号(Σ)开头,如图 4-32所示。

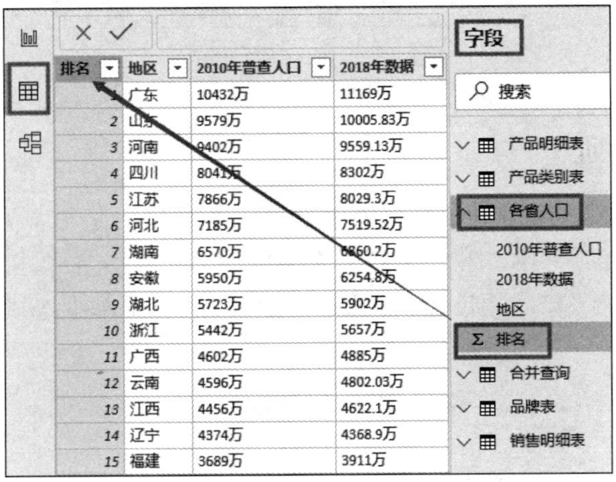

图 4-32　加载 Excel 数据显示界面

4.3.3　编辑查询

每一个数据源都被抽象成一个查询,通过定义相应的数据进行转换操作。在数据集加载到系统时,应用自定义的数据可以执行修改操作,而不需要修改数据源。在"数据"视图中,单击"主页"菜单中的"编辑查询"按钮进入查询编辑器,能够对查询进行编辑和转换,例如清洗脏数据、删除冗余的列、添加新列、转换列的数据类型。在"查询设置"中,可以选择"应用的步骤"来显示查询的编辑步骤。在编辑完成之后,单击"关闭并应用"按钮,完成查询的修改,如图 4-33 所示。

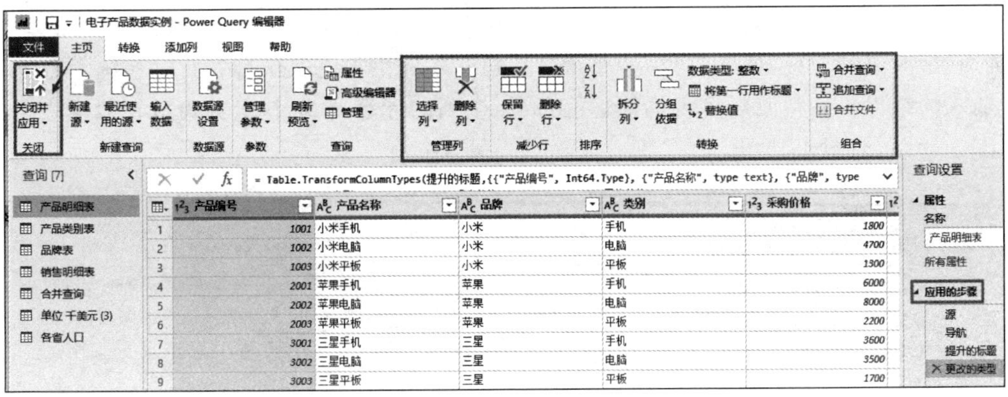

图 4-33　编辑"查询"视图

在"转换"菜单中,系统提供了丰富的数据转换功能,可以满足复杂的分析需求,如图 4-34 所示。

图 4-34　"转换"菜单

4.3.4　增加数据列

在实际生活中,用户在现有的数据表中增加一个数据列是很常见的一种操作。如数据列"产品名称"是"品牌"字段和"类别"两个字段的结合。首先单击"添加列"菜单,按住 Ctrl 的同时选中"品牌"和"类别"两个字段,并从"添加列"菜单中选择"示例中的列"命令,如图 4-35 所示。

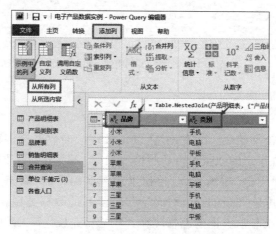

图 4-35　增加列菜单一

然后,在弹出的对话框中,双击右侧新建的列"已合并",输入同一数据行的"品牌"和"类别"字段值的拼接,例如这里是"小米""手机",输完后按 Enter 键。此时系统会根据用户输入的结果自动检测派生列的值,并生成派生列的计算公式,该公式可以在数据表格的上方查看到,如图 4-36 所示。

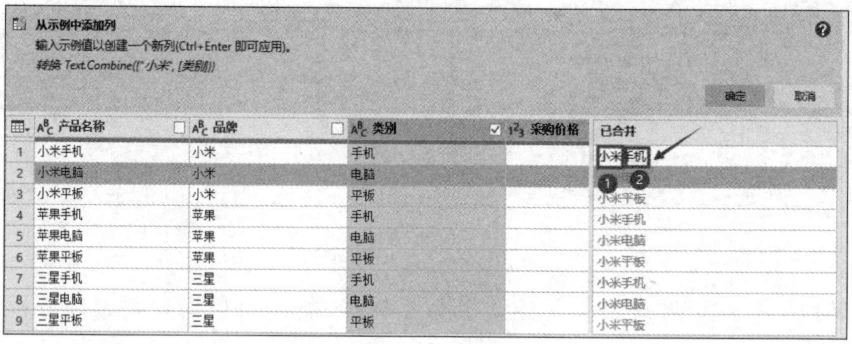

	A^B_C 产品名称	□ A^B_C 品牌	□ A^B_C 类别	☑ 1²₃ 采购价格	已合并
1	小米手机	小米	手机		小米 手机
2	小米电脑	小米	电脑		① ②
3	小米平板	小米	平板		小米平板
4	苹果手机	苹果	手机		小米手机
5	苹果电脑	苹果	电脑		小米电脑
6	苹果平板	苹果	平板		小米平板
7	三星手机	三星	手机		小米手机
8	三星电脑	三星	电脑		小米电脑
9	三星平板	三星	平板		小米平板

图 4-36　增加列菜单二

最后,单击"确定"按钮,并把列名"已合并"修改"产品名称",并切换到"主页"菜单,单击"关闭并应用"按钮。

4.4 转换和塑造数据

转换和塑造数据就是利用查询编辑器的 M 脚本语言来对数据的加载过程进行额外处理。在加载数据的过程中或之后,还可以继续利用查询编辑器来对加载的数据进行转换和塑造。系统使用的操作方法如下。

1. 通用菜单

通用菜单主要指在"主页"菜单下的管理列、减少行、排序、组合等操作,如图 4-37所示。

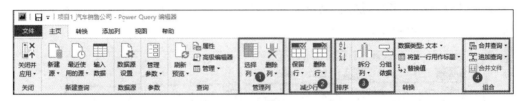

图 4-37 数据清洗通用菜单

(1) 管理列:实现选择列、删除列操作。

(2) 减少行:实现保留行(前后、间隔、重复、错误)和删除行等操作。

(3) 排序:基于一个列或多个列进行升降序。

(4) 组合:实现合并数据(两个表提供不同的列)或追加数据(两个表提供不同的行)。

2. 转换

转换主要指"转换"菜单下的表格、任意列、文本列、编号列、日期 & 时间列、结构化列等操作,如图 4-38 所示。

图 4-38 数据清洗"转换"菜单

(1) 表格管理:实现对原始数据进行分组、提升第一行作为标题、行列颠倒、首尾行调换、对数据行计数等操作。

(2) 任意列的处理:实现重命名列名、数据类型的自动检测和手动修改、替换值、填充单元格(上下两个方向皆可)、透视列(正逆两个方向)、转换为列表(列表转回列)等操作。

（3）文本列的处理：实现拆分（分隔符、字符数），格式化（大小写、首字母大写、修整、清除非打印字符、添加前后缀），合并，提取（字符串长度、首子字符串、尾子字符串、选定范围子字符串）和分析等操作。

（4）编号（数值）列的处理：实现聚合运算（求和、最大最小、中值、平均值、标准偏差、值计数、非重复计数），标准运算（四则、整除、取模、除的百分比、乘的百分比）、科学运算（求绝对值、求幂、求指数、求对数、求阶乘），三角函数运算，舍入（四舍五入、自定义）和特征（奇偶、符号）等操作。

（5）日期 & 时间列的处理：实现日期的处理、时间的处理、持续时间的处理等操作。

（6）结构化列的处理：实现对结构化列的展开、聚合等操作。

3. 添加计算列

添加计算列主要指"添加列"菜单下的常规操作，以及从文本、数字、日期和时间等方面的操作，如图 4-39 所示。

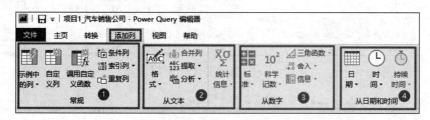

图 4-39　数据清洗"添加列"菜单

（1）常规：实现基于公式计算、基于自定义公式计算、基于条件判断计算、添加索引列、复制列等操作。

（2）基于文本列添加：实现格式化后、合并后、提取后、分析后等操作。

（3）基于数值列添加：实现聚合运算后、标准运算后、科学运算后、三角函数运算后、舍入后、提取特征后等操作。

（4）基于日期和时间列添加：实现日期处理后、时间处理后、持续时间处理后等操作。

从上面内容来看，系统由于沿用了 SQL Server 和 Excel 中已经存在的查询模式，所以它的 ETL（Extract-Transform-Load 的缩写，即数据的萃取、转置和加载）功能还是非常强大的，几乎不用手动编写 ETL 脚本，即可完成复杂的 ETL 工作。

下面介绍几个转换和塑造数据过程中的常见操作。

4.4.1　转换出错

在查询编辑器中转换数据时，修改已应用的步骤或执行其他操作时可能会遇到错误，但在尝试应用用户所做的任何更改之前，用户通常不会意识到存在的错误，基于此，提示用户应该在转换数据时定期应用和保存更改。

若要使查询编辑器中的更改生效，可单击"主页"菜单上的"关闭并应用"向下箭头，然后单击"应用"命令。除非出现错误,否则自上次应用更改后所做的任何更改都将合并到数据集中。例如,在提升标题后将更改应用于数据集时,用户将收到图 4-40 所示的消息。

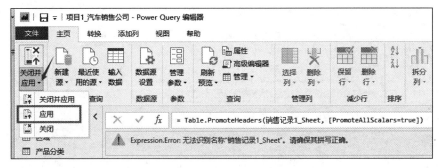

图 4-40　选择应用操作界面

单击查询编辑器包含错误的 M 语言公式行,会出现如图 4-41 所示的错误提示。此行的"销售记录 1_Sheet"不存在,应该为"销售记录_Sheet"。修改之后,单击公式栏中的"×"按钮,错误消除,应用被保存。

图 4-41　查询出错信息

一般情况下,在查询编辑器中消除错误时,常见的可以采用替换、删除错误或更改列的数据类型等操作来进行。若要更改列的类型,需要单击列名称旁边的类型图标,然后单击"文本"按钮。若要替换错误,需要右击列标题,在弹出的快捷菜单中选择"替换错误"命令,输入替换值,然后单击"确定"按钮。要过滤掉包含错误的行,则单击某列标题旁边的向下箭头,搜索相应的值,然后清除与此关联的复选框。若要删除包含错误的所有行,则单击数据集左上角的表格图标,然后单击"删除错误"按钮。

4.4.2　删除列

在某些情况下,用户导入的数据可能会包含不需要的数据列,需要将其删除。在查询编辑器中删除这些列非常方便。

(1)若要删除单个列,则直接在显示的数据集中选择列,然后单击"主页"菜单上的"删除列"按钮,或者右击列标题,在弹出的快捷菜单中选择"删除"命令。

(2)若要删除多个列,则选择第一列,按住 Ctrl 键,选择其他每个列,然后单击"主页"菜单上的"删除列"按钮。

删除列后,查询编辑器会将一个"已删除的列"步骤添加到"已应用的步骤"中,如图 4-42 所示。

将"已删除的列"步骤与其他步骤一起列出的优点之一是:如果用户稍后决定不删除一

个或多个列，就可以轻松删除或修改该步骤。在这种情况下，可以相对安全地修改数据，因为删除列后，添加的任何步骤都不能引用这些列，因为它们被认为是已经不存在了。

图 4-42　删除列视图

4.4.3　添加计算列

用户可以将计算列添加到连接数据或执行计算的数据集中，系统提供了两种添加计算列的方法。

1. 在系统主页面"数据"视图中创建列

使用 DAX 来定义列的逻辑。若要创建基于 DAX 的列，需要单击"数据"视图中"主页"菜单上的"新建列"按钮，然后在数据集顶部的公式栏中输入 DAX。添加表达式时应选择新列。输入表达式后，单击表达式左侧的复选标记以验证语法并填充新列，如图 4-43 所示。

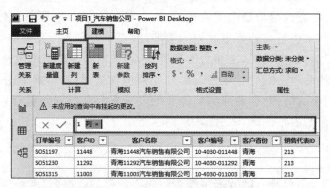

图 4-43　在"数据"视图中新建列

使用 DAX 在"数据"视图中创建列是快速而简单的。但是，这种方法有一些局限性。例如，该列在查询编辑器中不可用，因此不能将其用作查询编辑器中另一个计算列定义的一部分。此外，如果删除 DAX 引用的列，则基于 DAX 的列中的值将仅显示错误。下面的第二种方法可以解决以上不足。

2. 在查询编辑器中创建列

首先要删除在"数据"视图中添加的列，再单击"编辑查询"按钮以重新打开查询编辑器。单击"添加列"菜单上的"自定义列"按钮,在"自定义列"对话框中,输入新列的名称和列的公式,该公式是定义列逻辑的 M 表达式(查询编辑器会自动添加 M 语法的其余部分以创建完整的语句)。在"自定义列"对话框中输入 M 表达式时,一定要注意确保输入的公式没有语法错误,如图 4-44 所示。

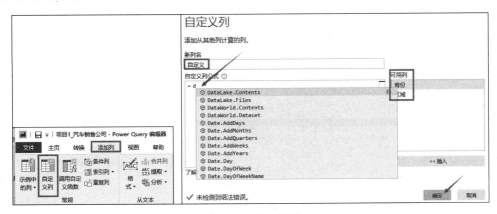

图 4-44　自定义列

4.4.4　拆分列

在查询编辑器中,可以根据指定的值(分隔符)或指定的字符数来拆分列。例如,数据集包括"-"连字符的列,由它可以分为两部分,用连字符分隔。其中一个部分可能具有特殊含义,例如指示标记的人或用于标记的过程。拆分列可以更容易地按特定实体对数据进行分组。

要按分隔符拆分列,可选中列标题,单击"主页"菜单中的"拆分列"下拉列表框,然后单击"按分隔符"选项。在"按分隔符拆分列"对话框中指定分隔符,然后单击"确定"按钮。查询编辑器将列拆分为两列(删除分隔符)并在必要时更新数据类型。如果不想使用自动生成的名称,则可以重命名列,如图 4-45 所示。

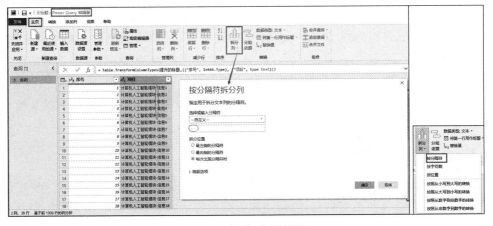

图 4-45　拆分列时的视图

执行以上拆分列操作后的视图如图 4-46 所示，显示了拆分的"项目"列，并将两个新列的名称自动命名为"项目.1"和"项目.2"。同时也能看到"已应用的步骤"中添加了两个步骤：按分隔符拆分列和更改的类型 1。

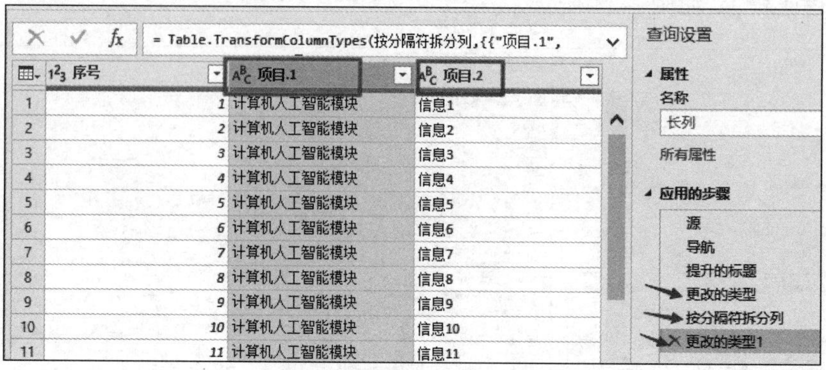

图 4-46　拆分列后的视图

4.5　切片器

在创建图形和构建报表时，都有可能使用切片器。下面介绍如何在系统中创建切片器，以及何时使用切片器，也会研究视觉效果如何受切片器的影响，并同步在其他画布上使用切片器，最后介绍如何在系统中格式化切片器。

用户需要报告使用者能够掌握一般技能，例如可以为单一区域经理和不同的时间跨度执行不同的功能。这时可以制作隔离报告或相关图表，也就是使用切片器。系统切片器是筛选的替代方法，用于限制报告中替代呈现时出现的数据集段。

4.5.1　创建整数切片器

在创建视图、表格和报告时，交互式设计可以让用户使用的过程中更具参与感，在 Power BI 中经常用到的交互方式就是切片器，利用它可以从不同维度查看数据。在系统中，如图 4-47 所示，可以使用"新建参数"来创建切片器，以切片器的形式来控制变量，与其他指标进行交互，进而完成动态分析。在弹出的"模拟参数"对话框后，默认对话框内所设参数，单击"确定"按钮，一个简单的整数切片器就产生了，如图 4-48 所示。

通过拖动图 4-48 中的按钮，长方形框内的数会从 0 到 20 变化，把 0～20 很好地进行了切割显示，这就是简单的整数切片器。

4.5.2　在视图中使用切片器

对于已经制作好了的仪表板、单个或者多个视图，假设还希望能够增加一些互动元素，不仅能够查看总体的数据指标，同时还能够突出显示各个地区或者国家在不同时间范围的业绩表现，这时就可以创建单独的报表或比较图表，但这样就失去了瞬时比较的感觉，如果使用切片器，就可以很好地解决这个问题。切片器也是另一种筛选方法，用于限制在报表的其他可视化效果中显示的部分数据集。

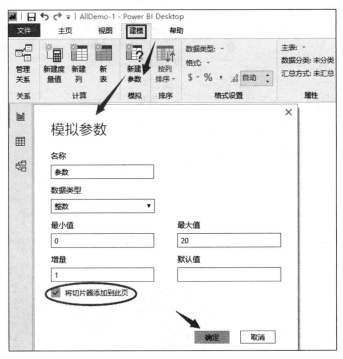

图 4-47　创建整数切片器

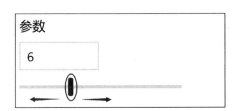

图 4-48　整数切片器参数设置

　　例如这里已经做好了一个仪表板,在无任何选择对象的情况下,单击"可视化"窗格中的"切片器"图标,就在视图画布上产生了一个空的切片器对象,假设在图中箭头所指位置,如图 4-49 所示。

　　有了空的切片器,要在视图中使用它,就可以选择"字段"窗格下的 Country 字段下的"国家",这样切片器就可以做筛选切片工作了,如图 4-50 所示。

　　然后,调整画布上的切片器和不同组件的大小并将其拖入适当的位置。注意,如果将切片器的大小调整得太小,切片器的内容就会被切断。

　　最后,在切片器上选择国家名称,并查看画布上对认知视图变化的影响,变更国家名称以改变视图,还可以按住 Ctrl 键选择多个。需要说明的是,概要切片器的单元是按照字母数字要求排列的。若要将排序请求转换为删除,可单击系统切片器右上角的图标(⋯),然后在下拉菜单中选择"删除"命令,如图 4-51 所示。

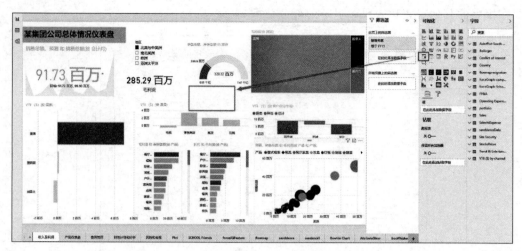

图 4-49　制作一个空页面切片器

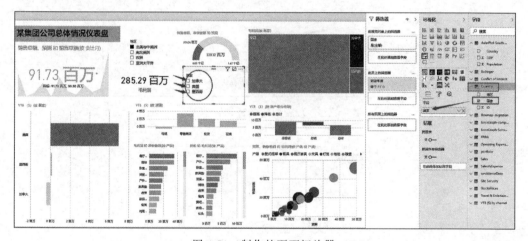

图 4-50　制作的页面切片器

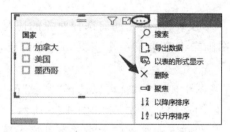

图 4-51　切片器属性的调整

4.5.3　使用切片器的场景

可以在以下情况下使用切片器。

（1）在"报告"视图画布上显示常用或关键频道，以便更轻松地访问。

（2）在不打开下拉菜单的情况下，可以降低对当前筛选状态的要求。

（3）信息表中不需要或者可以覆盖的信息段。

（4）通过将切片器与基本视觉效果放在一起，制作更多的共享报告。

但是，使用系统切片器也有一些限制，即系统切片器不支持包含字段、不能粘在仪表板上、不支持向下获取、不支持视觉水平通道。

4.5.4 按日期扩展信息的切片器

有时根据需要在切片器中按日期进行扩展，可以采用以下操作。

首先，如果在"字段"工作表中有"时间"值就将它删除，然后将"月"拖到"字段"值下面，这时它所包含的可视化图表将与这个按月份的切片器联动，以进行变化展示。选择新展示后，检查"字段"工作区内的参数设置，以确保切片器以所需要的要求展示数据，此切片器是一个滑块控件，其中填充了月份，如图 4-52 所示。调整画布上的切片器和不同组件的大小，并将其拖动以作为系统切片器。

图 4-52 按日期扩展的图表切片器

使用滑块可以选择不同的月份，还可以填入日期或选择日期字段以获得更精确的选择。注意，使用切片器滑块调整测量值的大小，如果将切片器调整得太小，就会消失并且日期会被切断。

4.6 增量刷新

增量刷新（Incremental Refresh）功能可以使得系统加载大数据集，并能减少数据的刷新时间和资源消耗。增量刷新只是加快数据集刷新的速度，对于具有潜在数十亿行的大型数据集，可能还是不适合系统桌面，因为它通常受用户桌面个人计算机上可用资源以及系统的限制。因此，这些数据集通常在导入时被过滤，以适应桌面系统。即使是使用增量刷新，情况仍然如此。通常情况下，增量是基于时间戳字段的，在数据源更新数据时，同时更新时间戳。系统保存上一次刷新时的时间戳——"最后一次时间戳"，所有大于最后一次时间戳的数据行都是新增加的数据行，也就是说，改变的数据行会被加载到系统的数据集中。

4.6.1 启用增量刷新

增量刷新默认是禁用的，启用增量刷新的步骤是：选择"文件"→"选项和设置"→"选项"命令，在"选项"对话框中选择"全局"选项下的"预览功能"选项，勾选"增量刷新策略"对话框，这样就启用了系统服务的增量刷新功能，如图 4-53 所示。

图 4-53　设置选项

4.6.2 设置范围参数

要在系统服务中利用增量刷新，首先需要创建时间区间，这要求用户在查询编辑器中创建范围开始和范围结束参数，该参数的名称是保留名称，类型必须是日期/时间，系统服务使用这两个参数实现数据集的增量刷新。创建参数的对话框如图 4-54 所示，类型必须选择"日期/时间"类型，并设置默认值。

4.6.3 使用参数筛选查询

使用定义的参数"范围开始"和"范围结束"，对查询的"日期/时间"字段进行筛选。选中"日期"字段，展开"日期/时间筛选器"，选择"自定义筛选器"选项，如图 4-55 所示。

在"筛选行"对话框中，设置用于筛选数据行的表达式，如图 4-56 所示。一旦发布到系统上，参数值就会被系统服务自动覆盖，这种行为不需要显式设置。

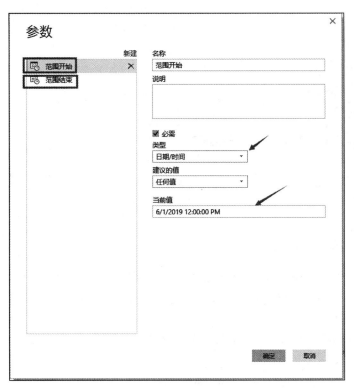

图 4-54 参数选择

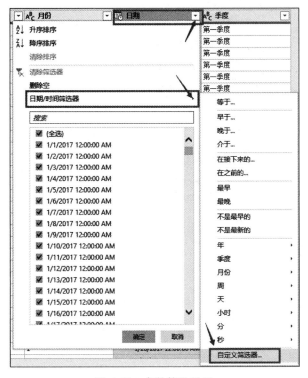

图 4-55 参数筛选设置

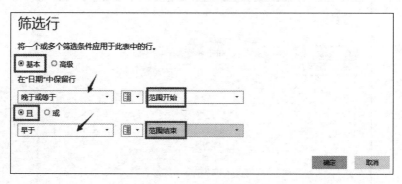

图 4-56 筛选行设置

4.6.4 定义刷新策略

在系统桌面中定义刷新策略，在系统服务中应用刷新策略。在"报告"视图中，选择被参数"范围开始"和"范围结束"过滤的表，右击，在弹出的快捷菜单中选择"增量刷新"命令，如图 4-57 所示。

弹出"增量刷新"对话框，在该对话框中定义增量刷新的策略，并为数据表启用增量刷新，如图 4-58 所示。

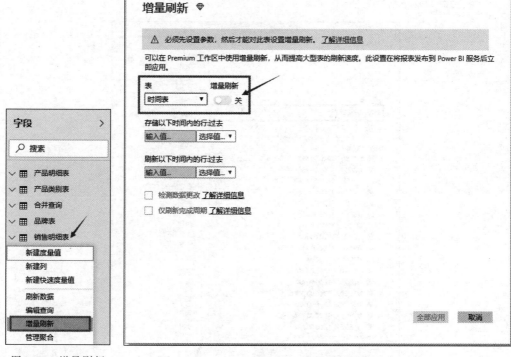

图 4-57 增量刷新
　　的选择

图 4-58 增量刷新的设置

1．定义刷新的区间

数据刷新的区间包括保留区间和增量区间，保留区间为 6 个月，增量区间为 7 天，这意味着保留 6 个月的数据。当刷新数据时，加载数据的时间是：开始日期＝当前日期－7 天，结束日期＝当前日期。

在第一次刷新时，系统会一次性加载 6 个月的数据，这是依次全量刷新，之后的数据刷新都按照该区间进行增量刷新。系统会把在 6 个月之前的数据从数据集中移除。

2．探测数据变化

当勾选"检测数据更改"复选框时，可以选择一个"日期/时间"列作为时间戳，当探测到该列发生改变时，系统才会启动增量刷新进程。如果该列没有发生任何改变，那么就没有必要去刷新数据。

3．只刷新完整日期

当勾选"仅刷新完成日期"复选框时，系统不会加载当天的数据，因为当天的数据不是一天的完整数据。

小结

查询编辑器是 Power BI 系统进行数据清洗、转型和重构的工作区，模型构建也要在此完成。首先读者要掌握数据的加载方法，其次数据导入后，多数情况下都要进行一定的清洗工作，因此数据的转换、拆分及合并也要掌握。

本章的后半部分主要讲解切片器和增量刷新，引入切片器的目的主要是在报表上显示常用或重要的筛选器，用以简化访问。而增量刷新功能使得系统可以加载大数据集，并能减少数据的刷新时间和资源消耗，为处理大数据集提供保证。本章介绍的数据转换和重塑是本章的难点，也是重点，需要通过做大量的练习去熟练掌握。

问答题

1．什么是 Excel 的 Power BI Publisher？
2．Power BI Desktop 中 3 个可编辑交互的可视化关系的选项是什么？

实验

1．打开一个已有的报表，对它进行数据转换。
2．做一个报表，并使用"问答"功能进行问询。
3．数据转置的综合应用：如图 4-59 所示，原格式为数据源，目标格式为需通过查询整理后的数据结构。

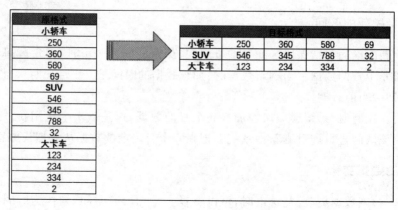

图 4-59　数据转换的综合应用

第 5 章

数 据 建 模

数据建模是指对现实世界中各类数据的抽象表述。在数据分析过程中,数据建模的目的是将现有的实际数据整合起来,能够表达出问题的本质,然后对现实世界进行分析、抽象并从中找出内在联系。在分析数据时,不可能总是对单个数据表进行分析,有时需要把多个数据表导入系统,对多个表中的数据及其关系执行一些复杂的数据分析任务。因此,为准确计算分析的结果,需要在数据建模中创建数据表之间的关系。在 Power BI 中,关系(Relationship)是指数据表之间的基数(Cardinality)和交叉筛选方向(Cross Filter Direction)。

5.1 基数和交叉筛选

数据关系指的是数据之间的逻辑关系,通过在不同表中的数据之间创建关系,可以增强数据分析的功能。

1. 基数关系

两个数据表进行关联,一般都是通过两个数据表之间的单个数据列进行关联,该数据列叫作查找列。两个数据表之间的基数关系是 $1:1$、$1:N$ 或 $N:1$,基数关系表示的含义如下。

(1)多对一或者一对多($N:1$ 或 $1:N$):这是最常见的默认类型。这意味着一个表中的列可具有一个值的多个实例,而另一个相关表(常称为查找表)仅具有一个值的一个实例。

(2)一对一($1:1$):这意味着一个表中的列仅具有特定值的一个实例,而另一个相关表也是如此。

例如,表 A 和表 B 之间的基数关系是 $1:N$,那么表 A 是表 B 的查找表,表 B 叫作引用表。在查找表中,查找列的值是唯一的,不允许存在重复值,而在引用表中,查找列的值不是唯一的。

有时在系统中,引用表会引用查找表中不存在的数据。默认情况下,系统会自动在查找表中增加一个查找值——空白列(Blank),所有不存在于查找表中的值都映射到空白列。

2. 交叉筛选方向

交叉筛选方向指的是筛选的流向,表示一个筛选条件对其他相关表进行筛选。例如,表 A 对表 B 筛选,其筛选方向可以是双向的,也可以是单向的。

(1) 单向:表示一个表只能对另外一个表进行筛选,而不能反向进行筛选操作。

(2) 双向:默认方向,指的是为了进行筛选,两个表均被视为同一个表。这非常适用于其周围具有多个查找表的单个表。

例如,在图 5-1 中的星形结构中,中间的表格是一个引用表,它的周围是 4 个查找表,引用表和查找表之间的筛选关系都是双向的。

通常情况下,双向筛选用于星形结构。但是,双向筛选不太适合如图 5-2 所示的模式。在图 5-2 中,筛选方向形成一个循环,在这类关系模式中,双向筛选会创建一组语义不明的关系。例如,求取表 A 中某个字段的总和,如果选择按照表 B 中的某个字段进行筛选,则不清楚筛选器应该如何流动,是通过顶部表还是底部表进行流动。

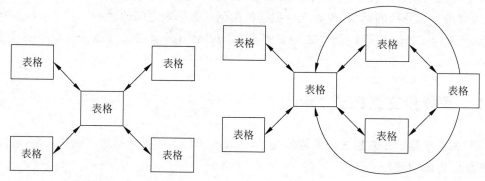

图 5-1　数据关系:星形结构例图　　　　图 5-2　数据关系:星形结构加循环

如果双向筛选能够导致数据关系的多义性,建议可以导入数据表两次(在第二次使用该表时,将其修改成其他名字)以消除循环。

5.2　交互关系

在导入多个数据表时,很可能需要使用所提供的数据表中的数据进行关联来执行一些分析操作,为准确计算结果并在报表中显示正确信息,这些数据表之间建立的相互关系是必要的。下面介绍几种常见的交互关系。

5.2.1 单向交互关系

当关系的"交叉筛选方向"(Cross Filter Direction)属性设置为单向箭头时,即把交叉交互方向设置为单向箭头(Single)时,箭头由维度表指向事实表,维度表用于对事实表进行查询,一旦关系创建成功,就会按照维度表对事实表进行切片(聚合查询)。这种传统的数据模型和数据仓库的星形模型相同,其特点是:维度表包含属性,事实表包含度量。按照维度表的属性对事实表的度量进行切片/聚合查询,如图 5-3 所示。

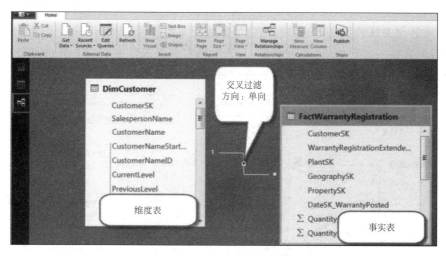

图 5-3　单向交互关系

5.2.2 双向交互关系

当关系的"交叉筛选方向"属性设置为双向箭头时,即把交叉交互方向设置为双向箭头(Both)时,为了实现数据的过滤,系统把这两个数据表展开成一个整体的大数据表,如图 5-4 所示。

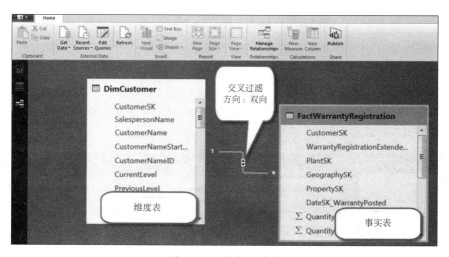

图 5-4　双向交互关系

双向交互方向会导致有些关系处于不活跃状态，当一个维度表和多个事实表有关系时，避免使用双向箭头方向，因为这样可能会导致部分关系失效，处于不活跃状态，所以一般情况下，单向筛选系统是默认设置。

5.2.3 关系的传递

在系统中，关系是可以传递的，这就意味着筛选条件是可以传递的。把筛选器看作是流水，箭头的指向是由上游指向下游（查找表处于上游，而数据表处于下游），筛选器由查找表流向数据表。一般情况下，按照查找表对数据表进行筛选，筛选器由查找表流向数据表，再流向其他关联的数据表；如果把交叉筛选的方向设置为双向筛选，那么系统可以按照数据表对查找表进行筛选，也就是说，筛选是由数据表逆流到查找表。双向交叉筛选使得查找表被筛选和切片，并能对查找表进行聚合查询，如图 5-5 所示。

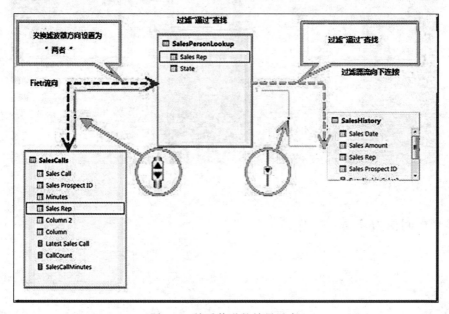

图 5-5　关系传递的效果示意

关系的传递有一个不太令人满意的地方，就是筛选的全选和不选有很大的不同：不选包含 Blank 值（空值），而全选不包含 Blank 值。在进行关系的传递时，数据行的缺失会导致下游数据出现空值。

例如，下面是 Courses、StudentCourse、Students、StudentSpeaker 4 个数据表，4 者之间的关系如图 5-6 所示，示例中的原始数据如图 5-7 所示。

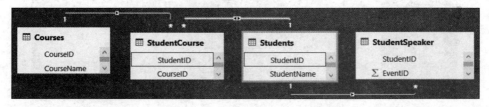

图 5-6　示例中数据表之间的关系

StudentID	EventID
1	101
4	102

StudentID	StudentName
1	stu_a
2	stu_b
3	stu_c
4	stu_d

StudentID	CourseID
1	1
2	1
3	2

CourseID	CourseName
1	English
2	Chinese

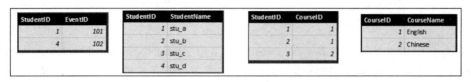

图 5-7　示例中的原始数据

把 CourseID 作为筛选器(切片可视化控件)时,下游数据可视化控件 Count(Distinct EventID)会出现空值(Blank),这是因为存在 StudentID=4 的数据行没有选择对应的 CourseID,结果如图 5-8(a)所示。在不选择任何筛选器时,Count of EventID 的值是 2,包含 Blank 对应的 EventID,结果如图 5-8(b)所示。当选择 CourseID=1 时,Count of EventID 的值是 1,结果如图 5-8(c)所示。当选择所有 Filter 时,Count of EventID 的值是 1,结果如图 5-8(d)所示。

(a) 结果一　(b) 结果二　(c) 结果三　(d) 结果四

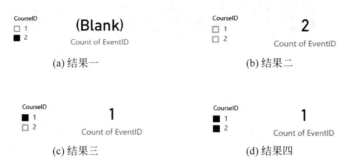

图 5-8　示例设置及结果示意

5.2.4 间接关系

下面以示例的方式介绍间接关系的运用。

利用图 5-7 中的数据,在报表中实现以课程表的统计数据作为演讲者的用户数量。如果实现用户的需求,必须熟悉数据和数据之间的关系,在数据表 StudentCourse 中,共有 3 个用户选课,学号分别是 1、2 和 3,存在不选课的用户,而在数据表 StudentSpeaker 中,只有学号 1 的用户满足条件,因此,根据课程统计作为演讲者的用户数量的结果应该是:

- 选修 English 的用户数量是 0。
- 选修 Chinese 的用户数量是 1。
- 对所有课程做统计,用户数量是选修 English 和选修 Chinese 的数量之和。

1. 设置课程筛选器

数据表 Courses 是查找表,由于 StudentCourse 中的课程(CourseID)都存在于 Courses 表中,所以切片的图表中不存在 Blank 选项,如图 5-9 所示。

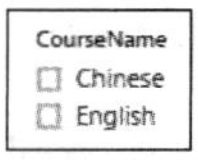

图 5-9　设置课程筛选器

2. 添加 Card 图表，显示统计数量

在页面中添加 Card 图表（Visualizations），在图表的 Fields 属性中，选择数据表 StudentSpeaker 的 StudentID 字段，属性值自动变成：聚合函数＋of＋字段值，如图 5-10 所示。

图 5-10　添加 Card 图表，显示统计数量

3. 设置聚合函数

由于一个用户可能在多个活动（Event）中担当演讲者，因此，必须对 StudentID 进行去重，对图表的 Fields 属性值 Count of StudentID 右击，在弹出的快捷菜单中选择聚合函数 Count(Distinct)命令，如图 5-11 所示。

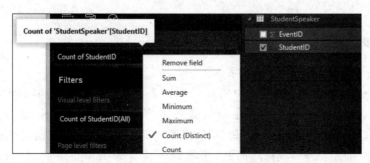

图 5-11　设置聚合函数

4. 设置图表的显示属性

切换到 图标，禁用 Category label，启用 Title，修改 Title Text、Font color、Alignment 和 Text Size，如图 5-12 所示。

5. 设置可视化控件及结果显示

如果课程选择 Chinese，数量是 Blank，结果如图 5-13（a）所示。如果课程选择 English，数量是 1，结果如图 5-13（b）所示。如果选择所有课程，数量是 1，结果如图 5-13（c）所示。

Data label
Category label
Off
Word wrap
Off
Title
On
Title Text
Speaker#
Font color
Background color
Alignment
Text Size
12
Revert to default

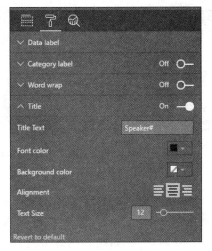

图 5-12 设置图表的显示属性

CourseName
Chinese
English
Speaker#
(Blank)
CourseName
Chinese
English
Speaker#
1
CourseName
Chinese
English
Speaker#
1

(a) 结果一　　(b) 结果二　　(c) 结果三

图 5-13 设置可视化控件及结果示意

6. 未设置筛选器

在默认情况下，图表不选择任何课程时，数量是 2，这个结果在逻辑上是错误的，对于没有选择任何选项的 Filter，系统不会做任何筛选关联，如图 5-14 所示。

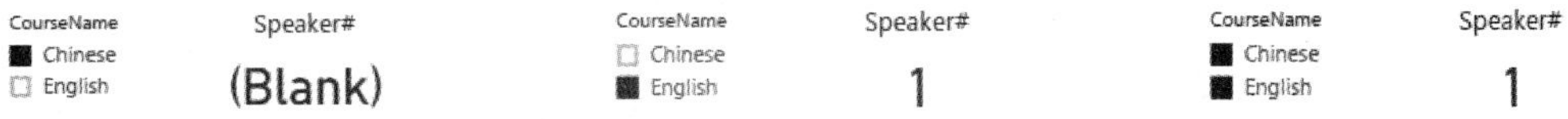

CourseName
Speaker#
Chinese
English
2

图 5-14 未设置筛选器结果示意

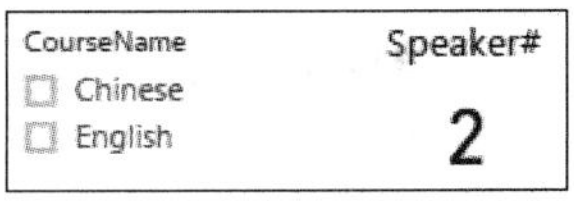

导致错误的原因是数据表 StudentSpeaker 出现脏数据，出现没有选修任何课程的用户，本例是学号为 4 的用户出现在 StudentSpeaker 数据表中，如要修正查询的结果，必须清洗脏数据。

5.2.5 创建间接关系

数据表之间进行交互时，主要有两种关系：直接关系和间接关系。直接关系是指两个数据表相关联，而间接关系是指两个数据表不能直接相关联，而是通过中间数据表作为桥梁来建立关系，如图 5-15 所示。产品表和销售表之间的关系是直接关系，销售表和门店表之间的关系是直接关系，而产品表和门店表之间通过销售表建立的关系是间接关系。间接关系通过一系列有直接关系的数据表来实现数据的交互。值得说明的是，在数据建模中使用间接关系时，务必要注意系统对筛选器选项的全选和不选的处理是有区别的。

基数关系根据数据之间的关系创建，筛选方向根据筛选的逻辑来设置。默认情况下，系统会自动检查数据之间的关系，根据检查的结果（列名和列值的唯一性）自动创建关系。在“关系”视图中，关系是一条有方向的折线，折线的两端是数字，表示基数关系，折线中间

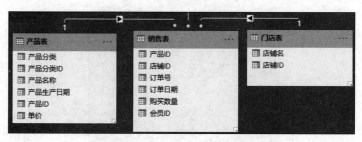

图 5-15 创建表之间的关系

的箭头表示筛选方向。

如果用户根据数据内在的关系来对系统自动创建的关系进行修正，可以采用以下示例的步骤来操作。例如，把销售表和门店表之间的关系修改为 1：N 和双向筛选。首先双击关系(折线)，弹出"编辑关系"对话框，如图 5-16 所示。

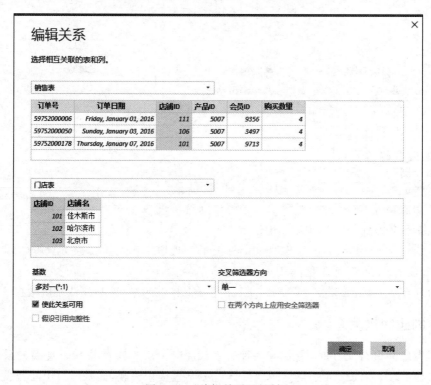

图 5-16 "编辑关系"对话框

图 5-16 中每个表下方的面板中都会显示列名和示例数据。基数关系是"多对一"，其表达式为 ＊：1，用于建立关系的数据列"店铺 ID"显示的是被选中状态。交叉筛选方向选择 Both，勾选"使这种关系可用"复选框，单击"确定"按钮即可完成关系的修正，如图 5-17 所示。

图 5-17 关系类型进行修正结果示意

5.2.6 关系的设计

在关系的设计中,把数据模型设计成维度表和事实表,维度表和事实表之间的关系是 1：N,交叉过滤方向由维度表指向事实表,避免使用双向交叉方向。由于系统不支持"多对多"关系类型,在处理这种数据时,通常有两种方法对"多对多"关系进行处理。

（1）删除关系：把"多对多"的数据合并成一个数据表。

（2）转换关系：把"多对多"的关系转换为两个"一对多"的关系。新建一个维度表,该维度表中只包含单列的唯一值,用这个新建的维度表来连接原"多对多"的两个表。

5.2.7 编辑交互行为

系统允许在不修改关系的情况下,编辑筛选条件(Filter)和度量值的交互行为,使报表中的不同图表选择性地响应或不响应筛选条件。

选择 Filter,切换到 Format 菜单,选择 Edit interactions 命令。编辑交互行为在默认情况下 Card 图表的 Filter ▼ 是选中的,将其切换到禁止 ⊘ 状态,这样,选择 Course 筛选器中的任何一个选项都不会影响 Card 图表显示的数据值,如图 5-18 所示。

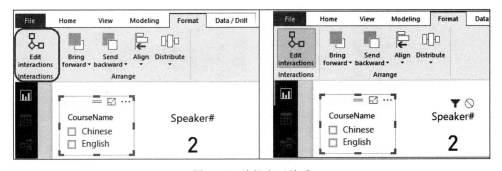

图 5-18 编辑交互关系

总之,在数据建模中要遵守一定的设计原则,用户不仅需要熟悉业务需求,而且需要熟悉数据及其数据表之间的关系,避免出现一些显而易见的错误。具体设计原则如下：

（1）根据业务需求,设计报表的筛选条件和度量值。

（2）筛选器是数据建模的出发点,根据筛选条件和数据之间内在的关系设计数据模型。

（3）根据数据之间内在的关系来加载数据，保证数据表中不出现脏数据。

5.3 数据建模

下面介绍在系统中如何进行数据建模，以及如何在数据建模中创建计算列。此外，还介绍如何在系统数据建模中使用信息建模和在导航中创建计算表。系统数据建模是把扁平化、分散的信息综合到一张表上，用户可以使用来自多个数据源的多个表，只要定义了它们之间的连接，系统就会联合生成一个自定义表来计算，分配新指标以查看信息的特定表格，并在可视化中使用这些新指标进行简单的综合。

5.3.1 数学建模

要在系统中创建信息模型，用户希望以系统产生一个新报告来作为特征提供所有有用信息。在图 5-19 中使用了一个 XLS 文件来导入用户端信息和商品，选择要附加的信息供应，并单击"获取数据"按钮。在屏幕左侧的系统中，有 3 个选项卡：报告（Report）、数据（Data）和关系（Relationships）。当导航到"报告"选项卡时，用户能够看到仪表板和可视化组件。用户可以根据需要选择不同的图表类型。下面示例提供的可视化选择是一种表格排序，当单击"关系"选项卡时，用户能够根据信息来源概述的关系查看所有信息。

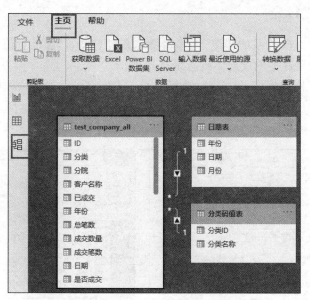

图 5-19　"获取数据"建模编辑界面

在"关系"选项卡中，用户能够看到信息源之间的连接。一旦多个信息源添加到系统可视化组件，该工具就会自动尝试发现列之间的连接。当导航到"关系"选项卡后，用户能够读取连接，并能够建立列之间的联合关系。"管理关系"对话框如图 5-20 所示。

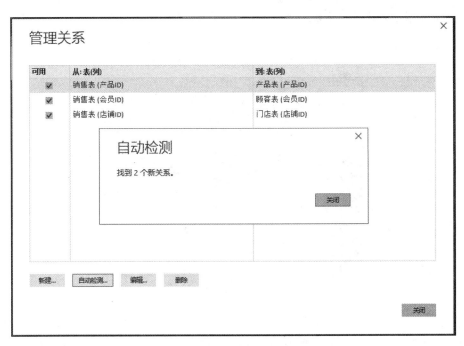

图 5-20 "管理关系"对话框

用户也可以联合添加和消除信息视觉图像中的关系。如果要删除关系,则右击并在弹出的快捷菜单中选择"删除"命令。如果要修改或者替换关系,只需在信息源之间拖放关系箭头到连接关系的字段上,如图 5-21 所示。

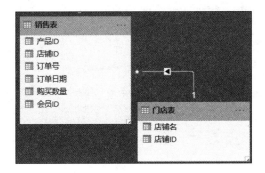

图 5-21 删除或修改关系

用户可以联合使用读取连接来覆盖报告中的特定列,通过右击列名称,在弹出的快捷菜单中选择"隐藏在报表视图中"命令来完成。

5.3.2 创建计算列

用户要创建计算列,有以下 3 种方法。

(1) 通过组合当前两个信息或多个组件,在系统中生成计算列。

(2) 在关联的现有列上联合应用计算以替换度量标准或混合两列以形成一个新列。

(3) 生成计算列,以确定表之间的关系。

要创建替换计算列,须导航到屏幕左侧的"数据"选项卡。单击"建模"菜单,如图 5-22 所示。

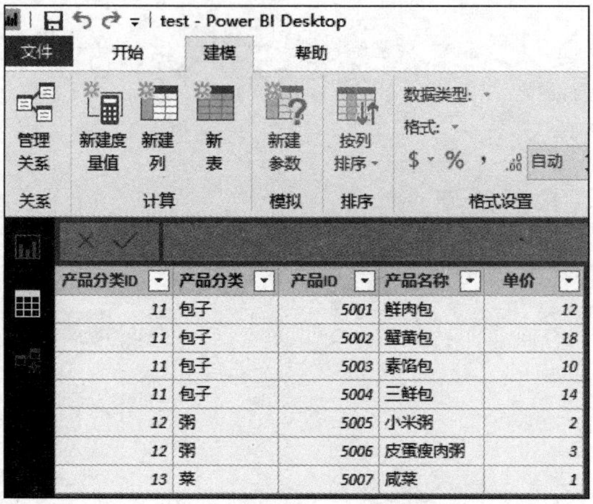

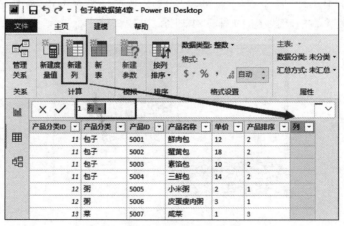

图 5-22　数据建模中创建计算列

然后单击"新建列"按钮,如图 5-23 所示。此时在数据表的最后增加了一列,列名自动命名为"列",用户可以根据需要进行列名的修改。同时也可在屏幕上打开公式栏,用户根据需要输入 DAX 来执行计算。DAX 是一种强大的语言,用户可以通过数据计算公式或者函数来执行计算。

图 5-23　新建列效果示意

例如,在公式栏中输入公式:产品代码(Product_C),用于生成替换列,显示的结果来自"产品 ID"列的最后 3 个字符。然后,在新建列的公式栏中输入公式:产品生产日期 = DATE(2019,04,24),运行结果如图 5-24 所示。

5.3.3　创建计算表

用户可以在系统中的信息建模中联合生成替换计算表。要生成替换表,可单击"建模"菜单下的"新表"按钮,如图 5-25 所示。

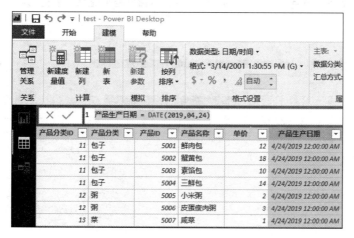

图 5-24　使用公式替换新建列的名称和数据

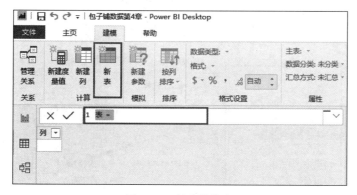

图 5-25　创建计算表

使用 DAX 用于生成新表,在公式栏中等号和 DAX 等式的左侧输入替换表的名称,执行计算使该表正确。计算完成后,新表显示在模型的"字段"窗格中。

5.4　分析窗格

下面介绍何时创建系统 KPI(关键绩效指标)视觉效果的列表,它是一个可视标志。KPI 取决于特定的度量,旨在使用户能够针对当前推荐和状态的特征化目标进行评估度量的标准。通过这种方式,KPI 视觉需要基础测量来评估客观测量。在使用中,KPI 数据集必须包含 KPI 的客观质量,如果用户的数据集不包含目标值,则可以通过在目标信息模型或 PBIX 记录中包含 Excel 表格来制定目标。下面介绍如何应用分析窗格的预测和限制。

借助分析窗格,可以为视觉效果添加动态参考线,并为重要模式或知识点提供中心。分析窗格位于系统的"可视化"窗格中,如图 5-26 所示。

注意,当用户在系统画布上选择可视化字段时,才会显示分析窗格。用户可以在分析表单中查找,如图 5-27 所示,选择"分析"表格时会显示外观框。

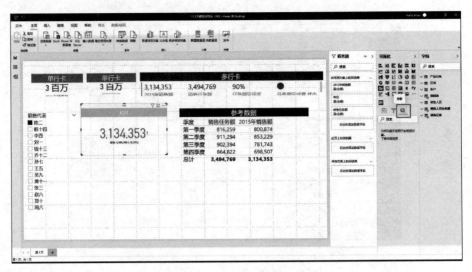

图 5-26　分析窗格界面

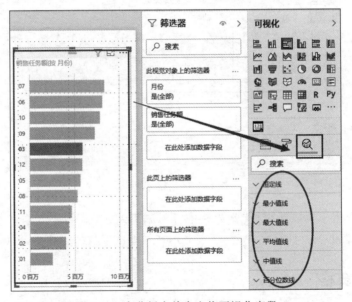

图 5-27　在分析表单中查找可视化字段

使用分析窗格，可以制作各种动态参考线，选择或制作视觉，此时从"可视化"窗格中选择"分析窗格"符号，要制作分析曲线，需要选择"＋"图标来进行添加，如这里单击"平均值线"下的"＋"图标。然后，用户可以通过下拉菜单的内容框来选定该曲线的属性参数，如图 5-28 所示。

还可以通过选择视图来进行预测，如果数据源中有时间数据，则可以使用"预测"功能。只需选择一个视觉对象，然后展开分析窗格的"预测"部分。可以指定多个输入以修改预测，例如预测长度或置信区间。在图 5-29 中显示了已应用预测的基线视觉对象。此时在系统中增加分析窗格的预测部分，用户可以在"预测"栏下进行设置，图中显示了连接测量的基本视线，用户可以来调整"置信区间"进行调整。

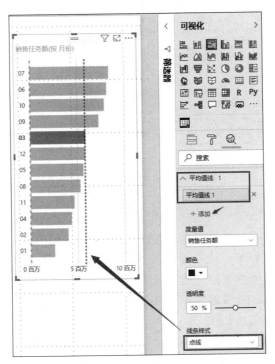

图 5-28　系统中使用分析窗格示意

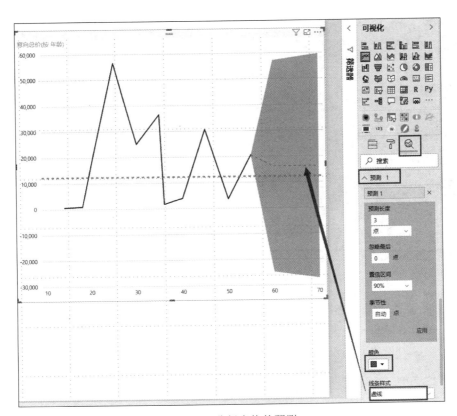

图 5-29　分析窗格的预测

动态参考曲线的呈现与否,取决于所使用的视觉对象的类型,用户可以在区域图、线形图、漫反射图、成束柱图、成束条形图视觉效果中使用动态曲线。

5.5　关系视图

导入多个表时,有时需要使用所有这些表中的数据来执行一些分析。为准确计算结果并在报表中正确显示信息,建立表格之间的关系是必需的。在大多数情况下可以使用自动检测功能来检测建立的关系。下面介绍系统桌面中关系的创建和编辑方式。

一般情况下,用户同时查询两个或多个表格时,或者在加载数据时,在加载期间系统会自动检测数据表之间的关系,并尝试为用户创建关系,自动设置基数、交叉筛选方向和活动属性。系统桌面查看表格中用户正在查询的列名,确定是否存在潜在关系。若存在,则自动创建这些关系。如果系统桌面无法确定是否存在匹配项,则不会自动创建关系。用户仍可使用"关系"对话框来创建或编辑关系。

在"主页"菜单中,单击"管理关系"图标,打开"管理关系"弹窗,单击"自动检测"按钮,如图 5-30 所示。

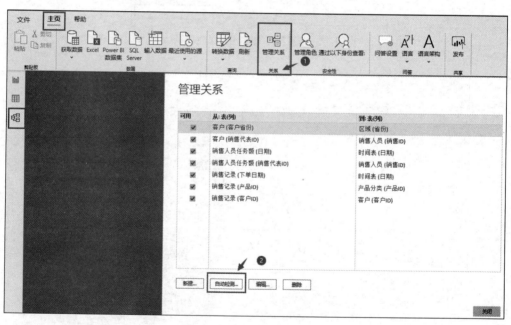

图 5-30　桌面菜单设置配置

默认情况下,系统桌面会自动配置新关系的基数、方向、交叉筛选器方向和活动属性。在必要时可以对其进行更改。但是,要求其中一列必须有唯一值,关系中至少有一个表必须具有连接字段值不同的唯一列。注意,如果关系选择的表均没有唯一值,会显示错误。

下面介绍如何在系统和基数中创建关系。

1．基本概念

关系视图演示了模型中的大多数数据表、字段和表之间的连接。当模型在众多表之间具有复杂连接时，尤其有用。

（1）关系视图符号：单击可以在关系视图中演示模型。

（2）关系：用户可以将光标浮动到系统关系上以显示所使用的部分。双击关系将在"编辑关系"对话框中将其打开。

2．基数

（1）多对一（*∶1）。这是最常见的默认类型，意味着一个表中的列可具有一个值的多个实例，而另一个相关表（常称为查找表）仅具有一个值的一个实例。

（2）一对一（1∶1）。这意味着一个表中的列仅具有特定值的一个实例，而另一个相关表也是如此。

（3）多对多关系*∶*。借助复合模型，可以在表之间建立多对多关系。这种方法删除了对表中唯一值的要求。

3．在堆栈中自动检测

如果用户对两个或两个以上的表进行查询时，系统将查询表之间的关系并建立连接。系统会对表中的段名称进行判断，以确定是否存在任何潜在的连接。如果系统无法确定具有连接条件的匹配，那么自然不会产生系统关系。一般情况下用户也可以利用"管理关系"来建立或改变连接。

4．建立关系

除了使用自动检测外，用户也可以实现手动操作来建立关系。在"主页"菜单中单击"管理关系"下的"新建"按钮，在主表的下拉列表中，选择一个表，然后选择需要在关系中使用的字段。在第二个表的下拉列表中，选择系统的关系中需要的另一个表，此时选择用户需要使用的其他字段，最后单击"确定"按钮。

5．改变关系视图

在"管理关系"中选择关系，然后单击"编辑"来改变关系视图。

6．使关系动态化

当选中关系时，这意味着关系将作为系统中默认的动态关系填充。在两个表之间存在超过一个连接的情况下，动态关系为系统提供了一种方法，从而产生包含两个表的认知图。

5.6　钻取表中数据

钻取是指沿着层次结构（维度的层次）来查看数据。钻取可以实现变换分析数据的粒度。钻取分为上钻（Drill-up）和下钻（Drill-down）。上钻是沿着数据的维度结构向上聚合数据，在更大的粒度上查看数据的统计信息；而下钻是沿着数据的维度向下，在更小的粒度上查看更详细的数据。例如，当前的粒度是月份，按照年份查看数据是上钻，而按照日期来查看数据是下钻，日期的数据是详细的数据，而每天的数据是高度聚合的数据。

在查看可视化图表的时候，可能想深入了解某个视觉对象的详细信息，或者进行更细粒度的分析。当图表中的数据存在层级结构时，可以在图表上直接下钻展示下一层级的数据，最常见的层级结构就是日期数据，从年度、季度、月份到日期，甚至到小时、分钟和秒，只要具体的日期数据的层次结构足够详细。例如看到 2019 年的总体数据，同时想知道每个季度甚至每个月的数据，通过 Power BI 的钻取功能，可以单击轻松实现。

下面介绍钻取功能以及如何钻取。为了能够直观地看到层次的变化，先用一个矩阵表来展现，把"时间表"中的"日期"拖入"行"框中，如图 5-31 所示。

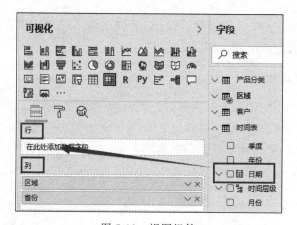

图 5-31　视图组件

Power BI 系统会自动添加时间层次结构，如果不想要某个层次，单击右边的×按钮删除即可。把"销售额"也拖入值中，显示的是年度数据。

钻取到下级层级的数据有两种方式：

（1）通过图表右上角的向下箭头"启用深化"。

（2）使用顶部的"数据/钻取"菜单。选中图表，上方按钮区出现"数据/钻取"功能，如图 5-32 所示。

图 5-32　向下钻取数据

5.6.1　层次结构

钻取数据离不开层次结构,最常用的层次结构数据是日期维度,日期维度是自然层次结构,下层的结点只有一个父结点,如图 5-33 所示。

在系统报告视图中创建日期等级(Date Hierarchy),该层次结构由 3 个级别组成,从上至下依次是 YearKey、MonthKey 和 Date,如图 5-34 所示。

如果系统中没有内置层次结构切片,设计人员需从网上商城中下载自定义的等级切片器(Hierarchy Slicer),用于显示日期等级。显示结果如图 5-35 所示。

图 5-33　层次结构示例数据表　　　图 5-34　日期等级层次　　图 5-35　日期等级层次显示结果

5.6.2　图表级别的钻取

在同一个图表上,通过钻取操作,可以方便地导航到不同的层次结构上查看数据,例如,图 5-36 所示是某数据仓库中包含的创建于 2018 年的所有 Post 的数据。

在"关系"视图中,通过创建的日期关键字和 Date 维度的 Date Key 关联起来。在"报告"视图中,通过 Line Chart 查看不同 Date 层次结构上 Post 的数量,Line Chart 的属性设置如图 5-37 所示。

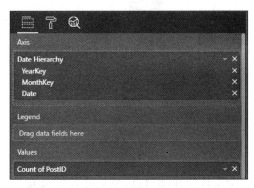

图 5-36　钻取数据表　　　　　　图 5-37　建立关联设置

默认的级别是顶层的 YearKey,在该级别上,Line 显示的数据是 2018 年的所有 Post 的总数,由于只有 2018 这一个年份,因此 Line Chart 只显示一个点,如图 5-38 所示。

通过"下钻"按钮(两个向下的箭头),导航到 MonthKey 级别查看 Post 的数据,在该级别上,可以看到 2018 年的所有月份的 Post 数量和增长趋势,如图 5-39 所示。

"上钻"按钮是一个向上的箭头,可以从 MonthKey 级别返回 YearKey 级别。上钻和下钻是按照层次结构逐层钻取的。用户也可以将钻取关联到其他图表上。钻取过滤默认是启用的,钻取会对其他的图表进行过滤,这就意味着,当在一个视图上进行钻取操作时,其他视图上的数据也会被筛选。设置时需要在"Format"下，勾选 Drilling filters other visuals 复选框，如图 5-40 所示。

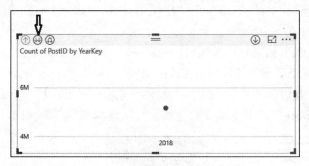

图 5-38　顶层数据(年)显示结果

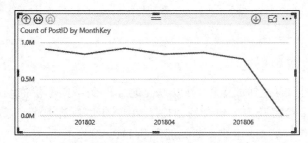

图 5-39　向下钻取数据(月)显示结果

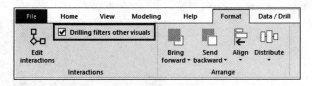

图 5-40　钻取关联其他图表设置

5.6.3　钻取

　　钻取(Drillthrough)允许用户在报表中创建一个页面，该页面(称作钻取页面)提供模型中单个实体的详细信息，然后在其他页面中引用该实体，通过使用数据点从当前页面导航到钻取画布上，并把筛选上下文传递到钻取画布上。

　　筛选上下文分为钻取筛选器和页面级筛选器，钻取筛选上下文是指拖放到钻取中的字段。当启用 Keep all filters 时，系统把当前页面中所有筛选器的上下文应用到钻取到的画布上；当禁用 Keep all filters 时，系统只把钻取筛选器的上下文应用到钻取到的画布上。Keep all filters 的默认设置是 Off，不把当前页面级筛选器上下文传递到钻取页面。当设置 Keep all filters 为 On，导航到钻取页面时，用户可以从钻取页面中查看传递到钻取页面的所有筛选上下文。

　　钻取是通过相同的字段实现的，在设计钻取时，需要在钻取画布上设置钻取筛选的字段,源画布上的数据点也包含该字段。

1. 类别钻取

用户可以在 Fields 中设置钻取筛选器,在钻取画布上把 MonthKey 字段设置为钻取字段,用作类别,如图 5-41 所示。

图 5-41　类别钻取设置

选中一个数据点,该数据点的轴是 MonthKey(用作钻取的字段),右击,在弹出的快捷菜单中选择 Drillthrough 命令,导航到钻取页面,筛选器的上下文就会被引用到钻取页面,用户看到的实体详细信息是被筛选之后的数据,如图 5-42 所示。

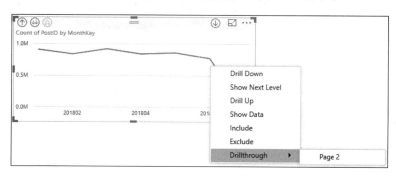

图 5-42　类别钻取被引用到钻取页面设置

2. 度量钻取

度量钻取(MeasureDrillthrough)是指把独立或汇总数字列传递到钻取页面中,之后把数字列用作类别或汇总时允许钻取。例如,对 PostID 进行钻取,设置当对 PostID 进行聚合时允许钻取,如图 5-43 所示。

图 5-43　度量钻取设置

选中一个数据点，右击，在弹出的快捷菜单中选择 Drillthrough 命令，导航到钻取页面，从 DRILLTHROUGH 对话框显示的列表中查看所有传递到钻取页面的筛选上下文，如图 5-44 所示。

图 5-44　类别钻取被引用到钻取页面设置

小结

本章主要介绍了数据建模，重点掌握基数的概念，以及它建立的一对一、一对多的关系表。掌握交互关系以及它们关系的传递等设计与操作。学会数据建模，并掌握进行计算列、计算表等技能；了解桌面关系视图，并学会钻取表中的数据。

问答题

什么是多对多关系？如何在 Power BI 系统中解决这些问题？

实验

1. 打开一个报表，在表格间找出一对一、一对多关系的元素，更改它们的关系，查看其引起的后果。

2. 构建一个报表，并进行计算列、计算表的操作。

第 **6** 章

参数的使用

Power BI 系统桌面允许用户使用参数实现报表的动态化。系统桌面实质上是在本地机上下载云端服务的可应用程序,在使用数据集时,它允许用户以各种方式使用参数定义,参数的类型可以是小数、日期、时间、文本、逻辑值、二进制等。这些参数很容易创建,并且可以合并到导入过程中,还可以合并到数据集或添加到动态元素中。下面介绍如何使用查询编辑器中的参数来替换查询信息,并在查询过程中进行计算,以及如何为数据源创建提供连接信息的参数,或者为筛选数据提供预定义值的参数等操作。

6.1 连接参数的添加

系统中的某些数据源连接(如 SharePoint、赛富时和 SQL 服务器)允许用户在定义连接属性时使用参数。例如从 SQL 服务器检索数据,可以使用 SQL 服务器实例的参数和目标数据库的参数。

由于参数独立于任何数据集,因此用户可以在添加数据集之前创建参数,也可以在创建数据集之后随时创建参数。但是,必须在查询编辑器之前对参数加以定义,并设置其初始值。用户在创建完参数之后,可以在"查询"窗格中查看和更新参数值,也可以对参数重新设置。

下面以两个连接参数的创建来说明,创建的两个参数主要用于从 SQL 服务器数据库中检索数据。第一个参数包含可以连接数据源的 SQL 服务器实例列表,在该情况下,只有一个实例需要工作。步骤如下。

首先打开查询编辑器,单击"主页"菜单中"管理参数"向下的箭头,然后选择"新建参数"命令,如图 6-1 所示。

在"参数"对话框的"名称"文本框中输入"SQL 数据魔方服务器例子"(用户可以修改

成其他的参数名称）。在"说明"文本框中可以输入参数说明，如输入"数据魔方Power BI 数据库"。从"类型"下拉列表中，选择"文本"选项，然后从"建议的值"下拉列表中选择"值列表"选项。选择"值列表"选项时，将出现一个网格，用户可以在其中输入要分配给各个参数变量的值，如图6-2所示。在此须确保上述值中至少有一个是实际SQL服务器实例的名称。输入值列表后，可以从"默认值"下拉列表中选择默认值，然后从"当前值"下拉列表中选择变量的当前值。在图6-2中，名为MySql的本地SQL服务器实例被用于作为默认值和当前值。单击"确定"按钮关闭"参数"对话框并完成参数的创建过程。

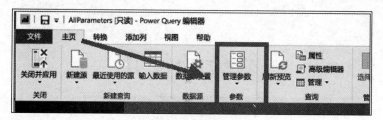

图 6-1 创建参数

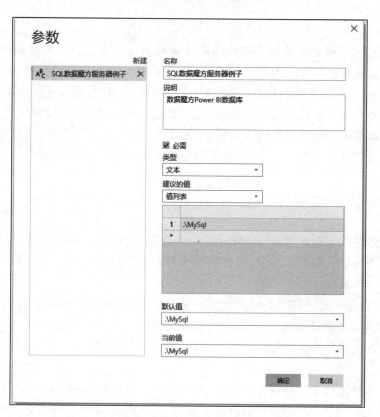

图 6-2 设置"参数"对话框

创建完参数且在查询编辑器中将参数添加到"查询"窗格后，当前值就可以显示在条形框中。单击小三角下拉列表选择参数，查询编辑器将在主窗格中显示"当前值"和"管理参数"按钮。用户可以通过从"当前值"下拉列表中选择其他值来随时更改当前值，也可以

通过单击"管理参数"按钮更改参数的设置,单击该按钮将返回"参数"对话框,如图 6-3
所示。

图 6-3 设置选项视图

第二个参数是为目标数据库创建的参数,重复上述过程,将参数命名为数据库并确保
在数据库列表中至少提供一个有效数据库,如图 6-4 所示。单击"确定"按钮后,查询编辑
器同样会把参数添加到"查询"窗格。

图 6-4 为目标数据库创建的"参数"对话框

除了以上创建连接参数操作,还可以使用不同的数据类型(例如小数或日期)或不同
格式的值来配置参数,以及将参数配置为接受任何值或使用列表查询中的值。在列表查
询中,它是一种仅包含一列的查询,用户不仅可以使用 M 语句手动创建列表查询,也可以
基于常规数据集创建列表查询。

6.2 连接到数据源

参数定义完成后，可以利用参数连接到 SQL 服务器实例，并从目标数据库中检索数据。如果尚未连接到服务器，可在查询编辑器中更改应用设置并关闭窗口。

本节操作运行 MySQL 查询，但在执行此操作之前，首先需要确认是否已禁用"新本机数据库查询需要用户批准"属性。如果未禁用，则在运行查询时会出现错误提示。若要访问该属性，可选择"文件"→"选项和设置"→"选项"命令。在"选项"对话框中，单击"安全性"类别，将对话框右侧的"新本机数据库查询需要用户批准"复选框清除（如果已选中），然后单击"确定"按钮，如图 6-5 所示。

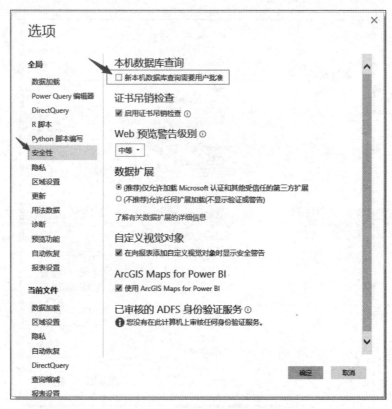

图 6-5　设置本机数据库查询

然后，在系统主窗口中，转到"数据"视图下，再单击"主页"菜单中的"获取数据"按钮。打开此对话框中的下拉菜单，选择"数据库"下的"MySQL 数据库"，单击"连接"按钮后，会生成如图 6-6 所示的对话框。在对话框顶部的"服务器"部分，单击与第一个选项关联的向下箭头（左侧位置），然后从下拉列表中选择"参数"选项。第二个选项将从文本框更改为包含刚刚创建的两个参数的下拉列表。选择"SQL 数据魔方服务器例子"，然后在数据库部分重复该过程，或者输入需要打开的数据库名称。

然后单击"确定"按钮，将弹出如图 6-7 所示的对话框，输入用户名、密码，选择这些设置所对应的级别等内容,单击"连接"按钮后,系统会显示预览窗口(假设一切正常),如图 6-8 所示。

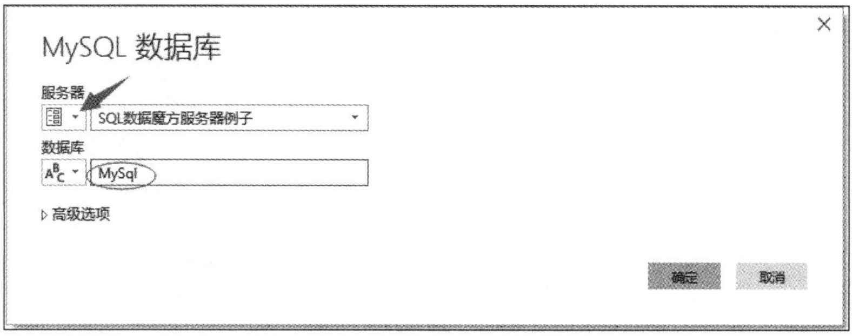

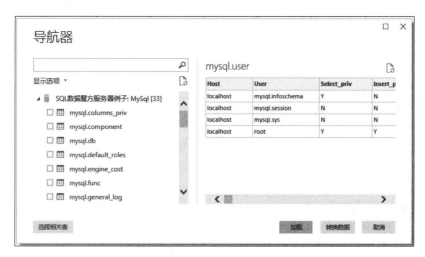

图 6-6 配置服务器和数据库参数

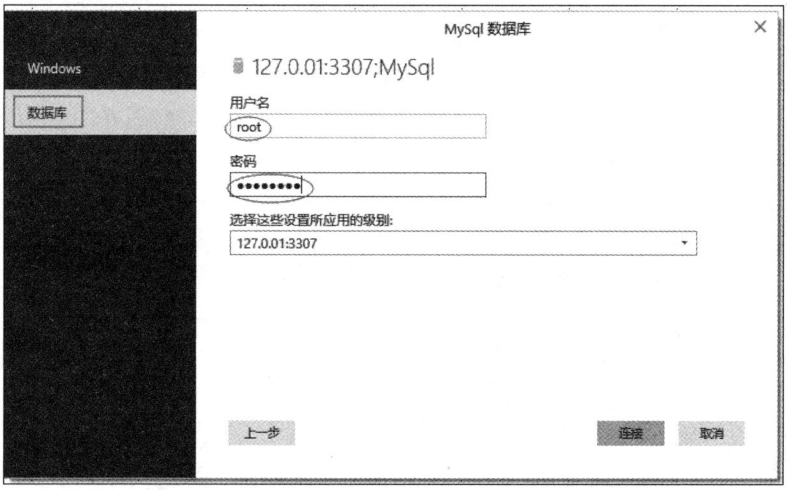

图 6-7 输入数据库用户名和密码页面

图 6-8 导航器显示页面

选择需要的任意表单之后单击"加载"按钮,系统会把数据集添加到"数据"视图中。用户在执行其他步骤之前,可以对数据集重命名。用户最终得到的数据集如图 6-9 所示。

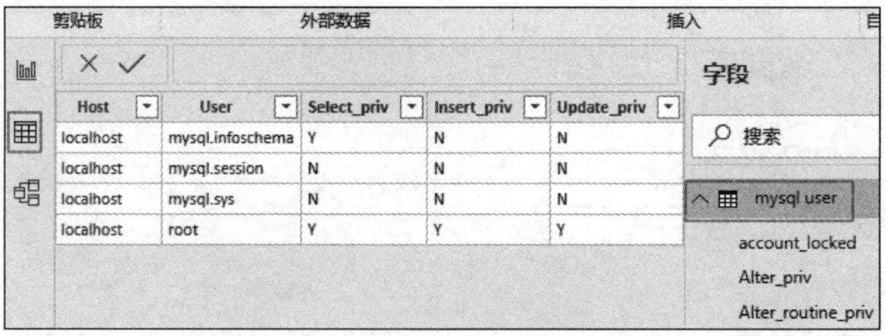

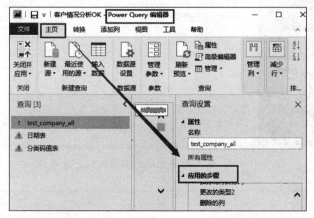

图 6-9　用户最终得到的数据集

如果需要从其他 SQL 服务器实例或数据库检索数据,用户通过定义连接属性的参数,便可以随时轻松更改其值。还可以为多个数据集使用相同的参数,这样不用每次基于相同数据源创建数据集时而进行重复连接。

用户可以方便地查看与数据集的"源"步骤关联的 M 语句,能轻松地在 M 语句中引用参数,这为用户提供了非常强大而灵活的功能。打开查询编辑器,在"已应用的步骤"中查看,如图 6-10 所示。

图 6-10　在 M 语句中查看引用参数视图

6.3　查询参数

在系统中,要经常进行查询,这时就可以创建并使用查询参数(Query Parameter),然后在各种情况下使用它们。例如,可以定义引用参数的查询以检索不同的数据集,或者可以通过引用参数过滤行(Filter Rows)。从本质上来说,参数的引用就是替换字符串,所配置的参数对 M 查询语句(字符串)进行替换,以达到方便和灵活管理这些变量的目的。

使用查询参数的场景主要包括数据源(Data Source)、过滤行(Filter Rows)、保留行(Keep Rows)、删除行(Remove Rows)、替换行(Replace Rows)、度量值(Measures)、计算列(Calculated Columns)和计算表(Calculated Tables)等。

在系统桌面中,可以定义一个或多个查询参数,主要功能是实现系统的参数化编程,使得数据源的属性、替换值和过滤数据行可以参数化。不管参数有多少个可能的值,但是当前值只有一个,当程序引用参数值时,实际上引用的是参数的当前值。参数的当前值只能手动修改,不能动态变化。

6.3.1 参数的属性

在查询编辑器中,可以通过"文件"菜单下的"管理参数"来管理、创建和新建参数,如图 6-11 所示。

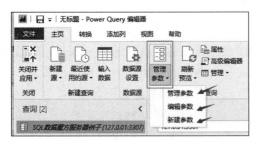

图 6-11 管理参数

在"参数"对话框中,参数的属性主要有名称、说明、类型、建议的值、当前值以及当前值是否必需等属性,如图 6-12 所示。

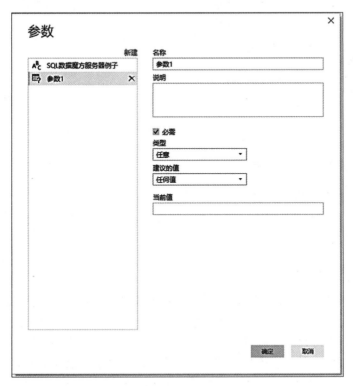

图 6-12 "参数"对话框

如果勾选"必需"复选框，用户对参数的"当前值"必须赋值。在参数的属性中最重要的属性是"建议的值"，主要有 3 种类型。

（1）任何值（Any Value）：用于手动枚举参数的值。

（2）值列表（List of Values）：指定一个列表查询，参数的值是列表查询的值。

（3）查询（Query）：参数的建议值是一个查询。

6.3.2 创建编辑查询参数

要创建编辑查询参数，首先需要创建一个列表查询。

1. 创建列表查询

打开查询编辑器，选中已经存在的需查询的某一列，右击，在弹出的快捷菜单中选择"作为新查询添加"命令，这样创建的查询就是列表类型的查询。新建的列表查询的名称为选中的字段名，该列表查询只有一列，初始的列名是"列表"。列表查询是特殊类型的查询，同样，位于左侧的"查询"列表默认被加载到"数据模型"中，其属性"启用加载到报表"默认是勾选的，列表查询的图标不同于常规的查询，例如，名字为"产品分类"的列表查询的图标、属性以及名称如图 6-13 所示。

图 6-13　列表查询

2. 创建列表查询类型的参数

在"参数"对话框中输入参数的名称为"参数 1"，选择参数的类型为"文本"，建议的值为"查询"（即参数类型是列表查询），选择参数引用的列表查询（参数的值）从"产品分类（2）"中获取，勾选"必需"复选框，指定参数的当前值为"自行车"，设置界面如图 6-14 所示。

3. 加载查询参数到系统

创建的查询参数和常规的查询一样，能够被其他查询引用，也能够被加载到数据模型引用，还能够被其他 DAX 引用。在默认情况下，查询参数是不会被加载到数据模型中的，用户必须手动启用数据加载选项。

创建完参数之后，在左侧的"查询"列表中会出现一个新的查询，查询的名称是刚建立的"参数 1"，当前值是"自行车"，右击，在弹出的快捷菜单中选择"启用加载"命令，就启用了参数的加载属性，如图 6-15 所示。

图 6-14 创建列表查询类型的"参数"对话框

图 6-15 加载列表查询参数

6.3.3 引用编辑查询参数

参数的值可能有多个,而引用参数的值是当前值,用户可以在查询编辑器中手动修改参数的当前值,通常使用"获取数据"和"查询编辑器",也可使用 DAX。系统通常把参数用于参数化数据源、替换值、过滤数据行、DAX 等。

1. 创建数据查询时引用参数

通过"获取数据"新建 SQL Server 类型的数据查询时,用户可以通过参数设置数据源的服务器和数据库等属性,如图 6-16 所示。

如果系统报表中引用多个查询,而查询使用的底层数据源都是相同的,在这样的场景下,用户可以创建参数,把参数值设定为用于连接数据源的连接字符串。例如,SQL Server 服务器实例、MySQL 数据库名称等,在新建查询时,只需要选中参数,就能统一管理数据源的连接字符串等属性。

2. 使用参数替换查询的值

在查询编辑器中,选中一个列表查询,右击,在弹出的快捷菜单中选择"替换值"命令,如图 6-17 所示。

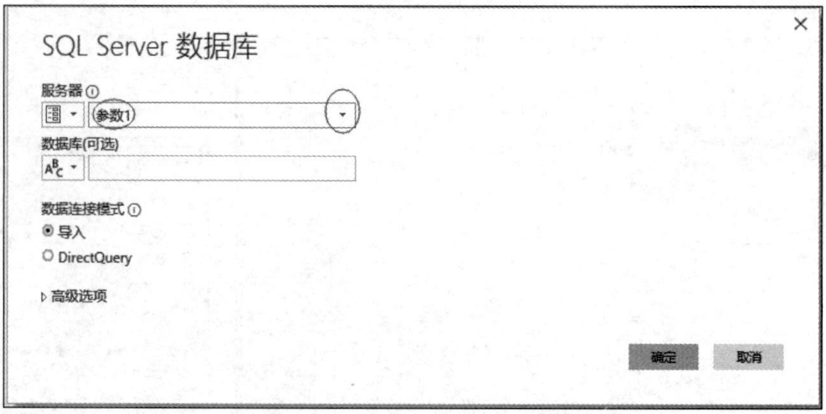

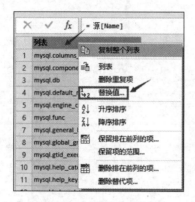

图 6-16　创建数据查询时通过参数设置数据源的服务器和数据库等属性

在"替换值"对话框中，用户可以使用参数，查找已经存在的值，将其替换为其他参数的值，如图 6-18 所示。

图 6-17　选择"替换值"命令　　　　图 6-18　"替换值"对话框

3. 使用参数筛选查询值

在查询编辑器中，选中"文本"类型的Name，右击下三角按钮 ，在弹出的快捷菜单中选择"文本筛选器"命令，如图 6-19 所示。

在"文本筛选器"菜单中，提供了多个子菜单进行选择。本例选择的是"包含"子菜单，会弹出一个新对话框"筛选行"，如图 6-20 所示。

在"筛选行"对话框中可以设置筛选条件。用户可以填入查询值，或者引用参数查询字段值，并可以把查找的值替换为其他值，而替换的值也可以通过参数来配置。

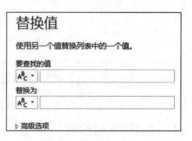

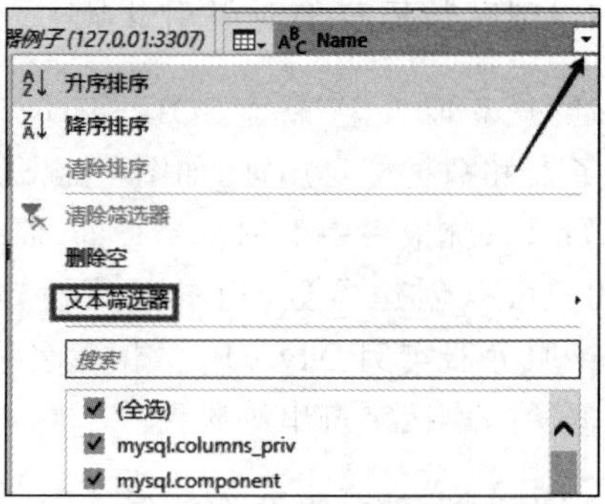

图 6-19　使用文本筛选器

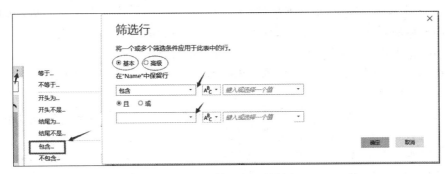

图 6-20 "筛选行"对话框

6.4 将逻辑参数添加到控制语句

在某些情况下,用户可能希望使用参数来控制查询的逻辑,而不只是过滤数据。例如,原始 T-SQL 语句中的 SELECT 子句使用 SUM 聚合函数来计算每个销售代表的总销售额:

```
CAST(SUM(h.SubTotal) AS INT) AS SalesAmounts
```

用户可以在 M 语句中插入一个参数,使用户允许应用不同的聚合函数。首先,创建一个名为 AggType 的参数,然后使用 SUM 函数作为默认值和当前值,为每个函数定义一个包含一个项目的列表。设置的内容如图 6-21 所示。

图 6-21 逻辑参数一的创建

从图 6-21 可知,已经在选项中包含了 SubTotal 列,以保持逻辑更加清晰,也证明只要用户的数据集支持,就可以基于其他列汇总数据。例如,用户的数据集还包括"折扣额（DiscountAmounts）"列,该列提供减去了任何折扣的总销售额。在这种情况下,每个参数选项都可以定义特定的函数和列,包括 SUM（h. DiscountAmounts）和 AVG（h. SubTotal）等值。

创建参数后,可以使用以下代码段（包括引号）替换硬编码的 SUM（h. SubTotal）,更新与数据集的源步骤关联的 M 语句:"＆AggType＆ "。

还可以使用原始 ORDER BY 子句执行类似操作,使用变量提供有关如何对数据进行排序的选项。首先,创建一个名为 resultsOrder 的变量。然后对列表中的每个选项都指定排序基础的列（FullName 或 SalesAmounts）,以及排序是按升序还是降序排列,如图 6-22 所示。在这种情况下,选项 FullName ASC 用于默认值和当前值。

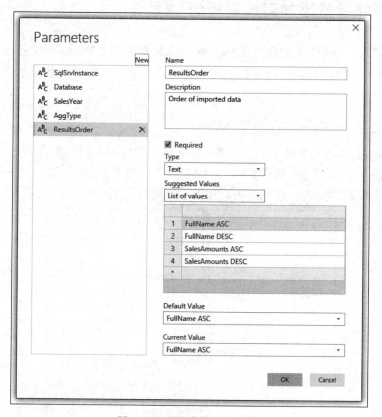

图 6-22　逻辑参数二的创建

创建参数后,可以通过使用以下代码段（包括引号）替换 FullName ASC 来更新 M 语句:"＆resultsOrder＆",如图 6-23 所示。

一旦掌握了如何将参数合并到 M 语句中,就可以使用各种选项来操作数据并使数据集更加灵活和适用,而无须为查询添加大量步骤。只要确保随时可以进行任何更改,用户就可以申请并保存它们,以便用户知道它们有效并且不会丢失。

图 6-23 逻辑参数的 M 语句

6.5 使用参数命名数据集对象

参数的使用还可以把动态名称应用于对象中,例如,要将 SalesAmounts 列的名称更改为反映销售年份和正在应用的聚合类型的名称。

首先,在查询编辑器中将重命名的列添加到数据集,右击 SalesAmounts 列标题,在弹出的快捷菜单中选择"重命名"命令,输入 Sales 作为临时列名,然后按 Enter 键。查询编辑器将"重命名的列"步骤添加到"已应用的步骤"中,M 语句如下:

```
= Table.renameColumns(Source,{{"SalesAmounts", "Sales"}})
```

然后,更新关联的 M 语句包含的参数值。要将 SalesYear 和 AggType 参数合并到语句中,可使用以下代码替换 Sales:

```
Sales (" &SalesYear& " - " &Text.range(AggType, 0, 3) & ")
```

说明:

(1) 连接运算符($\&$)的作用是将名称 Sales 与两个变量值连接起来,这两个变量值由短画线分隔并括在括号中。

(2) Text.range 函数表示从 AggType 变量中检索前 3 个字符。

(3) 更新语句后,务必验证更改。

图 6-24 显示了数据集和 M 语句。

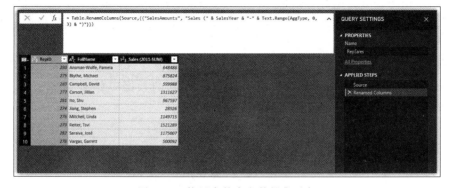

图 6-24 使用参数命名数据集对象

应注意数据集第 3 列的名称，现在括号中包含了年份和函数，所以可以轻松查看已应用于数据集的参数值。

6.6 在"数据"视图中使用参数

如果需要更改参数值，可在查询编辑器的"查询"窗格中选择参数并更新其相应值来完成更新操作。这可能是一个较为麻烦的过程，尤其是当用户想要同时更新多个参数值时。此时可以利用"数据"视图来设置参数值。

首先单击"主页"菜单中"编辑查询"的向下箭头，然后单击"编辑参数"按钮。出现"输入参数"（Enter Parameters）对话框时，选择要应用于数据集的值，然后单击"确定"（OK）按钮。"输入参数"对话框并设置当前参数，如图 6-25 所示。

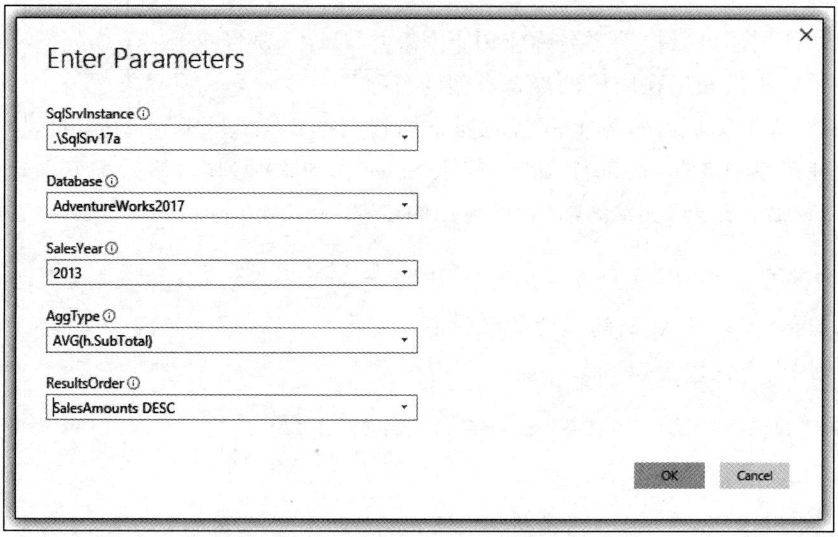

图 6-25 "输入参数"对话框

尽管"编辑参数"选项名称和"输入参数"对话框名称在"名称"上不易分辨，但它们提供了更新参数值的功能，从而提供有效的更新数据方法。用户须注意，如果更新了参数值，将应用于使用参数的所有数据集，所以在多个数据集中包含相似类型的参数中，不要让它们共享相同的值，应该以创建特定于数据集的参数方式对其参数命名，使相似类型的参数易于区分。

了解了如何设置参数值后，就可以尝试不同的设置方式，每次应用新设置时都可以查看数据集。例如，应用图 6-24 所给的参数设置后得到的数据集如图 6-26 所示。注意，"销售"列包括年份和聚合类型，并且数据是按"销售"值降序排序的。

用户还可以在"报表"视图中更改参数值，从而在可视化中可以立即看到更改。

显然，参数功能有助于使系统成为更强大和更灵活的工具，无论数据来自何处，用户都可以通过各种方式使用参数。使用的参数越合适，效率就越高，对数据集的控制也就越多。

RepID	FullName	Sales (2013-AVG)
280	Ansman-Wolfe, Pamela	50706
274	Jiang, Stephen	30792
290	Varkey Chudukatil, Ranjit	28150
276	Mitchell, Linda	25378
281	Ito, Shu	24360
289	Pak, Jae	24153
275	Blythe, Michael	22774
282	Saraiva, José	21754
287	Alberts, Amy	19314
283	Campbell, David	18770
277	Carson, Jillian	18361
278	Vargas, Garrett	15616
284	Mensa-Annan, Tete	15487
288	Valdez, Rachel	14482
279	Reiter, Tsvi	13762
286	Tsoflias, Lynn	12668
285	Abbas, Syed	12605

图 6-26　数据结果显示

小结

　　本章主要介绍了查询编辑器中的参数应用,在静态分析时,有时经常不能满足实际分析的需要,还需要引入动态分析,通过调节某个维度的增减变化来观察对分析结果的影响。这时就需要使用参数,以切片器的形式来控制变量,与其他指标进行交互,进而完成动态分析。本章内容是 Power BI 技能的进阶,需要熟练掌握。其中,查询参数的创建与使用是本章的重点,同时也是本章的难点,需要通过反复练习去理解并掌握它们。

问答题

　　1. 什么是参数? 它的应用场景有哪些?
　　2. 参数的类型有哪些? 列举不同参数类型的应用实例。

实验

　　构建一个报表,在其中选取前 5 名。

第7章

数据分析表达式及其应用

下面介绍数据分析表达式(DAX)以及它的功能列表,它是运用表达式或者公式的形式进行计算,并返回一个或多个值的函数、运算符或常量的集合。简单来说,DAX 可帮助用户通过模型中已有的数据来创建新信息。DAX 可以解决一些基本计算和数据分析问题。DAX 的重要性在于,它可以非常简单地制作和替换桌面文件,并将一些信息导入其中。用户甚至可以生成显示有价值、有见解的报告,同时不会破坏任何 DAX。但是,如果想调查产品类别和各种日期范围内的增长份额,或者想计算逐年增长率的需求趋势,这时使用 DAX 提供的功能就可以实现。学习如何有效制作 DAX,可以帮助用户从大量信息中获取最重要的信息,在获得所需数据后,就可以开始首先解决对基础状况产生影响的实际业务问题。DAX 中有包含时间关系相关的函数,用于对日期维度进行累加、同比和环比等分析。

计算中要用 DAX,更确切地说,也就是度量值和计算列中所用的 DAX。这部分知识需要熟悉 Power BI 系统桌面的数据导入、如何将字段添加到报表,以及度量值和计算列的基本概念。

7.1 数据分析表达式

7.1.1 DAX 语法

DAX 的语法包括组成表达式的各种元素,简单来说就是表达式的编写方式。在DAX 中,用于创建度量值的常用的操作符是:

(1) 文本使用双引号作为界定符。

(2) 等号是=,不等号是<>。

(3) 赋值使用=。

（4）布尔值使用 TRUE 和 FALSE 函数表示。

（5）空值使用 BLANK 函数表示。

（6）集合使用大括号{}表示，例如，包含 3 个条目的集合：{1,2,3}。

（7）字符的连接符号是 &。

（8）逻辑运算符号：逻辑与是 &&，逻辑或是 ||。

在创建 DAX 之前，先来看看 DAX 的语法。下面来看一下某个度量值的简单 DAX，在系统界面中如图 7-1 所示。

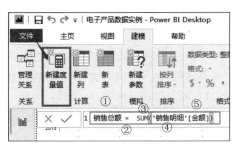

图 7-1　DAX

在用户编制自己的特定公式之前，先要了解图 7-1 的 DAX 的语法结构。此公式包含以下语法元素：

① 度量值名称"销售总额"即为实例名称。

② 等号运算符（＝）表示公式的开头，完成计算后将会返回结果。

③ DAX 函数 SUM 会将"销售明细"表中的[金额]列中的所有数字相加。具体的函数内容将在后面章节介绍。

④ 引用的表是"销售明细"。

⑤ "销售明细"表中的引用列为[金额]。使用此参数，SUM 函数就知道在哪一列上进行聚合求和。式中括号（）会括住包含一个或多个参数的表达式。所有函数至少需要一个参数，其中一个参数会传递一个值给函数。

通过上面的介绍，此公式理解为：对于名为"销售总额"的度量值，计算（＝）"销售明细"表中的[金额]列中的值的总和，把它添加到报表后。此度量值会将所包括的其他每个字段的销售额（例如小米手机）相加，进行计算并返回值。DAX 的返回值可以作为参数用于其他公式中。

说明：

（1）在[金额]列前面加上了列所属的"销售明细"表，这属于完全限定列名称，主要是避免不同表中同列名的混淆，但是在同一表中引用的列不需要在公式中包含该表名，这可让引用许多列的冗长公式更短且更易于阅读。

（2）如果表名包含空格、保留的关键字或不允许的字符，则需要用单引号括住该表名。如果该名称包含 ANSI 字母、数字、字符范围以外的任何字符，则不论区域设置是否支持字符集，均需要用引号括住表名。

（3）公式语法的正确性非常重要。大多数情况下，如果语法不正确，将返回语法错误提示信息，其他情况下，语法可能正确，但返回的值可能不是预期值。系统中的 DAX 编辑器包括了建议功能，这项功能通过帮助用户选择正确的元素来创建语法正确的公式。系统中的 DAX 编程专家给了一些建议，通过调试、修改语法等手段，使用户获得正确的结果。

下面通过创建一个简单的度量值公式，来进一步了解 DAX 的语法以及编辑栏中的建议功能可以起到怎样的作用。要完成此任务，需要打开系统并录入 Contoso 销售示例文件。步骤如下。

（1）在"报表"视图的字段列表中，右击 Sales 表，在弹出的快捷菜单中选择"新度量值"命令。

（2）在编辑栏中，通过输入新的度量值名称 Previous Quarter Sales 来替换度量值。

（3）在等号后输入前 3 个字母 CAL，然后双击要使用的函数。在此公式中，需要使用 CALCULATE 函数。这时将通过用户传递给 CALCULATE 函数的参数，使用 CALCULATE 函数来筛选要求和的金额。这就是所谓的嵌套函数。CALCULATE 函数至少有两个参数：第一个参数是要计算的表达式；第二个参数是筛选器。

（4）在 CALCULATE 函数的左括号"（"之后，输入 SUM，随后是另一个左括号"（"，现在需要将参数传递给 SUM 函数。

（5）开始输入 Sal，然后选择 Sales［SalesAmount］，后跟右括号"）"。这是 CALCULATE 函数的第一个表达式参数。

（6）在空格后输入逗号"，"以指定第一个筛选器，然后输入 PREVIOUSQUARTER。这是筛选器。这时将使用 PREVIOUSQUARTER 时间智能函数，按上一季度来筛选 SUM 结果。

（7）在 PREVIOUSQUARTER 函数的括号"（"之后，输入 Calendar［DateKey］。PREVIOUSQUARTER 函数有一个参数，即包含连续日期范围的列。在本例中，这是日历表中的 DateKey 列。

（8）确保传递给 PREVIOUSQUARTER 和 CALCULATE 函数的两个自变量后都跟两个右括号"））"。该公式现在应如下所示：

```
Previous Quarter Sales = CALCULATE(SUM(Sales[SalesAmount]), PREVIOUSQUARTER(Calendar
[DateKey]))
```

（9）单击公式栏中的复选标记 ✔ 或按 Enter 键，验证公式是否正确并将其添加到模型中。

实际上刚才使用 DAX 创建的度量值并不简单。这个公式将根据报表中应用的筛选器来计算上一季度的总销售额。例如，如果将 SalesAmount 和新的 Previous Quarter Sales 度量值放置于图表中，然后添加 Year 和 QuarterOfYear 作为切片器，则会得到类似图 7-2 所示的结果。

以上介绍了 DAX 的几个重要方面。首先此公式包括两个函数。注意 REVIOUSQUARTER 时间智能函数被嵌套为参数传递给 CALCULATE 筛选器函数。DAX 可以包含多达 64 个嵌套函数。一个公式不大可能会包含这么多嵌套函数。实际上，创建和调试这样的公式会非常困难,而且也不会太快。在此公式中,同样使用了筛选器。筛选器会缩小要进行计算的范围。在本例中,选择一个筛选器作为参数,本例中的 DateKey 列实际上是另一个函数的结果。

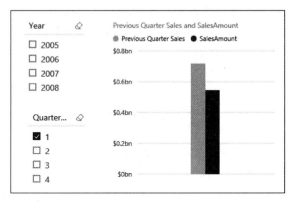

图 7-2　DAX 应用结果

DAX 中功能最强大的函数之一就是 CALCULATE 函数。当创建模型并创建更复杂的公式时,可能会多次使用此函数。DAX 主要用于创建计算度量值,计算度量值是根据用户选择的筛选器和公式来生成需要的计算聚合值,它与计算列不同,计算列只是转换或合并现有数据。DAX 基本上都是引用对应的函数,函数的执行有表级上下文和行级上下文的区别;其交互行为都是通过表之间的关系实现的,用户选择的筛选器会通过关系对数据进行过滤,这使得系统报表呈现的数据具有动态交互的特性。在开发的系统报表项目中,经常使用的 DAX 函数并不是很多,下面介绍一些入门级的常用函数。

7.1.2　DAX 功能

公式是预定义的字母组合,通过在明确的请求下或在结构中利用特定的操作来执行计算。DAX 包括后续类别的功能:日期和时间、时间智能、信息、逻辑、数学、应用数学、文本、父/子等。在 DAX 中,用户可以利用各种表达式写入来调查信息,并制作新的部分和度量,它也包含各种分类能力。系统提供了一种简单的方法来查看所考虑的所有内容。当用户开始在等式栏中编写表达式时,用户就可以看到以该字母集开头的所有表达式的纲要。

1. 聚合函数

DAX 具有许多聚合功能的函数,如 MIN、MAX、AVE 、ADD、SUMX。DAX 中的其他计数功能函数包括 DISTINCTCOUNT、COUNT、COUNTA 、COUNTROWS、COUNTBLANK 等。

2. 逻辑函数

逻辑函数对表达式有效,用于返回表达式中值或集的信息。常见的有如下几种。

(1) AND:检查两个参数是否均为 TRUE,如果两个参数都是 TRUE,则返回 TRUE。

(2) FALSE:返回逻辑值 FALSE。

（3）IF：检查是否满足作为第一个参数提供的条件。

（4）IFERROR：计算表达式。如果表达式返回错误，则返回指定的值。

（5）NOT：将 FALSE 更改为 TRUE，或者将 TRUE 更改为 FALSE。

（6）OR：检查某一个参数是否为 TRUE，如果是，则返回 TRUE。

（7）SWITCH：针对值列表计算表达式，并返回多个可能的结果表达式之一。

（8）TRUE：返回逻辑值 TRUE。

3. 文字功能函数

文字功能函数包括文本函数，如 REPLACE（更替）、SEARCH（寻找）、CONCATENATE（连接）等。

4. 日期功能函数

日期功能函数主要包括：DATE（日期）、HOUR（小时）、WEEKDAY（星期）、NOW（现在）、EOMONTH（上月或者下月的最后一天）。

5. 信息功能函数

信息功能函数主要包括 ISBLANK、ISNUMBER、ISTEXT、ISNONTEXT、ISERROR。

如果用户熟悉常用表达式中的功能，DAX 中的几个功能看起来几乎和用户理解的相同，但是 DAX 功能也具有以下特性。

（1）DAX 操作永久引用整个列或表。如果用户希望仅作用于显示的表格或列中的数值，则需要在表达式中添加筛选器。

（2）如果用户想逐行自定义计算，DAX 提供的功能允许用户使用当前行值或连接的值作为参数形式，以执行按上下文调整的计算。

（3）DAX 包括的几个功能，用于产生不同功能的输入输出。例如，用户能够检索出所查询的表，以计算表中的不同值，或计算跨过滤表或列的动态总和。

（4）DAX 包括用户的时间智能功能。这些功能允许用户选择日期范围，并执行支持它们的动态计算。例如，用户能够比较并行期间的总和。

（5）DAX 功能不会导致单元的变化，而仅将列或表作为参考。

7.1.3　DAX 的作用域

作用域是 DAX 最重要的功能之一，DAX 中有两种作用域类型：行作用域和筛选器作用域。

1. 行作用域

对于当前行，最简单的考虑就是行作用域。只要表达式包含应用筛选器，在表格中找到一行的操作，它就可以适用。操作本身可以为表的每一行进行应用行作用域，而不是进行筛选。

2．筛选器作用域

筛选器作用域可能比行作用域更难理解，用户可以简单地将筛选器作用域理解为：在计算期间应用的一个或多个筛选器，用于确定结果。筛选器作用域不存在于行作用域中，但是它可以适用于行作用域。例如，要在计算过程中减少要合并的值。用户能够应用筛选器作用域，而不仅仅指定行作用域以及行作用域中的特定条件（筛选器）。用户可以在报告中看到筛选器作用域。

筛选器作用域对 DAX 来说是至关重要的，主要原因是筛选器作用域通过向图像添加字段，实现了数据的应用。筛选器作用域甚至可以在 DAX 中应用，可以通过筛选器作用域函数来理解 ALL、RELATED、FILTER、CALCULATE 以及通过不同的度量和列。

7.1.4　DAX 的上下文

DAX 的上下文可以理解为作用域，这是从不同的角度处理 DAX。因此上下文也是需要了解的重要 DAX 概念之一。DAX 中有两种上下文类型：行上下文和筛选上下文。

行上下文是将行想象成当前行，这是最简单的做法。每当表达式中含有应用的筛选器以识别表中某一行的函数时，都可应用此方法。函数会应用所筛选的表中每行的固有行上下文，这种类型的行上下文最常应用于度量值中。

筛选上下文比行上下文稍微难理解。筛选上下文指的是决定结果或值的计算中所应用的一个或多个筛选器。筛选上下文并非原本就存在于行上下文中，而是另外应用到行上下文。例如，若要进一步缩小包括在计算中的值，可以应用筛选上下文，该筛选上下文不仅要指定行上下文，也要指定该行上下文中的特定值（筛选）。用户可以在报表中使用筛选上下文。例如，当用户将"总销售额"添加到可视化效果中，然后添加"年"和"地区"时，用户正在定义基于给定年份和区域来选择数据子集的筛选上下文。

筛选上下文对 DAX 很重要，这是因为不仅可以通过将字段添加到可视化效果而轻松应用筛选上下文，还可以通过使用 ALL、RELATED、FILTER、CALCULATE 等函数，按照关系、其他度量值和列来定义筛选器，从而实现在 DAX 中应用筛选上下文。例如，图 7-3 中所示的名为"产品数量_小米"的度量值公式。

图 7-3　度量值公式

为了更好地理解此公式，可以像处理其他表达式一样对其进行分解。此表达式包含以下语法元素。

① 度量值名称：产品数量_小米。

② 等号运算符（=）：表示表达式的开头。

③ CALCULATE 函数：根据指定筛选器所修改的上下文，作为参数来计算表达式。

④ 度量值：同一表中作为表达式的"产品数量"度量值。"产品数量"度量值的公式为：产品数量 = SUM('销售记录'[金额])。

⑤ 逗号(,)：用于分隔第一个表达式参数和筛选参数。

⑥ 完全限定的引用列：为"'产品明细表'[品牌]"。这是行上下文。此列中的每行各指定一个通道。

⑦ 筛选器：将特定值"小米手机"作为筛选器。这就是定义的筛选上下文。

此表达式可确保仅针对以"小米手机"值为筛选器的"'产品明细表'[品牌]"列中的行,计算"产品数量"度量值所定义的销售额值。

正如用户所想象的,在表达式内定义筛选上下文的功能很多,对于引用相关表中的特定值不过是其中一例。在创建自己的表达式时,用户可以更好地理解行上下文以及其筛选上下文。

7.1.5 DAX 条件求和

下面针对条件求和,介绍如何利用 DAX 函数创建条件求和的度量值。

1. 数据准备

这里以"销售记录"表的数据为例,原始数据如图 7-4 所示。

年	季度	月份	日	销售代表ID	数量	单价
2016	季度 1	January	1	156	156	44,681.12
2016	季度 1	January	2	146	146	53,211.18
2016	季度 1	January	3	183	183	53,248.19
2016	季度 1	January	4	142	142	40,887.25
2016	季度 1	January	5	145	145	43,494.16
2016	季度 1	January	6	148	148	36,406.40
2016	季度 1	January	7	969	6563	287,708.70
2017	季度 1	January	8	203	2138	172,882.83
2017	季度 1	January	9	6	6	18,590.45

图 7-4　部分销售数据

对于条件求和,主要分为 3 个部分：单条件求和、多条件求和与关联表条件求和。

2. 单条件求和度量值

假设要计算"销售代表 ID"为 213 的销售额,操作方法如下：

1) 方法一：CALCULATE 法

创建一个"单条件 CAL"度量值,格式：

单条件 CAL = CALCULATE(SUM('销售记录'[销售金额_列]), '销售记录'[销售代表 ID] = 213)

2) 方法二：SUMX 法

创建一个"单条件 CAL"度量值,格式：

单条件 SUM = SUMX(FILTER('销售记录','销售记录'[销售代表 ID] = 213),'销售记录'[销售金额_列])

为了对比这两种方法结果的准确性,在报表页上创建一个"多行卡"对象,并将这两个度量值拖到这个可视化对象中,效果如图 7-5 所示。

图 7-5　单条件求度量值

从图 7-5 中可以看到,这两种方法计算出来的结果是一致的,也就是说,使用这两种方法计算出来的结果是准确的。

3. 多条件求和度量值

日常分析中,在单条件的基础上还常会遇到多条件。多条件指的是两个或者两个以上条件。在 Excel 中,可以使用 SUMIFS 函数,将若干个条件放一起,作为求和的依据。这里介绍两种多条件的 DAX 度量值写法,以"销售代表 ID"为 213、日期大于或等于 2018年 4 月 23 日的条件为例。

1) 方法一:CALCULATE 法

创建一个"多条件 CAL"度量值:

多条件 CAL = CALCULATE(SUM('销售记录'[销售金额_列]), '销售记录'[销售代表 ID] = 213,'销售记录'[实际送货日期]>= DATE(2018,4,23))

2) 方法二:SUMX 法

创建一个"多条件 SUMX"度量值:

多条件 SUM = SUMX(FILTER('销售记录',AND('销售记录'[销售代表 ID] = 213,'销售记录'[实际送货日期]>= DATE(2018,4,23))),'销售记录'[销售金额_列])

说明:在 CALCULATE 法中,条件是使用半角逗号间隔,而在 SUMX 法中,则使用 AND 作为条件合并。此外,AND 函数仅对两个条件有效,当超过两个条件时,需要使用 && 来作为条件的间隔。两个条件的时候同样可以使用这个方法,如多条件求和的 SUMX 法还可以换成:

多条件 SUM_1 = SUMX(FILTER('销售记录','销售记录'[销售代表 ID] = 213&&'销售记录'[实际送货日期]>= DATE(2018,4,23)),'销售记录'[销售金额_列])

4. 跨表条件求和度量值

在 Power BI 系统桌面中,有一种操作叫跨表条件求和。在 Excel 中,可能会将所有的数据信息都存放到一个表中,然后通过筛选或者简单的函数求和,但是在系统桌面中,设计的思路就不是一定要做大表,而是可以拆成细分表,具有了数据库思维。例如刚才导入的销售表中,其中的"销售代表 ID"字段就是销售代表代码的字段,它只是一个代码而已,如果要换成销售代表的名称,就需要借助一个码表,即销售代表 ID 对应的销售代表名称的对照。

7.2　函数

　　函数是通过使用特定值、调用参数，并按特定顺序或结构来执行计算的预定义公式。其参数可以是其他函数、另一个公式、表达式、列引用、数字、文本、逻辑值（如 TRUE 或 FALSE）或者常量。下面详细介绍常用的几类函数。

7.2.1　统计函数

　　统计函数是最强大，同时也是最复杂的函数，能为数据的分析提供非常强有力的支持，同时，在使用统计函数时，必须考虑到数据模型、表之间的关系以及数据重复等因素，一般都会搭配筛选函数实现数据的提取和分析。

1. 求和函数

　　格式：SUMX(<表>, <表达式>)

　　功能：从表中计算每一个行的加和。

　　说明：只有数值类型的数据才会被加和，忽略空值、日期、逻辑值或文本值。

　　示例：第一个参数是筛选器返回的表值，例如要计算"订单数据"的加和：

度量值 1 = SUMX(FILTER('客户','客户'[销售代表 ID] = 201),[订单数据])

可以把 SUMX 函数转换为 CALCULATE 函数：

度量值 3 = CALCULATE(SUM('客户'[订单数据]),FILTER('客户','客户'[销售代表 ID] = 201))

2. 计数函数

　　格式：COUNTX(<表>, <表达式>)

　　　　　COUNTAX(<表>, <表达式>)

　　功能：对数值型的数据进行统计。

　　说明：只对数值型的数据进行统计，忽略空值、日期、逻辑值或文本值；COUNTAX 函数统计非空值，包含数值、日期、逻辑值或文本值。

　　例如，如果列中包含表达式，而表达式的结果是空值，那么 COUNTAX/COUNTX 函数把包含公式的列值作为非空看待，在这种情况下，计数函数会增加计数值。如果 COUNTAX 函数没有数据列做计数，则返回 BLANK；如果 COUNTAX 函数聚合的数据列都是 BLANK，则返回 0。

3. 唯一值计数

　　格式：DISTINCTCOUNT(<列>)

　　功能：统计列的唯一值计数，参数是表列，允许任意数据类型，当找不到任何数据行时，返回 BLANK，否则，统计唯一值的数量。

4. 分组聚合函数

格式：SUMMARIZE(<表>, <按列名分组>[, <按列名分组>]…[, <名字>, <表达式>]…)

功能：DAX中功能最强大的函数,对相互关联的表按照特定的字段分组聚合,由于分组列是唯一的,通过SUMMARIZE函数可以获得多列的唯一值。

分组聚合函数能够利用关系,引用相关表的字段,也就是说,SUMMARIZE函数能够对有关系的表执行连接(Join)运算,计算笛卡儿乘积,对连接的结果集执行分组聚合,例如：

```
SUMMARIZE (
    '国内销售',
    '产品'[产品名称],
    '日期[Calendar Year],
    "总销售额", SUM('国内销售'[销售额])
)
```

注意,从数据表"日期"中获取字段Calendar Year的前提是：数据表"日期"和"国内销售"之间存在关系。从数据表"产品"中获取字段"产品名称"的前提是：数据表"产品"和"国内销售"之间存在关系。

分组聚合函数也可以用于创建新表,在"建模"菜单中,通过"新表"选项从DAX中创建新的表,如图7-6所示。

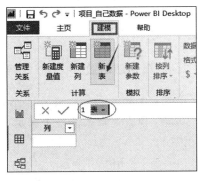

图7-6 创建新表

7.2.2 文本函数

在DAX中,字符串使用双引号界定。

1. 格式函数

格式：FORMAT(<值>, <文本格式>)
功能：按照指定的格式把值转换为文本。

2. 空值

格式：BLANK()
　　　ISBLANK(< value >)
功能：在DAX中,空值和数据库的NULL值是相同的,通过函数ISBLANK(value)判断当前的字段值是不是空值。

3. 查找函数

格式：FIND(<要查询的字符串>, <文本范围>[, [<开始值>][, <找不到返回值>]])
　　　SEARCH(<要查询的字符串>, <文本范围>[, [<开始值>][, <找不到返回值>]])

功能：在一段文本中查找字符串时，从左向右读取文本，查找函数返回第一次匹配的字符序号，序号从 1 开始，依次递增。SEARCH 函数不区分大小写，而 FIND 函数区分大小写。

说明：参数 NotFoundValue 是可选的，当查找不到匹配的子串时，返回该参数的值，一般设置为 0、-1 或 BLANK。如果不设置该参数，而查找函数查找不到匹配的子串时，函数返回错误。可以通过 IFERROR 函数处理错误，例如：

```
= IFERROR(SEARCH(" - ",[PostalCode]), - 1)
```

4. 拼接函数

格式：CONCATENATEX(<表>, <表达式>, [分隔符])

功能：把表中的数据按照指定的分隔符拼接成字符串。

例如，"员工"表中包含"省"和"市"两列，把这两列拼接成一个字符串：

```
= CONCATENATEX(员工, [省] & " " & [市], ",")
```

7.2.3　逻辑函数

1. 逻辑判断函数

格式：IF(逻辑判断>, <值 1>, <值 2>)

功能：检查逻辑条件是否满足。如果满足，则返回值 1；如果不满足，则返回值 2。

说明：

(1) 等于：用"="表示；

(2) 逻辑与：用"&&"表示；

(3) 逻辑或：用"||"表示；

(4) 逻辑非：通常使用 NOT 函数来实现。其格式为：NOT(<逻辑>)。

2. 布尔值函数

格式：TRUE( )

FALSE( )

功能：通常用于表示数据库的比特类型的值。

3. 错误函数

格式：IFERROR(表达式, 值)

功能：如果表达式是错误的，则有返回值；如果表达式没有错误，则没有返回值。

说明：错误函数等价于

```
IFERROR(A, B) := IF(ISERROR(A), B, A)
```

4. 包含逻辑

1）IN 操作符

格式：<标量表达式> IN <表单表达式>

2）包含行函数

格式：CONTAINSROW(<表单表达式>, <标量表达式 1>[, <标量表达式 2>, …])

说明：表达式是由大括号构成的集合，即{值 1,值 2,…,值 N}

例如，以下两个表达式是等价的：

```
= [颜色] IN { "红", "黄", "蓝" }
= CONTAINSROW({ "红", "黄", "蓝" }, [颜色])
```

7.2.4 关联函数

关联函数（Related）是一个值函数，它的参数是一列。关联函数也是把一个表的数据匹配到另一个表中，返回跟当前的数据行有关系的表的单个值。

1. RELATED 函数

格式：RELATED(关联表[列])

说明：

（1）使用该函数的前提是当前表和关联表之间存在关系。

（2）关联函数当前表和关联表之间存在多对一的关系，从关联表中返回单个值。关联函数运行在行上下文（Row Context）中，因此，只能用于计算列的表达式。

例如，表之间的关系如图 7-7 所示。

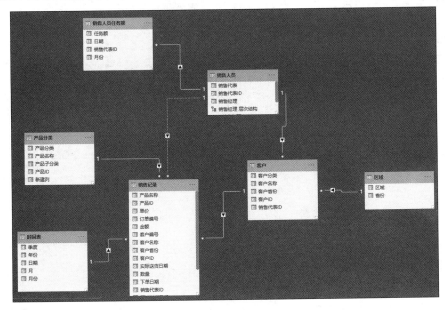

图 7-7　表之间的关系

表名为销售记录、销售人员、客户、产品分类和时间表,它们之间存在关系,销售记录表的数据如图 7-8 所示。

图 7-8　销售记录表的数据

如果想在销售记录表中加入"产品类别"列,可以在这个表中新建列,输入:

产品类别 = RELATED('产品分类'[产品分类])

运行后销售记录表中立即出现了"产品分类"列,如图 7-9 所示。注意,RELATED 函数只能用于计算列,根据当前的行上下文返回另一表中对应列的数据,适合把维度表的数据匹配到事实表中,也就是沿着关系的多端找一端的值。

图 7-9　在销售记录表中添加"产品类别"列

2. RELATEDTABLE 函数

格式：RELATED(关联表[列])

功能：用于返回被筛选的所有数据行组成的表。

说明：

(1) 如果把事实表的数据匹配到维度表,从关系的一端找多端的值,这时就要用到

RELATEDTABLE 函数。

(2) RELATEDTABLE 也是一对多的关系，RELATEDTABLE 的功能与 RELATED 类似，不过它返回的是一个表，它的参数也需要是一个表，它也是用于计算列，可以沿着关系的一端找多端的值。

例如，把销售记录表的数据返回到客户表中，新建一个“订单数据”列，输入如下代码，结果如图 7-10 所示。

```
订单数据 = RELATEDTABLE('销售记录')
```

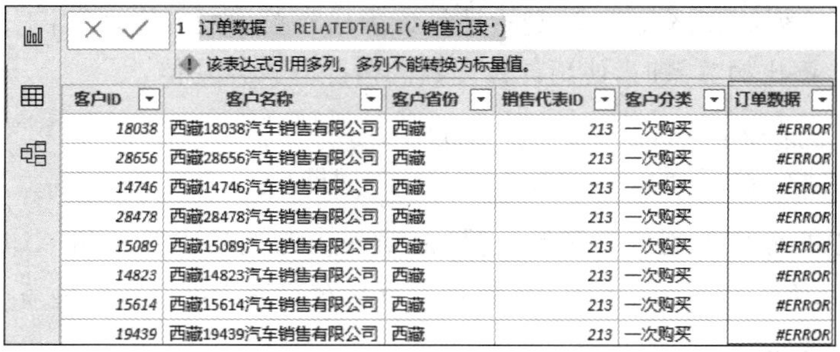

1 订单数据 = RELATEDTABLE('销售记录')

该表达式引用多列。多列不能转换为标量值。

客户ID	客户名称	客户省份	销售代表ID	客户分类	订单数据
18038	西藏18038汽车销售有限公司	西藏	213	一次购买	#ERROR
28656	西藏28656汽车销售有限公司	西藏	213	一次购买	#ERROR
14746	西藏14746汽车销售有限公司	西藏	213	一次购买	#ERROR
28478	西藏28478汽车销售有限公司	西藏	213	一次购买	#ERROR
15089	西藏15089汽车销售有限公司	西藏	213	一次购买	#ERROR
14823	西藏14823汽车销售有限公司	西藏	213	一次购买	#ERROR
15614	西藏15614汽车销售有限公司	西藏	213	一次购买	#ERROR
19439	西藏19439汽车销售有限公司	西藏	213	一次购买	#ERROR

图 7-10　在客户表中添加“订单数据”列(错误)

从图 7-10 中可以看到，“订单数据”列显示错误，主要原因是 RELATEDTABLE 函数返回的是一个表，无法直接用于计算列，并且上述表达式也没有任何意义，不知道它到底想要从销售记录表中得到什么数据。

如果要避免错误，就要把这个函数返回的表进行聚合，例如统计这个表的行数，计算列表达式改为：

```
订单数据 = COUNTROWS(RELATEDTABLE('销售记录'))
```

这次就会得到图 7-11 中的数据结果。其返回结果正常，并且该数据有实际意义，计算出每个客户的订单数据。

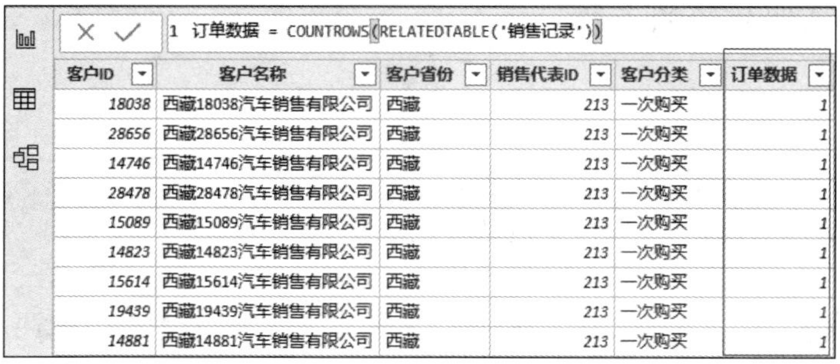

1 订单数据 = COUNTROWS(RELATEDTABLE('销售记录'))

客户ID	客户名称	客户省份	销售代表ID	客户分类	订单数据
18038	西藏18038汽车销售有限公司	西藏	213	一次购买	1
28656	西藏28656汽车销售有限公司	西藏	213	一次购买	1
14746	西藏14746汽车销售有限公司	西藏	213	一次购买	1
28478	西藏28478汽车销售有限公司	西藏	213	一次购买	1
15089	西藏15089汽车销售有限公司	西藏	213	一次购买	1
14823	西藏14823汽车销售有限公司	西藏	213	一次购买	1
15614	西藏15614汽车销售有限公司	西藏	213	一次购买	1
19439	西藏19439汽车销售有限公司	西藏	213	一次购买	1
14881	西藏14881汽车销售有限公司	西藏	213	一次购买	1

图 7-11　RELATEDTABLE 函数的应用(正确)

7.2.5　计算函数

格式：CALCULATE(<表达式>, <筛选器 1>, <筛选器 2>…)

功能：在筛选器的上下文中计算表达式,返回单个值。

说明：

(1) 参数"表达式"是计算的表达式,受筛选参数的上下文影响,如果筛选参数改变了数据的上下文,那么要在新的上下文中计算表达式。

(2) 计算函数的最大特点是能够清除筛选器,在筛选器参数列表中,如果一个数据列上存在多个筛选器,那么计算函数会清除前面的筛选器,而只用当前的筛选器。

(3) 对于计算函数的筛选,有两种表达式：

① 布尔表达式,计算的结果是布尔值。

② 只包含一列的表格表达式,是指计算该表格相关联的数据,相当于做"相等"筛选。

例如,在计算比例关系时,使用计算函数的清除筛选器功能：

```
度量值 = (SUM('销售人员任务额'[任务额]))/
CALCULATE(SUM('销售人员任务额'[任务额]),ALL('销售人员任务额'))
```

其中,表达式中的分母使用计算函数。另外,第一个筛选器参数使用 ALL 过滤函数,使得 SUM 表达式统计所有的数据行,这种行为重写对数据表的隐式筛选器。

7.2.6　全部函数

格式：ALL(<表> | <列>)

功能：

(1) ALL 函数返回表中的所有数据行,清理任意筛选器,用于对全表执行聚合运算。

(2) ALL 函数主要用于计算比例关系,常用于分母中。

7.2.7　去重函数

格式：DISTINCT(<列>)

功能：DISTINCT 返回单列的表,包含无重复的值。也就是说,从表中移除重复值,只返回列的唯一值。

7.2.8　与筛选器相关的函数

1. 筛选函数

格式：FILTER(<表>, <筛选器>)

功能：返回被筛选之后的表,是表数据的子集。

说明：

(1) 通过筛选条件,获取表的子集,筛选函数返回的表只能用于计算。

(2) 筛选函数不是独立的,必须嵌入其他函数中作为一个表值参数。

(3) 筛选函数能够操作数据的上下文,以实现数据的动态计算。

2. 筛选器的值

格式：VALUES(<表名或者列名>)

功能：返回被筛选的唯一值。如果在同一个表中的其他列被筛选，那么返回被筛选的当前列的唯一值。

说明：

（1）VALUES 函数和 DISTINCT 函数很相似，唯一的不同是 VALUES 函数会返回 Unknown，这是因为关联的 TABLE 中包含不匹配的数据行，这和左合并（Left Join）的右表中包含 NULL 值很相似。

（2）在已过滤的上下文中使用 VALUES 函数时，VALUES 返回的唯一值会受筛选器的影响。结合 CONCATENATEX 函数，能够把所有筛选器的值连接成字符串。

3. 探测直接筛选

格式：ISFILTERED(<列名>)

功能：如果指定的列被直接筛选（Filtered Directly），则函数返回 TRUE；如果同一个表中的其他列被筛选，切片器中被关联的列默认设置是全部直接筛选，则函数返回 TRUE；如果列上没有直接的筛选，或者同一个表中的其他列被筛选，或者被有关系的表筛选，则函数返回 FALSE。

说明：直接筛选器的数值通过函数 FILTERS 返回。

4. 探测关联筛选

格式：ISCROSSFILTERED(<列名>)

功能：如果同一个表中的其他列被筛选，或者被有关系的表筛选，则函数返回 TRUE。

5. 保持筛选器

格式：KEEPFILTERS(<表达式>)

功能：保持筛选器，用于计算函数 CALCULATE 和 CALCULATETABLE。

说明：

（1）默认情况下，计算函数中的筛选器参数会对筛选表的数据产生影响，当在相同的字段上设置筛选器参数时，该参数会替换已经存在的筛选器；当相同的字段上没有筛选器参数时，已经存在的筛选器不受影响。

（2）函数保持筛选器会改变计算函数的行为，当在计算函数中使用函数保持筛选器时，表的上下文是筛选器参数和已经存在的筛选器的交集，也就是说，表的上下文同时受到已经存在的筛选器和计算函数的筛选器参数的影响。

（3）计算函数替换已经存在的筛选器，而函数保持筛选器会添加已经存在的筛选器，并求交集。

7.3 关系

7.3.1 关系连接

使用 DAX 创建两个查询之间的关系。

1. 指定查询方向

格式：CROSSFILTER(<列名 1>, <列名 2>, <查询方向>)

功能：为指定的关系指定查询时的方向，函数交叉筛选器使用已经存在的关系，重写的关系设置只在查询时有效。

2. 使用关系

格式：USERELATIONSHIP(<列名 1>,<列名 2>)

功能：只能使用已经存在的关系，通过关系表中两个端点来指定关系，关系的状态是不重要的，通常使用该函数的目的是在 CALCULATE 函数中使用不活跃的关系。

7.3.2 自然连接

格式：NATURALLEFTOUTERJOIN(<左连接表>, <右连接表>)

　　　　NATURALINNERJOIN(<左连接表>, <右连接表>)

功能：DAX 支持自然连接操作。自然连接分为自然内连接和自然左外连接，函数的两个参数分别是表表达式。自然连接要求两个表中必须有同名列，并且公共列的数据类型必须相同，按照公共列做连接操作。

7.3.3 时间关系

所有的时间关系函数都包含一个特殊的日期参数，该参数有 3 种形式：

- 对日期/时间列的引用，格式是 DateTable[日期列]。
- 表格表达式，返回日期/时间类型的单列表。
- 布尔表达式，用于定义日期/时间值的单列表。

为了应用时间关系，按照时间对数据分析，最好单独创建一个日期维度表，并和事实表创建一对多($1:N$)的关系，确保关系是保持的。日期维度的粒度设置为天，确保日期维度表包括所有的日期数据。

1. 直接计算累加和

DAX 中有 3 个函数用于直接计算累加和：

格式：TOTALMTD(<表达式>, <日期>[, <筛选器>])

　　　　TOTALQTD(<表达式>, <日期>[, <筛选器>])

　　　　TOTALYTD(<表达式>, <日期>[, <筛选器>][, <年终日期>])

功能：TOTALMTD 按当前月计算累加和；TOTALQTD 按当前季度计算累加和；

TOTA 按当前年份计算累加和。

说明：

（1）参数<表达式>是聚合标量值的表达式。

（2）<日期>是包含日期的字段。

（3）<筛选器>是筛选器，返回的是布尔值。

例如，计算当前的销售额：

```
= TOTALMTD(SUM('国内销售'[销售额]),DateTime[DateKey])
```

2. 返回所有日期

格式：DATESMTD(<日期>)

　　　DATESQTD(<日期>)

　　　DATESYTD(<日期> [, <年终日期>])

功能：返回到当前的所有日期。

说明：

（1）参数<日期>是包含一个日期列的表格，函数从<日期>中取第一个日期作为基准。

（2）DATESMTD 函数适用于日期维度，该日期维度必须具有连续的非重复日期，从指定数据的第一年的 1 月 1 日到去年 12 月 31 日，该函数返回一个单列表，该表由上下文中当前日期的月份的第一个月与上下文中的当前日期之间的日期组成。

例如：

```
= CALCULATE(SUM(('国内销售'[销售额]), DATESMTD(DateTime[DateKey]))
```

3. 计算同比（前一个年份的同期）

格式：PARALLELPERIOD(<日期>, <时间间隔数目>, <时间间隔>)

功能：函数 PARALLELPERIOD 用于计算平行日期，平行日期是指在参数<日期>上向前或向后移动多个时间间隔（Intervals），该函数返回一个包含平行日期的表，使用该函数可以用于计算同比。

说明：

（1）<日期>：指定当前的日期。

（2）时间间隔：指定时间间隔，有效值是 year、quarter 和 month。

（3）时间间隔数目：指定向前或向后移动的时间间隔。

（4）此函数获取由<日期>指定的列中的当前日期集，将第一个日期和最后一个日期移动指定的间隔数，然后返回两个移位日期之间的所有连续日期。如果间隔是月、季度或年的部分范围，则结果中的任何部分的月份间隔都将是连续排列的。

例如，向前回滚 12 个月，把 DateTime[DateKey]中的最小日期和最大日期移动指定的间隔数，然后返回两个移位日期之间的所有连续日期，计算这些日期对应的销量（Sales_Amount）：

```
= CALCULATE(销售额] * 1.1,PARALLELPERIOD(DateTime[DateKey], - 12,MONTH))
```

在该示例中，CALCULATE 的第二个参数是一个表格。

另一个函数是 SAMEPERIODLASTYEAR，它是 PARALLELPERIOD（DateTime[DateKey]，−12，MONTH）的包装器。

格式：SAMEPERIODLASTYEAR(<日期>)

4. 计算环比（前一天/月/季/年）

格式：PREVIOUSDAY(<日期>)
　　　PREVIOUSMONTH(<日期>)
　　　PREVIOUSQUARTER(<日期>)
　　　PREVIOUSYEAR(<日期> [, <年终日期>])

功能：函数 PREVIOUS+（DAY/MONTH/QUARTER/YEAR）是把指定的日期向前移动的函数，参数是一个包含日期的数据表，返回的是一个包含日期的数据表。

说明：PREVIOUSMONTH 函数使用<日期>（输入参数）中的第一个日期作为基准，返回该日期上个月的所有日期。例如，如果<日期>参数中的第一个日期指的是 2019 年 6 月 10 日，则此函数将返回 2019 年 5 月的所有日期。

```
= CALCULATE(('国内销售'[销售额]), PREVIOUSMONTH(Date[DateKey]))
```

7.3.4　筛选相关

筛选相关是指切片器图表所使用的函数，主要包括以下函数。

1. 筛选器选中的值（唯一值）

格式：SELECTEDVALUE(<列名>[, <替代结果>])
功能：返回筛选器选中的值。
说明：
（1）列名：是已存在的一个列名，不能是表达式，当列名的上下文仅被过滤为一个不同的值时，该函数返回该值。
（2）替代结果：可选项，默认值是 BLANK；如果列名的上下文被过滤到 0 个或多个唯一值时，返回替代结果。
（3）当筛选器只被选中一个值时，该函数会返回选中的值。

2. 筛选器选中的值（多值）

格式：VALUES(<列名>)
功能：函数 VALUES 返回一个单列的表，该列由参数列名指定，该表包含该列的所有唯一值。
说明：该函数受到筛选器的影响，在已过滤的上下文中使用 VALUES 函数时，VALUES 返回的唯一值会受到筛选器的影响。例如，如果按地区过滤，并返回城市的列表，则 VALUES 函数仅包括筛选器允许的区域中的那些城市。

```
= COUNTROWS(VALUES('国内销售'[销售订单号]))
```

7.3.5　表之间的关系

表与表的之间可以创建多个关系,但是只有一个关系是活跃的,该关系是默认的关系。默认情况下,度量表达式都会使用默认的关系应用筛选器进行交互计算。

格式：USERELATIONSHIP(<列名 1>, <列名 2>)

功能：使用模型中的现有关系,通过其端点列来标识关系,该函数要在特定计算中指定用户之间的关系。

说明：

(1) 在 USERELATIONSHIP 中,关系的状态并不重要,也就是说,关系是否处于活动状态不会影响该功能的使用。即使关系处于非活动状态,也会被使用并覆盖模型中可能存在但在函数参数中未提及的任何其他活动关系。

(2) USERELATIONSHIP 函数不返回任何值,仅在计算期间启用指定的关系,并且仅用于把筛选器作为参数的函数中,例如 CALCULATE 、CALCULATETABLE 、CLOSINGBALANCEMONTH、CLOSINGBALANCEQUARTER、CLOSINGBALANCEYEAR、TOTALMTD 、TOTALQTD 和 TOTALYTD 。

小结

本章主要介绍了 DAX 及其应用,它是 Power BI 技能进阶的基础。DAX 函数是本章的重点,同时也是本章的难点,可通过反复练习去掌握它们。

问答题

1. 什么是 DAX?
2. DAX 最常用的函数有哪些?
3. FILTER 函数如何使用?
4. CALCULATE 和 CALCULATETABLE 的独特之处是什么?
5. 分组数据的公共表函数是什么?
6. 在 DAX 中使用变量有什么好处?

实验

构建一个报表,在其中使用 DAX。

第 8 章

M 语 言

在 Power BI 系统中除了经常使用的 DAX 语言外,也常常使用 M 语言。这是由于 Power BI 的前身是 Excel 的 PQ(Power Query)和 PP(Power Pivot),PQ 使用的是 M 函数,而 PP 使用的是 DAX 函数,这就造成了为了实现不同的功能而使用不同语言的现象。 PQ 的主要功能是数据清洗,而 PP 的主要功能是数据建模,不同的功能也就形成了两种不同方向的语言。Power BI 的推出主要是整合了 PP 和 PQ 这两大插件,也融合了 Power View 和 Power Map 这两个插件的函数,因此就形成了两种函数同时出现在一个软件中的现象。

M 语言的全称为 Power Query Formula Language,是一种富有表现力的数据查询语言,适用于 Excel 中的 PQ,以及系统桌面版中。M 语言与 DAX 语言在使用上有两点明显的区别:

(1) M 语言是一种脚本语言,与 DAX 这种表达式类语言在书写方面有着明显的区别。M 语言更类似于常用的 JavaScript、PHP 等,而 DAX 语言是一种数据分析语言,属于表达式类语言,与 Excel 中的计算公式十分类似。

(2) 在 Power BI 系统中,M 语言主要是用在查询编辑,属于查询阶段使用的语言,其作用是在将数据导入 Power BI 系统之前对数据进行过滤、组合、转换、筛选等工作。M 语言可以实现将原始数据的"表 1"和"表 2"合并,导入后变成另外一个"表 3",也可以将"表 4"拆分成"表 5"和"表 6"等。而 DAX 是在系统中创建列或者度量值时使用的语言,目的是对已经导入系统中的数据进行处理。DAX 实际上是对数据在 M 语言处理过的基础上进一步加工,是对系统中的数据进行分析。

M 语言虽然和 DAX 语言在使用方法和位置上有显著区别,但是其可实现的功能却有很多相似性,例如对数据进行拆分,实际上使用的是查询编辑器中的拆分列工具,其背后就是调用 M 语言中的 Splitter.SplitTextByDelimiter 函数,来实现在查询的过程中按照间隔符对数据进行拆分。

下面介绍使用 M 语言来导入和转换数据。有些复杂的操作必须借助 M 函数,因为 M 函数更加灵活,简洁高效。M 函数的基本规范是对大小写比较敏感,每一个字母必须按函数规范书写,第一个字母都是大写,表被称为 Table(表格),每行的内容都是一个 Record(记录),每列的内容都是一个 List(条目),行标用大括号{ }。

例如,取第一行的内容:＝表{0}。

Power BI 的第一行从 0 开始,列标用中括号[ ]表示,例如取自定义列的内容表示为:＝表[自定义],取第一行自定义列的内容表示为:＝表{0}[自定义]。

在系统中,数据集由单个查询定义,该查询指定要包含的数据以及如何转换该数据。查询的核心是用 M 语言构建的相互步骤组成,以生成最终数据集。定义数据集后,可以使用它来创建添加到报表的可视化对象,然后可以将其发布到系统服务上。

与许多语言一样,超级查询语句也是由 M 语言的各个元素组成,例如函数、变量、表达式以及原始值和结构值,它们共同定义了形成数据所需的逻辑。

8.1　常用的 M 函数

1. 聚合函数

(1) 求和:List.Sum

(2) 求最小值:List.Min

(3) 求最大值:List.Max

(4) 求平均值:List.Average

2. 文本函数

(1) 求文本长度:Text.Length

(2) 去文本空格:Text.Trim

(3) 取前 n 个字符:Text.Start(文本, n)

(4) 取后 n 个字符:Text.End(文本, n)

3. 提取数据函数

(1) 从 Excel 表中提取数据:Excel.Workbook

(2) 从 CSV/TXT 中提取数据:Csv.Document

4. 条件函数

If…then…else…(相当于 Excel 中的 IF 函数)。

8.2　M 函数的使用

打开"实习项目.pbix",单击"编辑查询"按钮后打开一个新的查询编辑器窗口。为了使用 M 函数,可以新建一个空查询,如果在公式栏中输入♯shared,则会把所有的 M 函数都显示出来,单击某个函数之后,界面的最下方便出现该函数的注释,以便用户了解该函数的使用功能,如图 8-1 所示。

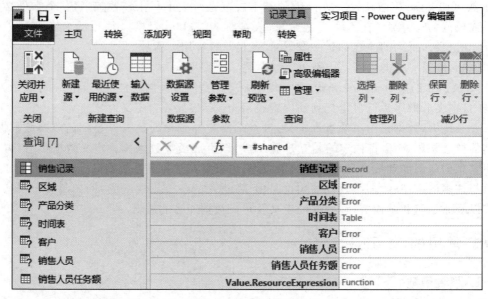

图 8-1　查询编辑器窗口

系统中的每个查询都是一个超级查询表达式,其中包含定义数据集所需的所有代码元素。let 表达式由 let 语句和 in 语句组成,具体的语法表示如下:

```
let
variable = expression [,...]
in
variable
```

说明:

(1) let 语句。

let 语句包括定义查询的一个或多个程序步骤。每个步骤本质上都是一个变量赋值,它由变量名和一个提供变量值的表达式组成。该表达式定义了以特定方式添加、删除或转换数据的逻辑。这是用户将完成大部分工作的地方,在后面的示例中将会看到。

该变量可以是任何支持的超级查询类型。let 表达式中的每个变量都必须具有唯一的名称,但超级查询对名称内容的要求非常灵活。用户甚至可以在名称中包含空格,但是用户必须将其括在双引号中并在其前面加上哈希标记,哈希标记一般用作编程的子程序参数,多数是作用于热键的标记关键码值。变量名称也是用于标识"查询编辑器"右窗格中"已应用的步骤"中的步骤名称,因此在使用时为了便于理解最好是能表达相关内容的名称。

用户可以根据需要和实际情况,在 let 语句中包含尽可能多的程序步骤。如果包含多个步骤,则必须使用逗号进行分隔,每个步骤通常都建立在前一个步骤的基础上,使用该步骤中的变量来定义新步骤中的逻辑。严格地说,用户不必按照逻辑顺序以相同的物理顺序定义程序步骤。例如,用户可以通过在最后一个程序步骤中定义的第一个程序步骤引用变量。但是,这种方法可能使代码难以调试并导致不必要的混淆。编写 let 语句时所接受的是保持物理和逻辑顺序同步的约定。

(2) in 语句。

语法中的 in 语句返回的是一个变量值(步骤名称),它可以是之前的任意一个步骤。in 用于定义数据集的最终状态。在大多数情况下,如果使用的不是最后一个步骤则在步骤名称中不会显示其他步骤名称。用户可以从 let 语句中指定一个不同的变量。如果只需要在特定时间点查看变量的值,则可以在"查询编辑器"的"已应用的步骤"中选择其相关步骤。选择步骤时,实质上是查看关联变量的内容。

8.3 M 函数导航

查询还有很多功能,这里为用户提供在系统中构建自己的查询所需要的基础函数。它还可以让用户更好地了解在使用单击功能导入和转换数据时如何构建查询。通过这种方式,用户可以检查代码以更好地理解为什么可能无法获得预期的结果,也可以使用单击操作开始构建查询,然后使用"高级编辑器"微调数据集或引入通过界面无法轻松实现的逻辑。

要充分利用系统中的超级查询,用户需要深入挖掘 M 语言的各种元素,尤其是内置函数。一般来讲,超级查询是在考虑 Excel 的情况下构建的,因此用户可能会遇到无法传输到 Power BI 桌面系统环境的情况。即便如此,定义语言及其语法的基本原则是相同的,用户对它们的理解越好,在系统中处理数据的工具就越能发挥强大的功能。

下面介绍如何定义、构建自己的超级查询脚本。首先,用户需要向系统添加一个空白查询。单击主窗口中"主页"菜单中的"获取数据"的"更多"命令,然后再导航到"其他"部分,双击"空查询",如图 8-2 所示。此时将会启动查询编辑器,并在"查询"窗格中列出新查询。查询名为"查询 1"或类似编号的名称,具体取决于用户已创建的查询。

然后,用户要根据实际用途来对查询进行重命名。在"查询"窗格中右击"查询 1",在弹出的快捷菜单中选择"重命名"命令,输入用户设定的名称"数据魔方",之后在"视图"菜单中单击"高级编辑器"按钮。在打开的编辑器中定义一个新的 let 表达式,如图 8-3 所示。

let 语句包括一个程序步骤,其中变量名为"源",表达式为空字符串,如双引号所示。注意,该变量也列在 in 语句中,并作为右窗格的"已应用的步骤"中的一个步骤。在此示例中,用户要把变量名称更改为"岩相"。

用户添加的第一个程序步骤是检索 facies.csv 文件的内容并将其保存到"岩相"变量中。要添加此过程,可使用以下表达式替换现有的 let 表达式:

```
let 岩相 = Csv.Document(File.Contents("C:\Users\pc\Desktop\上完课随时更新\facies.csv"), [Delimiter = ",", Encoding = 1252])
in 岩相
```

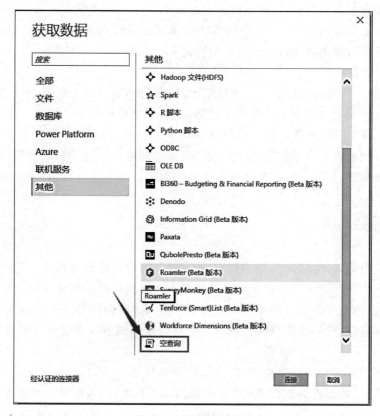

图 8-2　获取数据界面

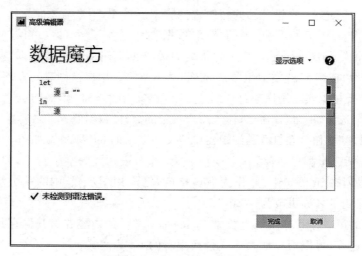

图 8-3　定义新的 let 表达式

说明：

（1）"岩相"变量在 let 语句和 in 语句的程序步骤中指定。这样，let 表达式运行时将返回变量的值。

（2）程序步骤中的表达式包括等号后的所有内容。该表达式使用 Csv. Document 函数将文件的内容检索为 Table 对象。该函数支持多个参数，但只需要第一个参数来标识源数据。作为第一个参数的一部分用户还必须使用 File. Contents 函数返回文档的数据。

（3）第二个参数可以指定为包含可选设置的记录。在超级查询中，记录是由括在括号中的文件的绝对路径加上文件名称，这里是 facies. csv。此示例中的记录包括分隔符和编码选项及其值。"分隔符"选项将逗号指定为 CSV 文档中的分隔符，"编码"选项指定 1252 的文本编码类型，该类型基于 Windows 西欧代码页，为了解决乱码的问题，有时需要把 Encoding＝1252 改为 Encoding＝936。

输入代码后，单击"完成"按钮关闭"高级编辑器"对话框并运行程序步骤。查询编辑器中显示的数据集如图 8-4 所示。

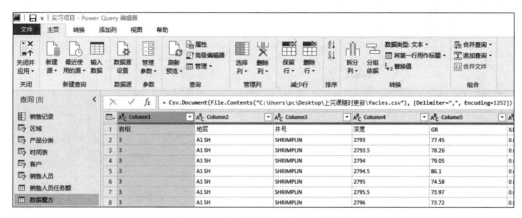

图 8-4　查询编辑器中显示的数据集

注意，"已应用的步骤"中的第一步名为"岩相"，与变量名称相同。程序步骤的表达式也显示在数据集上方的小窗口中。如有必要，用户可以直接在此窗口中编辑代码。

无论何时添加、修改或删除步骤，都应该注意保存更改的信息。一种简单的方法是单击菜单栏左上角的"保存"图标，当系统提示用户应用更改时，单击"应用"按钮即可。

8.4　从数据集中添加、删除列

系统的查询编辑器使用 M 查询语言来定义查询模型，一个 M 查询可以计算一个表达式，并得到一个值。对于用户来说，M 查询语言常用于 Power Query 编辑器中，用于添加计算列，并对数据进行处理。用户只需要知道简单的 M 查询语言函数，就可以利用系统提供的用户界面来实现数据的处理。

1. 访问数据

系统极大地简化了 M 查询语言的使用难度，开发人员可以通过用户界面来修改数据模型，访问数据的函数，例如 Sql. Database 函数，就是从 SQL Server 实例中执行 T-SQL 查询脚本返回表值。

2. 添加列

打开查询编辑器，切换到"添加列"菜单，根据需要向数据模型中添加数据列，添加的列分自定义列和条件列。

1）添加自定义列

根据业务需要，用户可以填写表达式，根据现有的数据列和公式，把结果存储到数据模型中。添加的 M 查询只能用于单个查询中，当 M 查询语言引用右侧的可用列时，需要使用中括号[]来指定，例如下面的"深度"列，如图 8-5 所示。

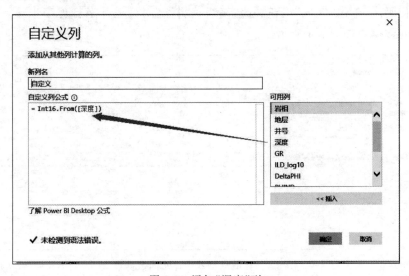

图 8-5　添加"深度"列

2）添加条件列

在单个查询中，根据列的值不同，用户可以使用不同的表达式，这是条件列的使用情况，其中 Value 字段可以是参数、常量值或者数据列。系统根据条件表达式计算新值，并把其添加到数据模型中，如图 8-6 所示。

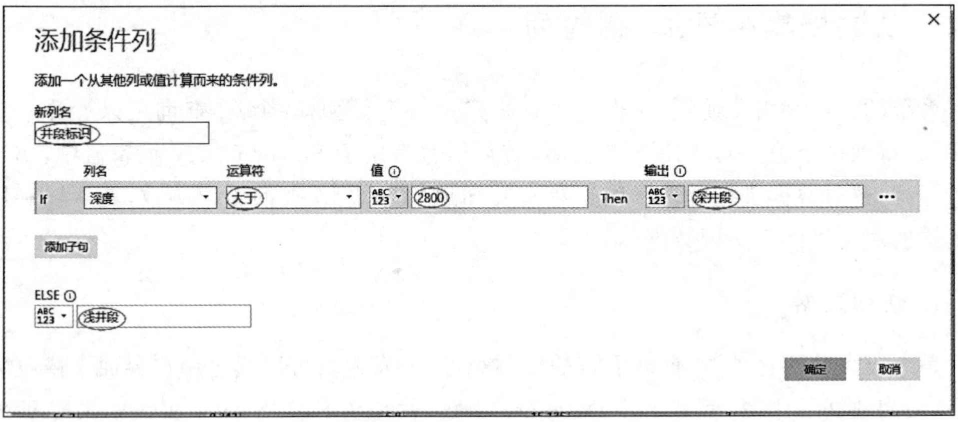

图 8-6　添加到数据模型

3. 删除列

用户也可以实现删除列的操作,如添加 let 语句从数据集中移除上面刚刚创建的"自定义"列。由于用户的数据集保存为"表"对象,因此用户可以从各种超级查询"表"函数中进行选择以更新数据。此步骤的主要功能是用户将使用 Table. removeColumns 函数筛选出指定的列。

单击"高级编辑器"以返回查询。要删除列,请在第一个程序步骤后添加逗号,然后在新行上定义下一个变量/表达式对,编写的程序代码如下:

```
let
删除列 = Table.RemoveColumns(已添加条件列, "自定义")
in
删除列
```

说明:Table. RemoveColumns 函数需要以下两个参数。

(1)第一个参数指定要更新的目标表,在本示例中,它是上一步中的"已添加自定义"变量。

(2)第二个参数指定要删除的单个列或列的列表。此示例仅指定"已添加自定义"表中的"自定义"列。

单击"完成"按钮,关闭"高级编辑器"对话框,然后保存并应用更改,结果如图 8-7 所示。

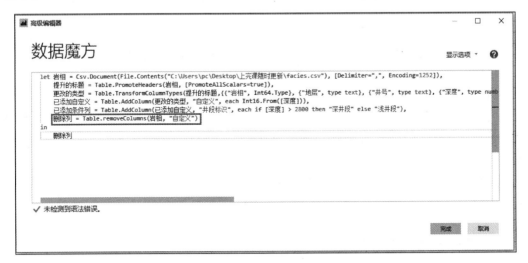

图 8-7 运行结果

从图 8-7 中可以看到,"删除列"步骤已添加到"已应用的步骤"中,而"自定义"列不再包含在数据集中。如果要添加更多程序步骤,可按照上述方法进行操作。

8.5 将第一行升为标题

用户可以将数据集第一行中的值提升到标题行，以使这些值成为列名。操作结果如图 8-8 所示。

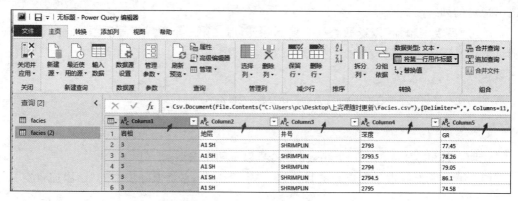

图 8-8 将第一行提升到标题行

要完成将第一行升为标题，单击"将第一行用作标题"图表的下拉菜单，然后选择"将第一行用作标题"命令，这样数据集的第一行就晋升到标题拦了。单击"高级编辑器"按钮，弹出"高级编辑器"对话框，用户会发现在 let 语句下，有以下表达式：

提升的标题 = Table.PromoteHeaders(源, [PromoteAllScalars = true])

功能：该表达式使用 Table.PromoteHeaders 函数将第一行提升为列标题。

说明：

（1）函数的第一个参数是必需的，并指定用作源数据的表（"源"变量）。

（2）第二个参数 PromoteAllScalars 是可选的，默认情况下，超级查询仅提升文本和数字值。当包含 PromoteAllScalars 参数并将其设置为 true 时，超级查询会将第一行中的所有标量值提升为标题。

（3）表达式的结果被分配给"提升的标题"变量，而此变量名必须呈现在 in 语句中，获得输出应用。

8.6 重命名数据集列

用户可以使用 Table.renameColumns 函数重命名多个列，该函数返回一个新的"表"对象，其列名更新为指定的名称。要对列重命名，需要在 let 语句中添加以下程序步骤，确保在前一个语句后插入逗号：

重命名的列 = Table.RenameColumns(提升的标题, {{"深度", "深度(米)"}})

说明：

（1）Table.RenameColumns 函数需要两个参数：第一个是目标表的名称（上一步中的"提升的标题"变量）；第二个是旧列名称和新列名称的列表。

（2）在超级查询中，列表是一个有序的值序列，用逗号分隔并用大括号括起来。在此示例中，列表中的每个值有其自己的列表，主要包含两个值：旧列名称和新列名称。

8.7　过滤数据集中的行

本示例要过滤掉 GR 列中包含的 NA 行，然后过滤掉 GR 值为 20 或更小的行。由于 GR 列在导入时自动输入为"文本"数据类型，因此需要分以下 3 步过滤数据。

1. 过滤掉 NA 的值

用户可以将以下变量/表达式对添加到代码中：

```
过滤掉 NA = Table.SelectRows(重命名的列, each[GR]<>"NA")
```

说明：

（1）Table.SelectRows 函数返回一个表，该表仅包含与定义的条件匹配的行（GR 不等于 NA）。正如用户在前面的示例中看到的一样，函数的第一个参数是目标表，在本例中是前一步骤中的"重命名的列"变量。

（2）第二个参数是对表达式指定 GR 值不得等于 NA。each 关键字表示表达式应该应用于目标表中的每一行。因此，分配给"过滤掉 NA"变量的新表将不包含 GR 值为 NA 的任何行。

2. 将 GR 文本数据类型转换为数字数据类型

删除 NA 值后，应将 GR 列转换为"数字"数据类型，以便更有效地处理数据，例如能够根据数字大小筛选数据。要转换 GR 列的类型为新数据类型时，将以下变量/表达式对添加到 let 语句中：

```
更改的类型 = Table.TransformColumnTypes(过滤掉 NA,{{"GR", Int64.Type}})
```

将 GR 列的类型更改为 Int64 类型。这样，用户将按整数而不是文本引用 GR。

说明：

（1）Table.TransformColumnTypes 函数用来更改数据类型。

（2）第一个参数是目标表"过滤掉 NA"的名称。

（3）第二个参数是要更新列的列表及其新数据类型。每个值都是自己的列表，其中包含列的名称和类型。

3. 筛选 GR 小于 20 的数据

使用数字类型更新 GR 列后，用户可以根据数值大小筛选 GR 值，可以在程序中加上如下代码：

```
过滤掉 GR 小于 20 = Table.SelectRows(更改的类型, each[GR]> 20)
```

说明：显示给用户的数据集应只包含所需的数据，因为它存在于"过滤掉 GR 小于
20"变量中。

8.8 替换数据集中的列值

用户在实际工作中经常会遇到将一个列值替换为另一个列值的情况，下面介绍如何
使用 M 语言来完成此类操作。例如，用户需要将 ILD_log10 列中的 0.179 值替换为 0，将
1.48 值替换为 1.5。替换 0 值，需要在代码中添加以下程序步骤：

```
替换数据 = Table.ReplaceValue(筛选的行, "0.179", "0", Replacer.ReplaceValue, {"ILD_
log10"}),
```

说明：Table.ReplaceValue 函数需要以下 5 个参数。

（1）table：目标表，在本例中是上一步中的"筛选的行"变量。

（2）oldValue：要替换的原始值，这里是 0.179。

（3）newValue：将替换原始值的值，这里是 0。

（4）replacer：执行替换操作的替换者功能，这里是 Replacer.ReplaceValue。

（5）columnsToSearch：应替换其值的一列或多列，这里是 ILD_log10 列。

用户可以从几个与 Table.ReplaceValue 函数一起使用的函数中进行选择，以更新
值。在这种情况下，因为正在替换文本值，所以可以使用 replacer.ReplaceText 函数。替
换 0 值后，可以使用相同的结构将 1.5 值替换。

8.9 更改列值的大小写

用户修改列值的另一种方法是更改它们的大小写方式。在此示例中，用户将更新"地
层"列中的值，以便首字母大写，而不是全部大写。要进行这些更改，需要将以下程序步骤
添加到 let 语句中：

```
改变大小写 = Table.TransformColumns(删除列, {"地层", Text.Proper})
```

功能：该表达式使用 Table.TransformColumns 函数来更新值。

说明：

（1）该功能需要两个参数：第一个是要更新的表；第二个是要执行操作的列名和函
数名。对于每个操作，用户必须提供目标列和执行操作的表达式。

（2）对于此示例，只有一个操作，因此用户只需指定包含在大括号中的"地层"列和
Text.Proper 函数。该函数将"地层"列中每个单词的第一个字母转换为大写。

此时，用户的 let 表达式应该与以下代码类似：

```
let 岩相 = Csv.Document(File.Contents("C:\Users\pc\Desktop\上完课随时更新\facies.
csv"), [Delimiter = ",", Encoding = 1252]),
```

　　　　提升的标题 = Table.PromoteHeaders(岩相,[PromoteAllScalars = true]),
　　　　更改的类型 = Table.TransformColumnTypes(提升的标题,{{"岩相", Int64.Type},{"地层",
type text},{"井号", type text},{"深度", type number},{"GR", type number},{"ILD_log10",
type number},{"DeltaPHI", type number},{"PHIND", type number},{"PE", type number},{"NM_M",
Int64.Type},{"RELPOS", type number}}),
　　　　已添加自定义 = Table.AddColumn(更改的类型, "自定义", each Int16.From([深度])),
　　　　已添加条件列 = Table.AddColumn(已添加自定义, "井段标识", each if [深度] > 2800 then
"深井段" else "浅井段"),
　　　　删除列 = Table.RemoveColumns(已添加条件列, "自定义"),
　　　　改变大小写 = Table.TransformColumns(删除列, {"地层", Text.Proper})
　　in
　　　　改变大小写

　　let 语句包括构成查询的所有步骤,每个步骤的构建都是基于前一步骤的。图 8-9 显示了列名"地层"中的所有英文单词首写字母都转换为大写字母。

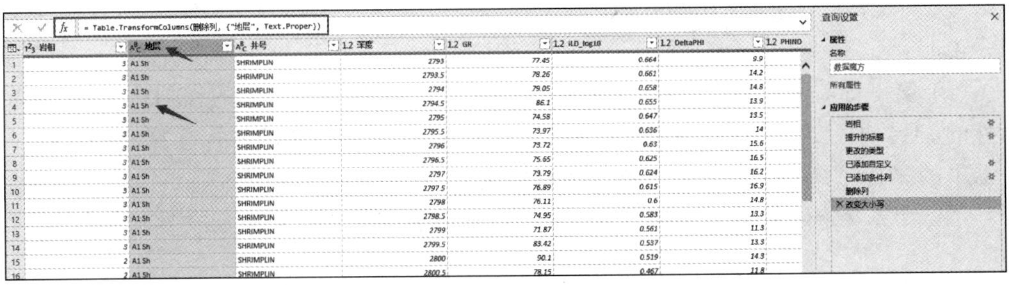

图 8-9　用 M 语言把首写字母转换为大写

　　注意,"已应用的步骤"为 let 语句中定义的每个变量包含一个步骤,以与它们在语句中出现的顺序来指定相同的顺序。如果选择一个步骤,则主窗口中显示的数据将反映相关变量的内容。

8.10　将计算列添加到数据集

　　到目前为止,let 语句中的每个程序步骤都表示在前一步骤上构建的离散操作。但是,在某些情况下,用户可能在构建的过程中不需要按照以上顺序进行。例如,用户可能希望创建一个计算列,显示乘客年龄与该性别的平均年龄之间的差异。以下步骤概述了用户可以对此列采取的一种方法:
　　(1) 计算女性乘客的平均年龄并将其保存到变量中。
　　(2) 计算男性乘客的平均年龄并将其保存到变量中。
　　(3) 添加使用这两个变量的列来计算年龄差异。
　　(4) 将年龄差异四舍五入到更可读的小数位数(此步骤是可选的。)
　　要执行这些步骤,需要在 let 语句中添加以下程序步骤:

```
//根据平均年龄添加计算列
let
源 = Csv.Document(File.Contents("C:\Users\pc\Desktop\清华出书\titanic_clean.csv"),
```

```
[Delimiter = ",", Columns = 16, Encoding = 1252, QuoteStyle = QuoteStyle.None]),
提升的标题 = Table.PromoteHeaders(源, [PromoteAllScalars = true]),
ChangeCase = Table.TransformColumnTypes(提升的标题,{{"No", Int64.Type}, {"pclass",
Int64.Type}, {"survived", Int64.Type}, {"name", type text}, {"sex", type text}, {"age",
type number}, {"sibsp", Int64.Type}, {"parch", Int64.Type}, {"ticket", type text},
{"fare", type number}, {"cabin", type text}, {"embarked", type text}, {"boat", type text},
{"body", type text}, {"home.dest", type text}, {"has_cabin_number", Int64.Type}}),
    Female = Table.SelectRows(ChangeCase, each [sex] = "female"),
AvgFemale = List.Average(Table.Column(Female, "age")),
    Male = Table.SelectRows(ChangeCase, each [sex] = "male"),
AvgMale = List.Average(Table.Column(Male, "age")),
AddCol = Table.AddColumn(ChangeCase, "AgeDiff", each if[sex] = "female" then AvgFemale -
[age] else AvgMale-[age]),
roundDiff = Table.TransformColumns(AddCol, {"AgeDiff", each Number.Round(_,2)})
in
roundDiff
```

说明：

（1）第一行前面有两个斜杠，表示单行注释。斜杠到行尾之后的任何内容都只是信息性的，不会被处理。超级查询还支持以/＊开头并以＊/结尾的多行注释，就像 SQL 服务器中的多行注释一样。是否要包含注释取决于用户。

（2）计算女乘客的平均年龄。以下两个程序步骤为用户提供普通女性的年龄值。

```
Female = Table.SelectRows(ChangeCase, each [sex] = "female"),
AvgFemale = List.Average(Table.Column(Female, "age")),
```

说明：

① 使用 Table.SelectRows 函数生成一个表，该表仅包含 sex 值为 female 的行。此处使用的函数与用户之前看到的相同，只是滤掉了不同的数据并将结果保存到 Female 变量中。注意，该函数的源表是上一步中的 ChangeCase 变量。

② 使用 List.Average 函数计算 Female 表中 age 值的平均值。表达式返回一个标量值，该值保存到 AvgFemale 变量中。该功能只需要一个参数。该参数包括第二个函数 Table.Column，它将 age 列中的值传递给 List.Average 函数。

（3）找出男性乘客的平均年龄。

用户可以使用相同的结构，只需进行一些小的更改：

```
Male = Table.SelectRows(ChangeCase, each [sex] = "male"),
AvgMale = List.Average(Table.Column(Male, "age")),
```

注意，在调用 Table.SelectRows 函数时，必须再次使用 ChangeCase 变量作为源表，即使它不再是直接在新表之前的步骤。实际上，用户可以使用表达式中的任何先前变量，只有这样做才是有意义的。

（4）使用 AvgFemale 和 AvgMale 变量，用户现在可以使用 Table.AddColumn 函数添加列：

```
AddCol = Table.AddColumn(ChangeCase, "AgeDiff", each if[sex] = "female" then AvgFemale -
```

[age] else AvgMale - [age]),

说明：

① Table. AddColumn 函数需要 3 个参数：第一个是目标表，也就是 ChangeCase；第二个是新列的名称 AgeDiff；第三个参数是用于生成列值的表达式。

② 表达式以 each 关键字开头，每个关键字遍历目标表中的每一行。

③ if…then…else 表达式根据乘客是男性还是女性来计算行的值。如果 sex 值等于 female，则 AgeDiff 值设置为 AvgFemale 值减去 age 值，否则设置 AgeDiff 值为 AvgMale 值减去 age 值。

（5）定义新列后，最后的程序步骤将 AgeDiff 值保留两位小数。

```
roundDiff = Table.TransformColumns(AddCol, {"AgeDiff", each Number.Round(_,2)})
```

说明：

① 该表达式包括用户之前看到的 Table. TransformColumns 函数，但使用 Number. round 函数来舍入值，而不是更改它们的大小写。

② Number. round 函数有两个参数：第一个是下画线，表示列的当前值；第二个是 2，表示该值保留两位小数。

这样就完成了创建计算列所需的步骤。图 8-10 显示了查询编辑器中用户的 M 语言运行的结果。

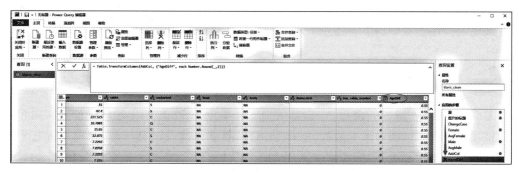

图 8-10　用 M 语言进行添加列后 2 位小数等操作

注意，"应用的步骤"中包含了用于查找平均年龄的变量，即使代码中的 AddCol 步骤构建在 ChangeCase 变量上。用户可以通过选择"应用的步骤"中的步骤来查看这些变量的内容。图 8-11 中显示保存到 Female 变量的数据。

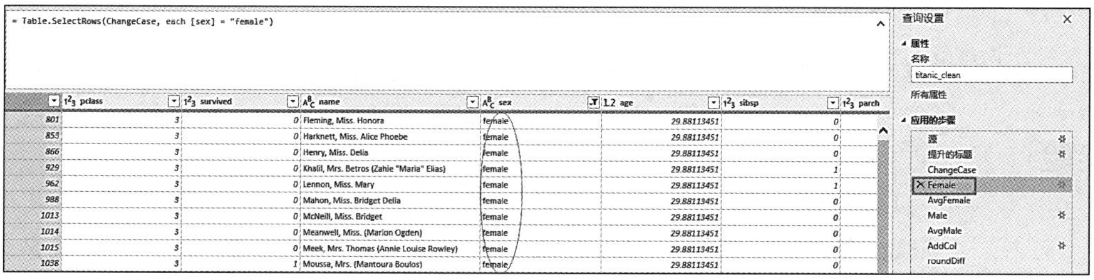

图 8-11　用 M 语言对以前步骤进行操作

如果选择用于存储实际平均值的变量之一，则查询编辑器将仅显示其标量值，如图 8-12 所示。

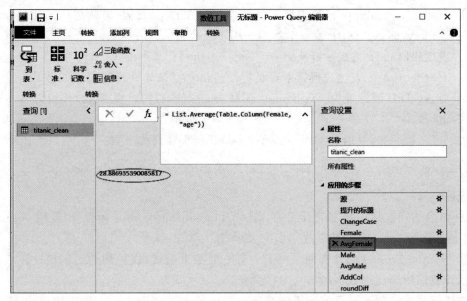

图 8-12　用 M 语言进行标量计算

现在，查询编辑器仅显示 AvgFemale 变量的内容，这是一个相当冗长的数字，因此建议在最终的程序步骤中用 Number. round 函数舍入计算列中的值。

小结

熟练掌握了 M 函数的使用，标志着用户已经掌握了 Power BI 的高级技能。用户可以把常用的 M 函数，例如文本函数、字符串函数、日期函数等浏览一遍，熟练掌握它们的应用。同时要善于思考，例如比较一下用 Power BI 进行过滤和替换操作与用 M 函数进行过滤和替换的不同点和相同点。

问答题

1. 为什么要学习 M 函数？
2. M 函数书写的基本规范是什么？
3. 从哪里查找 M 函数？

实验

打开一个报表，在数据处理过程中碰到鼠标操作难以完成的问题，有哪个 M 函数可以利用？直接查找并根据注释使用或者修改相应的 M 函数。

第 9 章

R 脚本语言

　　R 脚本语言是目前非常流行、免费且开源的统计分析软件，R 脚本语言在数据分析、统计建模、数据可视化等方面功能都十分强大，是统计学家、数据科学家和业务分析师使用最广泛的一种编程语言，并且它的各种程序包是由志愿者源源不断提供的。R 脚本语言是一种用于处理数据和创建可视化的强大语言，它是一种专门用于数据分析和统计的脚本语言，虽然 Power BI 系统中使用的只是它的数据可视化功能，并且使用 R 脚本语言的主要目的是导入数据和创建可视化。它同时也广泛应用于每一个需要统计和数据分析的领域。系统默认的是没有安装 R 脚本语言的，所以在使用 R 脚本语言之前，必须在系统中安装 R 引擎。用户可以使用 R 脚本语言加载数据、对数据进行转换和处理，使用 R 脚本语言图形化显示数据，这意味着系统对 R 脚本语言的支持是深度融合的，在数据处理的各个阶段都能使用 R 脚本语言。而且，为了便于开发人员使用 R 脚本语言进行编程，系统可以直接调用 R 脚本语言外部的 IDE，更好地提升编程体验。

9.1　安装 R 引擎

　　在使用 R 脚本语言之前，用户必须在本地主机中安装 R 引擎。从"文件"菜单中选择"选项和设置"选项，打开"选项"对话框，切换到"R 脚本"，根据提示来安装 R 引擎和 R 外部 IDE。R 引擎安装的根目录由"设置 R 主目录"指定，用于 R 编程的外部 IDE 由"浏览到所需的 R IDE；"指定，如图 9-1 所示。R 外部的 IDE 是 R Studio-1.2.500，R 根目录是 C:\Program Files\Microsoft\R Open\R-3.5.3。如果本地主机已经安装了 R 引擎和 R IDE，Power BI 会自动探测到，用户只需要从下拉列表中选择相应的列表选项。

图 9-1　R 脚本语言引擎的安装与导入

9.2　数据加载

使用 R 脚本语言脚本加载数据时，脚本必须至少返回一个数据框，作为导入表的基础。如果脚本返回多个数据框，则说明用户可以选择要包含哪些数据框作为导入过程的一部分，系统将为每个导入的数据框创建一个表。

要使用 R 脚本语言将数据导入系统，需要单击"主页"菜单中的"获取数据"按钮，弹出"获取数据"对话框，导航到"其他"类别中的"R 脚本"选项，如图 9-2 所示。

单击"连接"按钮时，系统将弹出"R 语言脚本"对话框，用户可以在其中输入或粘贴 R 脚本语言。对于第一个示例，使用以下 R 脚本语言从内置数据集 iris 中检索数据，并将其分配给 iris_raw 变量，语法格式为：

```
iris_raw <- iris
```

在系统中，即使不以任何方式修改数据框，也必须将数据集分配给变量。如果用户只输入数据集的名称（如在 IDE 中那样），则无法将任何数据框导入系统。在将脚本输入"R 脚本"对话框之前，应在 IDE 中对其进行测试，以确保其正常运行并返回用户期望的结果。如果用户的脚本在系统中生成错误，则它很难通过，用户必须重新开始导入过程。一旦确定脚本已准备就绪，就可以将其输入"脚本"文本框内，如图 9-3 所示。

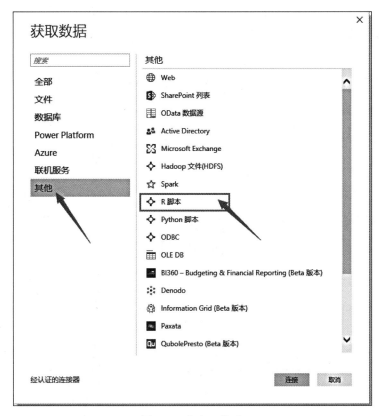

图 9-2　选取 R 脚本

图 9-3　输入 R 脚本导入数据集

　　输入脚本之后单击"确定"按钮,系统将处理该脚本,然后弹出"导航器"对话框,该对话框允许用户选择要导入的数据帧以及每个数据框的示例数据。在这种情况下,R 脚本语言仅返回 iris_raw 数据帧,因此它是唯一可用的数据帧,如图 9-4 所示。

　　在"导航器"对话框"显示选项"部分的 R 脚本语言文件夹下列出数据框。用户必须选中与要导入的每个数据框关联的复选框。完成选择后,单击"加载"按钮。在系统加载数据后,用户可以在"数据"视图中查看数据集,如图 9-5 所示。

图 9-4 "导航器"对话框

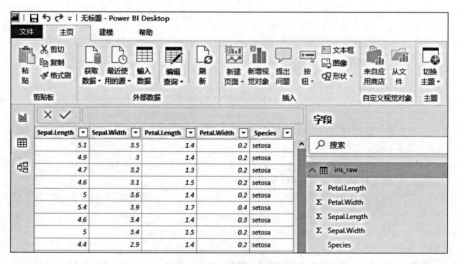

图 9-5 导入数据显示图

数据是数据分析的原材料，R 脚本是 Power BI 系统加载数据的一种方法，它的主要工作流程是：系统执行 R 脚本，按照 R 代码逻辑对数据源进行加工和处理，把最终的数据加载到系统中，创建一个查询，用于代表该数据集。和其他加载方式一样，用户需要通过"获取数据"按钮来加载数据，从"其他"分类中，选择"R 脚本"，单击"连接"或者单击"R

脚本"图标后,弹出"R 脚本"对话框。如果要输入 R 脚本,则该脚本末尾包含一个数据框作为最终的输出,如图 9-6 所示。

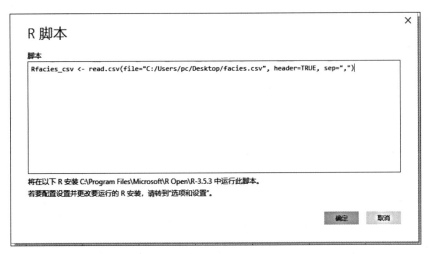

图 9-6　导入 R 脚本语言算法

单击"确定"按钮后,R 引擎会产生一个数据集,如图 9-7 所示。

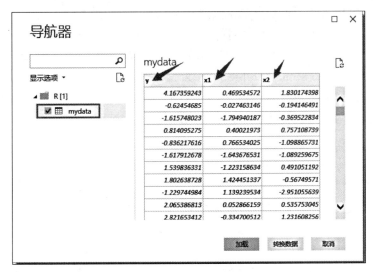

图 9-7　用 R 脚本语言算法导入的数据集

在某些情况下,用户可能希望从文件导入数据,而不是使用其中一个内置数据集。例如,假设用户已将 iris 数据集复制到 CSV 文件,该文件已保存到本地驱动器上的 C:\DataFiles\文件夹中,则可以使用以下语句轻松地将数据集拉入 R 脚本数据框,如图 9-8 所示。

脚本代码:

```
Rfacies_csv <- read.csv(file = "C:/Users/pc/Desktop/facies.csv", header = TRUE, sep = ",")
```

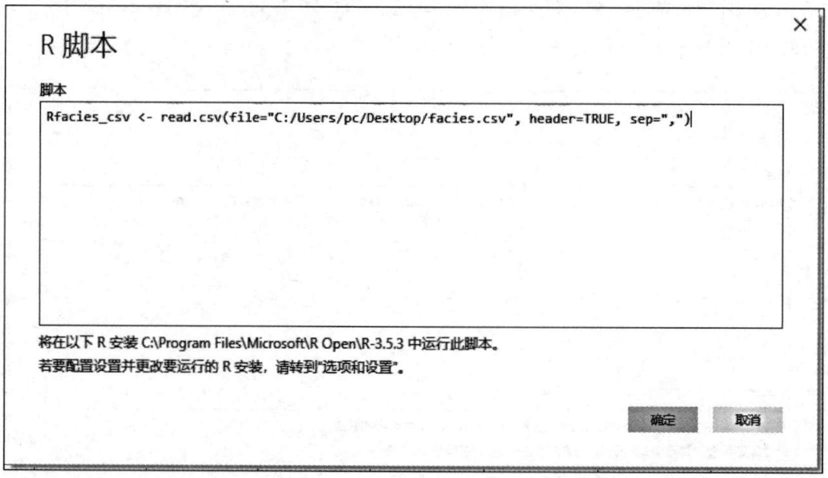

R 脚本   ×

脚本

```
Rfacies_csv <- read.csv(file="C:/Users/pc/Desktop/facies.csv", header=TRUE, sep=",")
```

将在以下 R 安装 C:\Program Files\Microsoft\R Open\R-3.5.3 中运行此脚本。
若要配置设置并更改要运行的 R 安装，请转到"选项和设置"。

确定   取消

图 9-8   用 R 脚本导入本地数据集

功能：该语句使用 read.csv 函数来读取 facies.csv 文件的上下文。

说明：

（1）header 参数设置为 TRUE 以指示应将第一行值创建为标题。

（2）sep 参数指示使用逗号分隔文件中的数据值。

（3）用户可以使用前一个示例中描述的相同过程从 iris_csv 数据框导入数据。

由于能够安装具有附加功能的软件包，则导致 R 脚本语言非常灵活，并且有几种语言可以帮助分析。dplyr 和 data.table 包提供了用于处理数据帧的有用函数，ggplot2 对可视化非常有用，如果用户要在系统中使用它们，必须先在系统上安装。用户可以通过 IDE 来安装，在本例中为 R 脚本 Studio。启动 Studio 并运行以下命令：

```
install.packages("dplyr")
install.packages("data.table")
install.packages("ggplot2")
```

安装软件包之后，用户可以使用 R 脚本中的库函数在导入数据时调用该软件包。这允许用户使用包中包含的功能，例如 group_by 和 summarize 功能。在将数据导入系统时，能够使用 R 脚本的最大好处就是可以在导入过程中操作数据。

例如，以下使用 R 脚本包中提供的 summarize 和 group_by 函数，在导入数据之前对数据进行分组和聚合，语法格式为：

```
library(dplyr)
iris_mean<- summarize(group_by(iris, Species),
slength = mean(Sepal.Length), swidth = mean(Sepal.Width),
plength = mean(Petal.Length), pwidth = mean(Petal.Width))
```

把上面 4 行代码放入"R 脚本"对话框中的"脚本"框后，单击"确定"按钮运行，就可以得到如图 9-9 所示的结果数据。

其中，group_by 函数准备数据供另一个函数使用，主要功能是实现数据的汇总。在此示例中,汇总函数与平均函数结合使用,以查找 4 个度量中每个度量的均值,并根据"物种"列中的值进行分组。

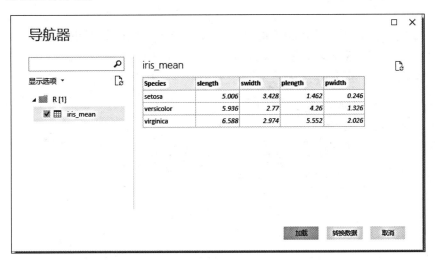

图 9-9 用 R 脚本语言进行数据分类、计算

现在回到上面的 R 脚本语言语句,应注意聚合数据保存到 iris_mean 变量中。这是导入系统时分配给数据集的名称,单击图 9-9 中的"加载"按钮,得到如图 9-10 中的结果。

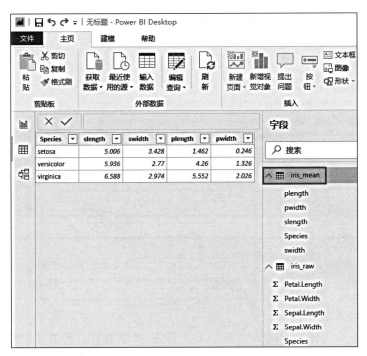

图 9-10 R 脚本语言处理的聚合数据集

当然,用户可以编写更复杂的 R 脚本语言来实现更多的功能,对 R 脚本使用越熟练,其功能所发挥出的作用就越大。

9.3 数据转换

有时用户可能希望使用 R 脚本语言来操作已导入系统的数据集。查询编辑器包括将 R 脚本语言应用于数据集以转换数据,但在修改数据之前,需先查看图 9-11 中显示的内容,其中显示了在应用任何转换之前 iris_raw 数据集在查询编辑器中的状态。

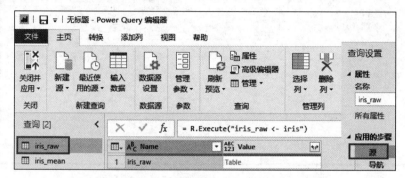

图 9-11   iris_raw 数据集在查询编辑器中的状态

注意,"已应用的步骤"里包括两个步骤:源和导航。在图 9-11 中右侧所示选择了"源"步骤,并在查询编辑器的主窗格中显示一个小表。该表表示初始导入操作,每个返回的数据帧包含一行。在这种情况下,因为只有 iris_raw 数据帧,所以该表只包含一行。Value 列中的"表"值表示与该数据框关联的数据,选择此值将进入第二个步骤:"导航"步骤。这是实际导入的数据,如图 9-12 所示。每当用户使用 R 脚本语言导入数据时,系统都会添加"源"步骤和"导航"步骤。

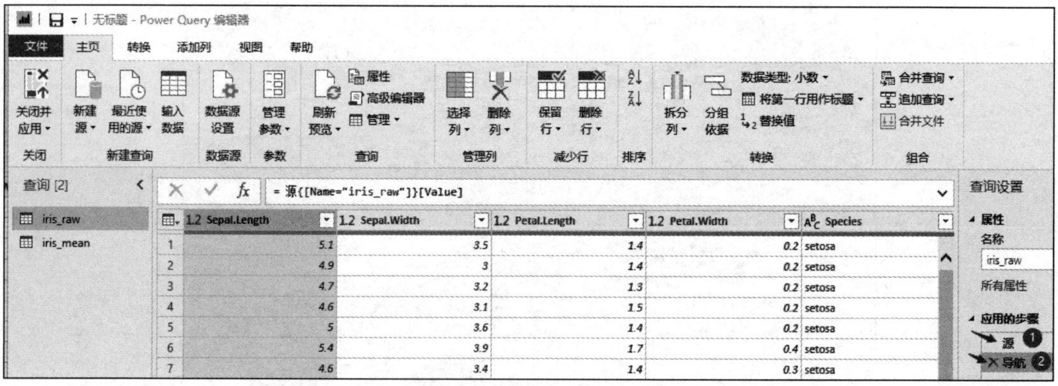

图 9-12   系统记录每步操作

现在来看看如何针对 iris_raw 数据集运行 R 脚本语言。为简单起见,在导入 iris_mean 数据集时使用相同的聚合逻辑。主要区别在于,在引用数据集时必须使用数据集变量,而不是指定 iris,如运行上节中的以下脚本:

```
library(dplyr)
```

```
iris_mean <- summarize(group_by(dataset, Species),
slength = mean(Sepal.Length), swidth = mean(Sepal.Width),
plength = mean(Petal.Length), pwidth = mean(Petal.Width))
```

要在查询编辑器中运行此脚本或任何 R 脚本语言,在查询编辑器窗口,单击"转换"菜单中的"运行 R 脚本"按钮,弹出"运行 R 脚本"对话框,其中包含"脚本"文本框,用户可以在其中输入或粘贴脚本。图 9-13 显示了包含上述 R 语言脚本的"运行 R 脚本"对话框。请注意,系统添加了一条注释,指出了数据集变量包含输入数据。输入数据是查询编辑器中的活动数据集,在本例中是 iris_raw 数据集。

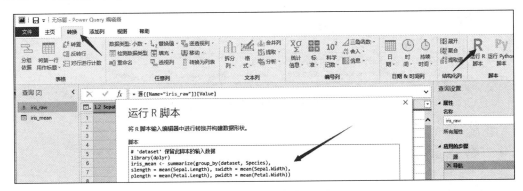

图 9-13　运行 R 脚本的过程

输入脚本并单击"确定"按钮后,查询编辑器会向"已应用的步骤"中添加两个步骤:"运行 R 脚本"和 iris_mean。这两个步骤的工作方式与前两个步骤一样,即源和导航。第一个反映脚本返回的数据帧,第二个反映所选数据帧,如图 9-14 所示。

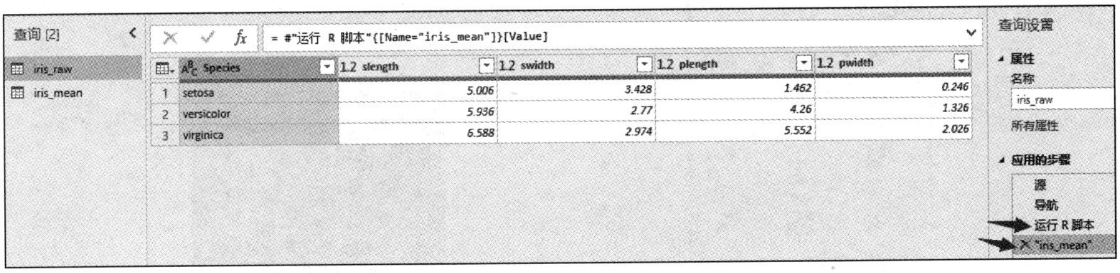

图 9-14　运行 R 脚本语言的结果

与使用 R 语言导入数据一样,针对数据集运行 R 语言脚本为用户提供了一个强大的工具来处理导入的数据,无论数据是从数据库系统、在线服务还是文本文件导入,R 语言都能够处理。

如果是在查询编辑器中,切换到"转换"菜单,用户可以使用"运行 R 脚本"对数据进行转换加工,以生成新的查询。

用户可以使用 R 脚本对数据进行转换操作。用户编写 R 脚本对现有的数据进行转换操作,需要单击"运行 R 脚本"图标,系统自动创建一个数据集变量,该变量是数据框类型,作为转换的输入数据。R 脚本转换对数据集进行数据处理,最终生成适合业务逻辑的输出数据,输出数据的变量名是 output,类型是数据框。

注意，如果查询中包含日期类型的字段，需要先把日期转换为字符（文本）类型，执行完 R 脚本之后，再把该字段转换为日期类型，如图 9-15 示例所示。

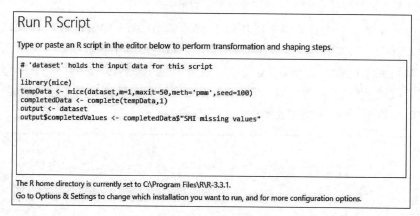

```
Run R Script

Type or paste an R script in the editor below to perform transformation and shaping steps.

# 'dataset' holds the input data for this script
library(mice)
tempData <- mice(dataset,m=1,maxit=50,meth='pmm',seed=100)
completedData <- complete(tempData,1)
output <- dataset
output$completedValues <- completedData$"SMI missing values"



The R home directory is currently set to C:\Program Files\R\R-3.3.1.
Go to Options & Settings to change which installation you want to run, and for more configuration options.
```

图 9-15   运行 R 脚本

9.4   数据显示

在视觉列表中，单击"R 脚本 Visual"图标，启用 R 脚本视觉对象之后，向 R 脚本编辑器中输入字段，如图 9-16 所示。

例如，向 R 脚本编辑器中插入两个字段 x1 和 x2，该字段作为 R 脚本 Visual 的输入字段，如图 9-17 所示。

图 9-16   视觉列表

图 9-17   视图组件

系统会自动创建数据框数据集，移除重复的数据行。用户编写自定义代码，对输入数据集进行处理和重塑，最后编写代码显示数据，如图 9-18 所示。

一般来说，R 脚本包含两部分：一是用于处理数据的代码；二是用于绘图的代码。用户在使用过程中，只有在"报表"视图中用 R 语言创建可视化对象时，才会将 IDE 与系统关联。通过关联 IDE，用户可以从系统中启动 IDE 并在那里处理可视化脚本。

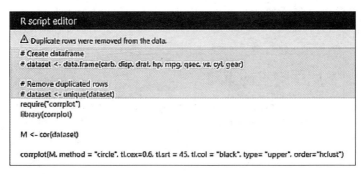

图 9-18　R 脚本编辑器

9.5　创建可视化

系统的另一个重要功能是使用 R 脚本在报表视图中创建可视化。在大多数情况下，这个过程与在其他方面使用 R 脚本一样。除此一点，R 脚本能自动分组和汇总数据。用户可以向数据集添加能够唯一标识出每一行的列，类似于 SQL 服务器表中的"身份"列。如果用户使用 R 脚本导入数据，则可以在导入过程中添加该列。例如，以下 R 脚本根据数据集的索引（行名称）向 iris 数据集添加标识符列：

```
library(data.table)
iris_id <- iris
iris_id <- setDT(iris_id, keep.rownames = TRUE)[]
setnames(iris_id, 1, "id")
iris_id$id <- as.integer(iris_id$id)
```

说明：

（1）该脚本首先调用 data.table 包，该包提供了处理数据框对象的功能（如果尚未安装该软件包请务必安装该软件包）。

（2）setDT 函数以及 keep.rownames 参数根据索引值创建新列。注意，在使用 setDT 函数之前，必须先将 iris 数据集分配给 iris_id 变量。这是因为该函数直接对数据集进行更改，而内置数据集（如 iris）无法对其进行更改。

（3）创建列后，用户可以使用 setnames 函数将第一列的名称从默认（R 语言 n）更改为新名称（id）。最后一步是将列数据类型更改为整型。

（4）使用 iris_id 数据集，用户可以使用它来基于 R 脚本创建可视化。要添加基于 R 脚本的可视化，需要转到"报表"视图，然后单击"可视化"窗格上的"R 语言"按钮。第一次执行此操作时，系统将提示用户启用脚本视觉对象，如图 9-19 所示。只需单击"启用"按钮，用户就可以开始使用了。

单击"可视化"窗格上的"R 语言"按钮时，系统会向报表添加图形占位符，并打开"R 脚本编辑器"窗格。如果用户在执行任何脚本之前，确定将在可视化中使用的数据集列，最简单的操作方法是将列从"字段"窗格拖到"可视化"窗格的"值"上，主要是确保包含在数据集上创建的标识符列。对于此示例，添加 id、Species、Petal.Length 和 Petal.Width 列，如图 9-20 所示。

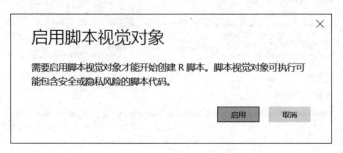

图 9-19 启用 R 脚本可视化对象

图 9-20 进入 R 脚本可视化对象

添加列时，系统会在"R 脚本编辑器"窗格中插入多个注释。前两条注释表示已根据用户添加到"可视化"窗格的"值"中的列创建了名为数据集的数据框。用户必须使用数据集来引用 R 脚本中的源数据。后两条注释以及窗格顶部的警告消息表明已从数据集中删除了重复的行，这就是用户需要添加标识符列的原因。

在图 9-20 的下方，用户可以输入或粘贴 R 脚本。对于此示例，使用以下脚本创建基本散点图：

```
library(ggplot2)
ggplot(data = dataset, aes(x = Petal.Width, y = Petal.Length)) +
geom_point(aes(color 语言 = Species), size = 3) +
ggtitle("Petal Widths and Lengths") +
labs(x = "Petal Width", y = "Petal Length") +
theme_bw() +
theme(title = element_text(size = 15, color = "blue3"))
```

说明：

（1）该脚本使用 ggplot2 包中的 ggplot 函数（确保已安装 ggplot2 包），以创建具有指定颜色和标签的可视化。

（2）Petal.Width 列用于 X 轴，Petal.Length 列用于 Y 轴，Species 列用作绘图颜色的基础。

定义 R 脚本语言后，单击"R 脚本编辑器"窗格顶部的"运行脚本"按钮。当用户第一次单击"R 语言"按钮时，系统会处理脚本并在先前添加的占位符中显示可视化。图 9-21 显示了可视化在用户系统上的显示方式。

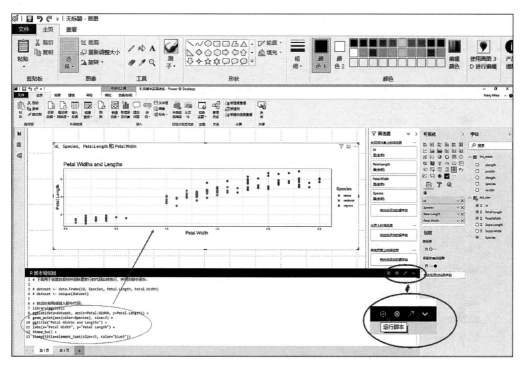

图 9-21 可视化对象视图

用户可以通过修改 R 脚本语言随时更新基于 R 语言的可视化。修改脚本后，单击"运行脚本"按钮以更新可视化。

如果想在 IDE 中编辑代码，需要单击"R 脚本编辑器"窗格顶部的外部 R 语言 IDE 中的编辑脚本。这将启动 IDE，该 IDE 将显示一个 R 语言脚本，其中包含连接到用于可视化的数据源所需的代码。该脚本还包含用户已添加到系统中可视化脚本的任何代码。如果进行任何更改，用户仍然需要将大部分脚本复制并粘贴回系统中，这至少可以省去在 IDE 中设置数据源进行脚本测试的时间。

注意，在向报表添加基于 R 语言的可视化时，需要系统服务附带许可限制，除非用户拥有系统 Pro 许可证，否则不能在系统服务中使用基于 R 语言的可视化。

9.6 导入基于 R 语言的自定义视觉效果

系统中另一个主要的功能是能够将预定义的基于 R 语言的可视化导入工作区。可视化可通过微软的"应用市场"库获得，用户可以通过系统直接访问该库。用户不需要了解 R 语言语法，也不需要构建或运行 R 语言脚本。

要导入可视化组件，单击"报表"视图中"可视化"窗格中的省略号（…）按钮，然后单击"从应用商店导入"，将弹出"Power BI 视觉对象"对话框，如图 9-22 所示。

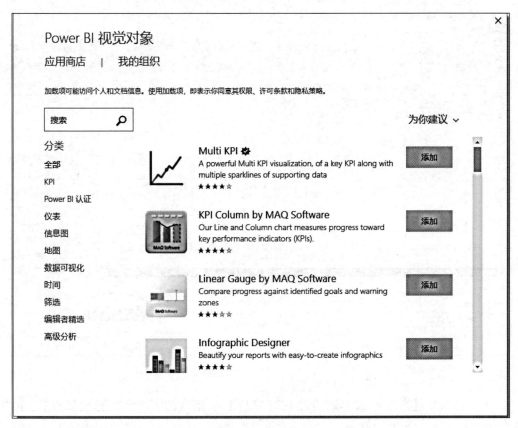

图 9-22 "Power BI 视觉对象"对话框

找到要导入的视觉效果后，单击"添加"按钮。如果可视化需要安装其他 R 语言软件包，则会弹出"需要 R 语言软件包"对话框，其中列出了需要添加的软件包。用户可以单击"取消"按钮并手动安装软件包，也可以单击"安装"按钮，让系统自动安装软件包。

对于此示例，选择样条图表可视化。如果很难找到，则在"搜索"文本框中输入 Spline，如图 9-23 所示。

将其添加到系统时，将弹出如图 9-24 所示的"需要 R 程序包"对话框。如果要采用自动安装路由，则单击"安装"按钮。

导入自定义可视化文件时，系统会向特定于该可视化文件的"可视化"窗格添加一个

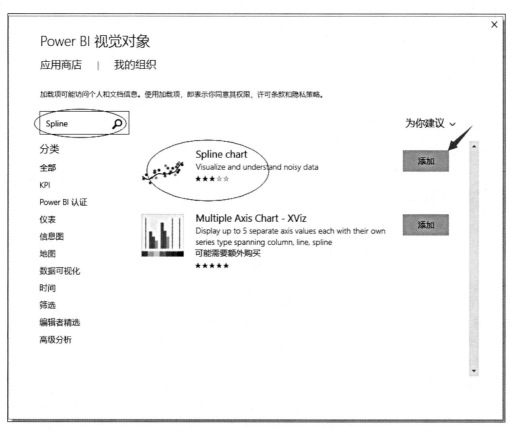

图 9-23　在应用商店进行搜索后安装

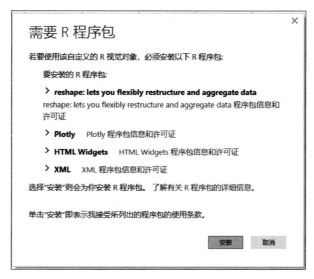

图 9-24　"需要 R 程序包"对话框

按钮。然后，用户可以将可视化对象添加到报表中，并像配置任何预构建的可视化对象一样进行配置。图 9-25 显示了样条图表可视化。对于数据，从 R 语言 is_id 数据集中指定 Species、Sepal.Length 和 Sepal.Width 列。

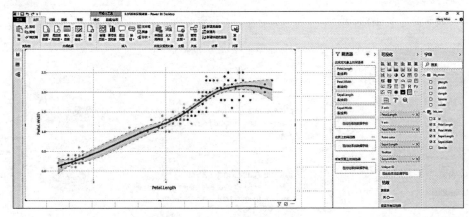

图 9-25　样条图表可视化

微软在 AppSource 库中提供了许多免费且有趣的自定义可视化。用户可以熟悉一下，这样用户就可以创建比使用内置可视化更具吸引力的报表。最重要的是，微软已经非常容易地将自定义可视化提取到系统中，因此使用它们非常方便。

总之，将 R 脚本语言集成到系统中，为转换和呈现 Power BI 数据提供了强大的工具。R 脚本语言是一种全面的、广泛实施的统计、计算和图形语言，拥有庞大而活跃的用户社区。在系统中，用户可以使用 R 脚本语言导入和修改数据，以及创建各种可视化，从而深入了解数据。那些已经精通 R 脚本语言的人应该发现在系统中使用 R 脚本语言是一个简单而直接的过程，越来越认可其实现的功能。

小结

本章主要介绍了 R 脚本语言，重点了解在 Power BI 默认的可视化对象中，还有 R 视觉对象，R 脚本语言在数据分析、统计建模、数据可视化等方面的功能。应掌握安装、运行 R 脚本语言，并了解它与 Power BI 的关系；了解 R 脚本使用 R 语言的代码库，诸如 ggplot2 程序包等。

问答题

Power BI 中支持的与 R 脚本语言相关的图表有哪两类？

实验

使用 R 脚本语言构建一个热力矩阵图和一套相关性矩阵图。

第10章

数据集和数据源

Power BI 系统可以将本地开发的报表连同数据一起发布到云端,提供给管理业务的用户随时随地进行访问。用户可能希望访问报表时查看到的数据是最新的实时数据,针对这种情况,用户可以利用系统提供的本地网关,实时访问企业内部的数据,那么用户访问报表时看到的就是最新的实时数据。下面以连接本地 SQL Server 为例,介绍如何实现从云端到本地数据库的实时访问。

10.1 系统数据类别

首先需要用户熟悉在查询编辑器中查看和修改表格内的数据类别,以及如何在系统中为移动应用程序设置系统地理筛选器。此外,还将研究用户的报告中对地理信息的识别、制作和查看,如图 10-1 所示。

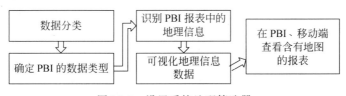

图 10-1　设置系统地理筛选器

10.1.1 确定数据分类

用户可以确定某个部分的数据类别,以便系统知道在显示时应如何处理其属性。当系统导入信息时,不仅获取信息本身,而且同样获取数据,例如表和字段名称。有了这些数据,系统才可以在产生认知图时使用正确的组件来处理属性值。

例如，当系统区分某个字段具有数字属性时，用户很可能需要以某种方式对其进行汇总，所以它会设置在数值的区域中进行。对于具有日期、时间属性的部分，它接受用户最有可能将其用作曲线图上的时间期间。尽管如此，有一些实例还是需要更多的测试。用户可以确定系统数据类别以获取正确信息，正确的信息才可以给系统提供最佳认知图的数据。

10.1.2　确定数据类别

在"报表"视图或"数据"视图的"字段"列表中，选择需要按备用订单排列的字段。在"建模"菜单中，单击"数据类型"下拉菜单，选择需要的信息分类。这里选择"产品分类"的数据类型是"文本"，如图 10-2 所示。

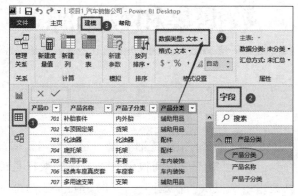

图 10-2　确定系统数据类型

10.1.3　识别报告中的地理信息

在系统中，单击"数据"视图的图标。在右侧"字段"栏中，选择包含地理信息的"省份"字段名。然后在"建模"菜单中，选择数据分类，此时图中的右侧出现下拉菜单，显示在"州、省、直辖市或自治区"上，这样系统就会进行地理信息识别了，如图 10-3 所示。

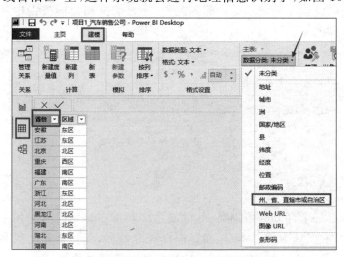

图 10-3　识别报告中的地理信息

10.2 数据源类型

数据是系统的核心,这里先从云端的系统服务开始研究数据,首先介绍数据源的类型。

10.2.1 系统数据源

无论用户在何时调查和分析数据、制作图表和仪表板、使用问答模块进行查询,用户看到的那些图表、视图都是从真实数据集中获取的。在云端服务账号里,通过选择"我的工作区"→"获取数据"命令,用户可以从系统服务中的任意数据源访问数据。然而获取数据集需要从数据源开始考虑。用户可以从系统服务连接到不同类型的数据源,还可以从很多其他类型的数据源获取数据。但是这些数据需要先使用系统桌面或 Excel 的高级数据查询和建模功能进行处理才能使用。下面介绍直接从系统服务站点连接到不同类型的数据源,如图 10-4 所示。

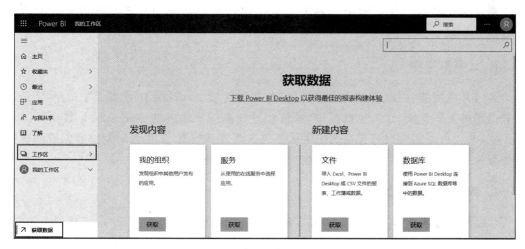

图 10-4 系统服务的数据来源

10.2.2 系统服务的数据源类型

系统服务主要有3种类型的数据源。

1. 文档

数据源可以是.xlsx、.xlxm 等 Excel 文件格式,用户可以通过使用查询表或透视表,从外部数据源查询和加载。用户使用时,可以导入工作表中的表内数据,也可以导入堆叠数据。

2. 系统桌面文件(.pbix)

用户可以利用系统从外部数据源查询和加载数据,使用度量和连接扩展数据显示,并生成报告。用户可以将系统文件导入系统的站点。系统最适合对数据源、数据问题、数据查询、变更以及数据显示等进行操作，以便用户进一步进行项目开发。

3. 逗号分隔值文件(.csv)

这类文件包含数据行的基本内容文件，每列可以包含至少一个字段，每个字段用逗号分隔。例如，包含名称和地址数据的.csv可以具有各种列，用户无法直接将数据导入.csv文件。但是，许多应用程序（如Excel）可以将基本表数据作为.csv记录备用。

对于其他文档组合，如XML表(.xml)或内容(.txt)记录，用户可以首先使用"获取数据"和"转换"来查询，更改这些数据并将其加载到Excel或系统文档中。然后，就可以将Excel或系统记录导入系统。

10.2.3　系统服务的数据源内容包

内容包包含用户需要的大部分数据和报告，它们的来源包括谷歌分析(Google Analytics)、马尔凯图(Marketo)或赛富时(Salesforce)的会员，以及企业组织中不同用户制作和共享的项目。数据源主要来源于主管部门和权威部门。系统服务的数据库类型有：

1. 云端数据库

通过系统优势，用户可以使用直接查询、实时连接Azure SQL数据库。从系统到这些数据库的关联是实时的，也就是说，系统会寻找离用户最近的Azure SQL数据库与用户关联，并且可以实时通过在系统中生成报表来调查其数据，无论何时删除数据或向表中添加其他字段，都会实时更新云端的数据库。

2. 数据库内部部署

从系统角度来说，可以专门与SQL服务器分析服务的表格模型，并进行数据库关联。对于关联中不同类型的数据库，必须首先使用系统或Excel来连接，查询数据并加载数据。然后，可以将记录导入生成数据集的系统中。如果用户设置了预订的激活机会，系统将利用文档中的关联数据以及用户设计的恢复设置，专门与数据源接口连接，并实施查询刷新，然后将这些更新堆叠到系统中的数据集。

3. 自备数据源

实际上，用户可以在系统中使用许多不同的数据源。在任何情况下，用户都要注意从中获取数据的位置，这些数据必须在企业中由系统管理员来制作报告、仪表板、回答查询等。用户可以将实时数据关联到云中的数据库，如Azure SQL数据库和HDInsight上的Spark。在不同的情况下，向文件中提问和加载所需的数据很重要。用户可以使用系统或Excel查询并将该数据加载给用户，作为文件备用的数据显示，然后，用户可以将该记录导入生成数据集的系统。

4．条件和限制

系统服务的所有数据源会有不同的使用约束和特定的条件。

（1）数据集度量约束：系统中的每个数据集都有 1GB 约束。

（2）行限制：数据集中最极端的列数为 20 亿。使用直接查询时最多的行数是 100 万。

（3）段限制：数据集中允许的最多数量的段（在数据集中的所有表中）为 16 000 段。这适用于系统部分使用的数据集，系统是利用数据集中每个表的内部行号部分。这意味着最多数量的段是 16 000 短片段，每个表作为数据集的一部分。

10.2.4　连接数据源

使用桌面系统，可以获得许多其他来源的信息，可获取信息源的完整列表处于此页面下方。要连接信息，则在"主页"菜单中选择"获取数据"，如图 10-5 所示。

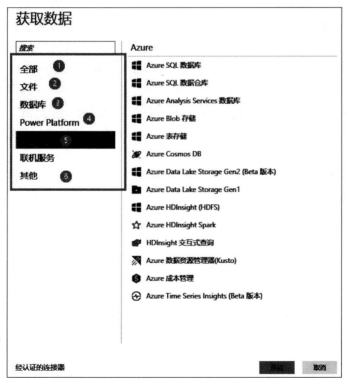

图 10-5　获取数据的数据源类型

数据排序按以下类别组成。

（1）全部：所有类型，包括所有的信息联系、从各种渠道获取的信息。

（2）文件：提供后续的信息连接，主要有 Excel、文档/CSV、XML、文件夹、JSON、SharePoint 文件夹。

（3）数据库：提供后续的数据连接。有些信息连接需要用户通过选择"文件"→"选项和设置"→"选项"命令来修改，而不是选择"预览"选项并启用连接器。如果没有看到上面提到的许多连接器并希望使用它们，则检查"预览"选项设置。

(4) Power Platform：综合类型，提供后续的信息连接。

(5) 在线服务类型（Azure）。

(6) 其他。

用户可以通过单击"导航器"窗格的"加载"按钮来加载信息，也可以通过单击"编辑"按钮在加载信息之前编辑问题。

10.3　数据的连接模式

系统报表是基于数据分析的引擎，数据真正的来源是数据库、文件等数据存储媒介，系统支持的数据源类型多种多样。系统有时不直接访问数据源，而是直接从创建的数据集（Dataset）中获取数据。数据集中存储的内容主要分为3部分：数据源的数据、连接数据源的凭证（Credentials）、数据源的架构（Table Schema）等元数据（Metadata）。

系统桌面分析数据时，直接访问数据集获取数据，执行聚合计算，以响应用户的查询请求。使用数据集的好处是：系统只需要维护统一的数据仓库，不需要从众多不同的数据源中读取数据，所需要的数据都能从单一的数据结构（即数据集）中读取。

系统桌面为每个发布的报告自动创建一个数据集，每一个数据集大小的上限是1GB。在导入连接模式下，系统把多个数据源的数据导入数据集，也就是说，数据集存储的是多个数据源的快照。是否把数据源导入数据集，主要由数据连接决定。

10.3.1　数据连接模式

当单击"获取数据"命令连接到数据源时，系统自动创建数据集，把数据从多个数据源加载到一个数据集中。数据集还包含连接数据源的凭证，以及数据的架构等元数据，如图 10-6 所示。

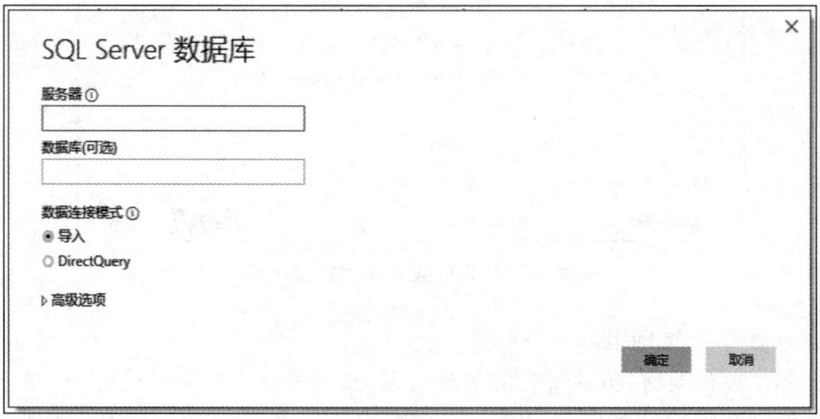

图 10-6　数据连接模式

系统直接从数据集中引用数据,而不是直接从数据源中引用数据。系统支持的连接模式有两种:导入(Import)模式和直接查询(DirectQuery)模式。导入模式把数据源的数据导入系统服务的数据集中,而直接查询模式建立数据源和数据集之间的直接连接。

1. 导入模式

对于导入模式,云端的数据集中存储的数据来源于内网数据的副本,一旦加载数据源,查询定义的所有数据都会被加载到数据集中。系统从高度优化的数据集中查询数据,查询性能高,能够快速响应用户的交互式查询。由于导入模式是把数据源快照复制到数据集中,因此,底层数据源的改动不会实时更新到数据集,这可能会导致数据集存储的数据过时,用户需要手动刷新或设置调度刷新,否则数据集的数据不会更新。数据的刷新是全量更新,而非增量更新。导入模式的限制数据集最大容量是1GB。

2. 直接查询模式

对于直接查询模式,系统直接访问底层的数据源,因此数据始终是最新的。一旦加载数据,系统服务不会向数据集中加载任何数据。这意味着数据集不存储任何数据,但是,数据集仍然会存储连接数据源的凭证,以及数据源的元数据,用于访问底层数据源。在执行查询请求时,系统服务直接把查询请求发送到原始的数据源中去获取所需的数据。直接查询采用主动获取数据的方式,这意味着底层数据的任何更新,不会立即反映到现有的报表显示中,用户需要刷新数据,但是,新的查询请求都会使用最新的数据。

直接查询模式需要使用本地数据网关,系统服务能够从云端向本地数据源发送查询请求。当产生数据交互行为时,查询直接发送到数据库、Excel、Azure SQL 数据库/数据仓库等中,由于系统和数据源之间是直接连接,因此,不需要调度数据系统服务的数据集。直接查询模式意味着系统和数据源之间存在实时连接。

直接查询模式的好处是能够访问更大数量的数据集。由于不需要把数据加载到数据集中,直接查询模式能够从海量的数据源中加载数据。

3. 直接查询模式的调优

在使用直接查询模式时,如果查询数据源的速度非常慢,以至于需要等待一段时间才能从基础数据表获得响应,那么可以在报表中设置“查询缩减”选项,向数据源发送更少的查询,使查询交互更快。为了设置“查询缩减”选项,用户需要选择“文件”→“选项和设置”→“选项”命令,然后在当前文件目录下选择“查询缩减”选项,如图10-7所示。

在整个报告上禁用默认的交叉高亮显示。交叉高亮是指当用户单击可视化上的某一行数据时,其他可视化相关联的相关数据行也会高亮显示。在禁用交叉高亮之后,用户可以通过可视化功能,手动为特定的图像启用交叉高亮。

图 10-7 "查询缩减"选项

10.3.2 数据源的实时连接

出于信息安全考虑，企业本地机房内的数据库服务器是不能直接发布到互联网上的，因此 Power BI 云平台无法直接通过互联网访问企业内部的数据。为了实现让用户在外出差时随时随地访问企业内部数据报表，并且无须通过 VPN 拨号来连接企业网络，微软在 Power BI 系统解决方案中提供了本地数据网关来满足该需求。用户需要在本地机房内一台服务器上安装本地数据网关，要求该服务器既能访问互联网，又能访问本地的业务数据库（如 Oracle、SQL Server、MySQL 等）。实时连接本地数据库的总体架构如图 10-8 所示。

下面介绍如何实现在互联网上通过手机访问系统报表，并且看到的数据是企业内部最新的实时数据。系统可以连接几乎所有类型的数据库，这里以 SQL Server 为例。SQL Server 是微软的数据库，微软的软件最好的地方就是使用起来方便一些，特别是这些软件有图形界面，比较适合刚开始学习的用户处理。有些企业用的是 MySQL，MySQL 数据库也是一款优秀的数据库，数据处理能力很强大，尤其是配合 PHP 来使用是比较完美的，但是也有一个问题，MySQL 是在 DOS 环境里操作的，比较复杂，对于刚开始学习数据库的用户来说需要一定的技术基础。SQL Server 数据库备份比较方便，用户在备份数据库的时候，可以很简单地利用数据库上的备份和还原功能对数据库进行操作，非常方便。

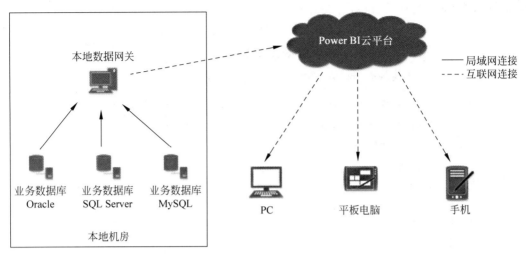

图 10-8　实时连接本地数据库的总体架构

1. 准备业务数据库

首先在企业内网准备一台测试用的 SQL Server 服务器，并创建一个名为 SqlTest 的测试数据库，其中有一张名为 Titanic. csv 的表如图 10-9 所示。

	A	B	C	D	E	F	G	H	I	J	K	L
1	Passenger	Survived	Pclass	Name	Sex	Age	SibSp	Parch	Ticket	Fare	Cabin	Embarked
2	1	0	3	Braund, Mı	male	22	1	0	A/5 21171	7.25		S
3	2	1	1	Cumings, M	female	38	1	0	PC 17599	71.2833	C85	C
4	3	1	3	Heikkinen,	female	26	0	0	STON/O2.	7.925		S
5	4	1	1	Futrelle, Mı	female	35	1	0	113803	53.1	C123	S
6	5	0	3	Allen, Mr. \	male	35	0	0	373450	8.05		S
7	6	0	3	Moran, Mr	male		0	0	330877	8.4583		Q
8	7	0	1	McCarthy,	male	54	0	0	17463	51.8625	E46	S
9	8	0	3	Palsson, M	male	2	3	1	349909	21.075		S
10	9	1	3	Johnson, M	female	27	0	2	347742	11.1333		S
11	10	1	2	Nasser, Mr	female	14	1	0	237736	30.0708		C
12	11	1	3	Sandstrom	female	4	1	1	PP 9549	16.7	G6	S
13	12	1	1	Bonnell, Mi	female	58	0	0	113783	26.55	C103	S
14	13	0	3	Saunderco	male	20	0	0	A/5. 2151	8.05		S

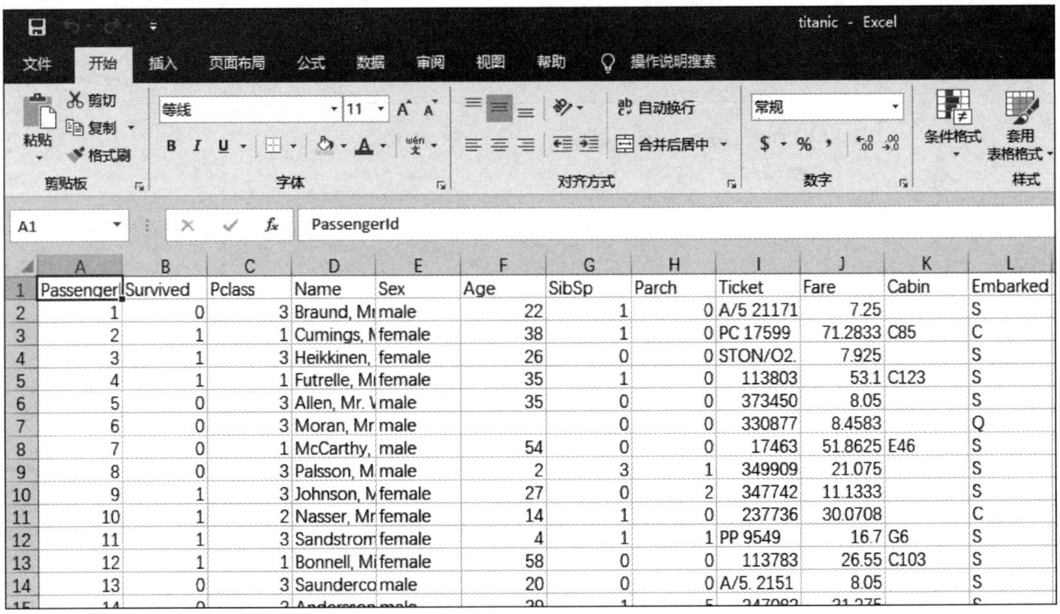

图 10-9　CSV 文件示意图

2. 安装配置本地数据网关

从企业内网的一台 Windows 服务器下载并安装本地数据网关，下载地址为 https://

Power BI. microsoft. com/zh-cn/gateway/，下载后采用默认安装即可，如图 10-10 所示。

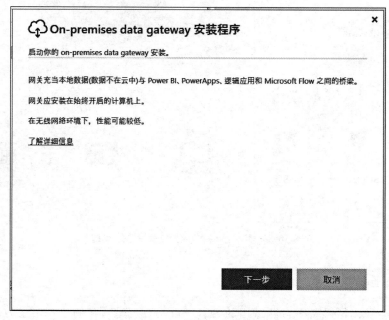

图 10-10　网关安装程序界面

安装完成后，运行本地数据网关，并且输入企业的 Power BI 账号进行登录，如图 10-11 所示。登录成功后，对网关进行配置，包括名称、恢复密钥等，如图 10-12 所示。

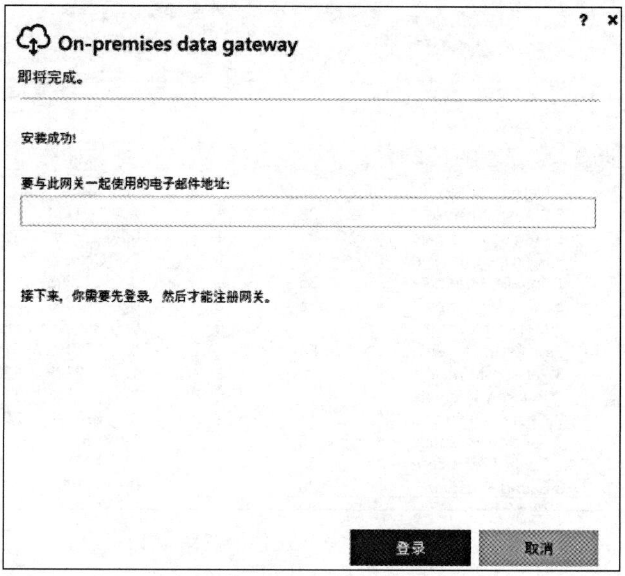

图 10-11　程序安装成功界面

图 10-12　网关准备就绪界面

3. 管理网关和数据源

访问系统云平台,地址为 https://app. Power BI. cn/,使用与本地数据网关配置时相同的 Power BI 账号登录。登录后进入"管理网关"界面添加数据源,如图 10-13 和图 10-14 所示。

图 10-13　进入"管理网关"界面

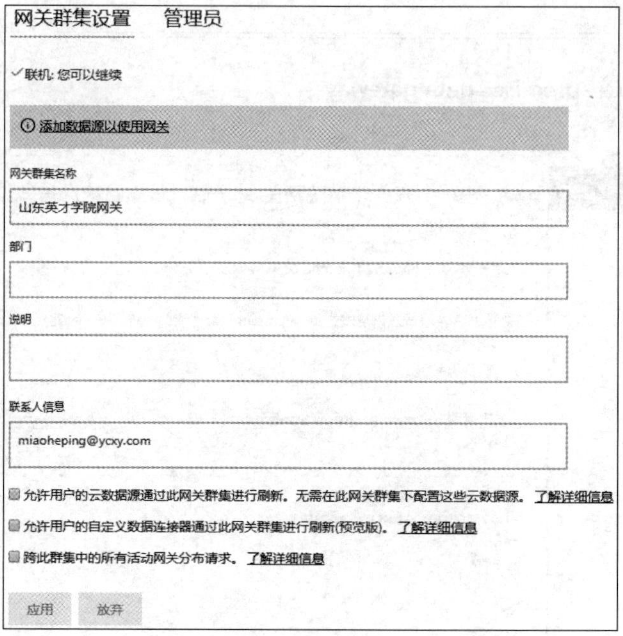

图 10-14　管理网关集群

对于数据源名称，用户可以自定义，数据源类型选择 SQL Server，服务器使用业务数据库所在的服务器 IP 地址，数据库使用业务数据库名称，身份验证方法既可以使用 Windows 身份验证也可以使用 Basic 身份验证（SQL 数据库内置身份验证），如图 10-15 所示。

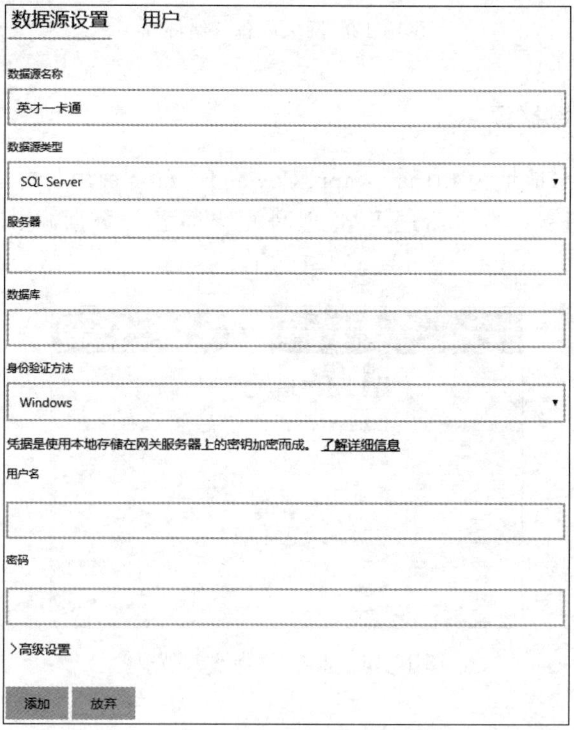

图 10-15　网关中设置验证方法

数据源添加完成后,可以通过测试连接功能来检测是否成功连接到数据源,最后显示"连接成功",如图 10-16 所示。

图 10-16 设置网关参数成功界面

4. 开发及发布报表

在企业内部局域网内用户端下载并安装 Power BI Desktop,安装完成后,运行 Power BI Desktop,并且以 Power BI 账号登录。登录成功后,开始创建报表,数据源类型选择 SQL Server,如图 10-17 所示。

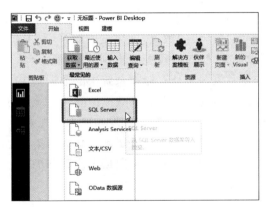

图 10-17 连接 SQL Server

服务器使用业务数据库所在服务器的 IP 地址,数据库使用业务数据库名称,数据连接模式使用直接查询(DirectQuery),如图 10-18 所示。

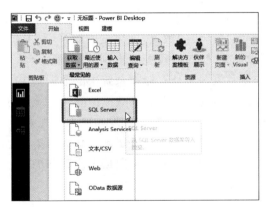

图 10-18 选择连接模式

报表开发完成后，单击"发布"按钮，发布报表的同时系统会提示保存到本地文件夹，命名为"×××产品报表"，如图 10-19 所示。为了在移动设备上有更好的展现效果，可以将报表添加到仪表板。

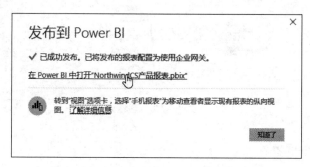

图 10-19　报表发布到 Power BI 云端服务

10.3.3　数据刷新

系统服务从数据集中获取数据，用于数据分析和展示，用户可以通过"定期刷新"和"现在刷新"两个方法来刷新数据集的数据，即数据刷新（Data Refresh），把数据集的数据更新到最新。用户刷新数据集之前，必须配置内网数据网关。系统服务对数据集的刷新是完整数据刷新，是用户从数据源更新存储在系统中的数据集中的数据，而不是增量数据刷新。当使用导入模式时，所有的数据都会从数据源导入系统服务的缓存中，系统的可视化控件是从缓存中查询数据的。一旦系统文件发布到系统服务中，系统将会创建一个数据集，用于存储被导入的数据。用户可以设置定时刷新数据集，以此保证系统呈现给用户的是最新的分析数据，这对于企业管理者根据数据做出管理决策是非常重要的。

10.3.4　连接模式的性能

优先选择使用导入模式，这是因为系统使用内存的列式数据库 VertiPaq，用于对已发布的数据集进行数据压缩和快速处理，能够使系统报表执行脱机访问，面向列的处理，高度优化对 1：N 关系的处理性能。导入模式非常适合聚合查询，特别是当存在大量的关系时，系统能够快速执行聚合运算。导入模式的缺点是数据集的大小最大是 1GB，需要调度刷新才能访问最新的数据。

直接查询模式是一种建立在系统和数据源之间的直接连接方式，访问的数据始终是最新的，并且数据源的大小是无限制的。在直接查询模式下，系统直接发送查询到数据源中，以获取所需要的数据。当数据源是关系数据库时，系统直接发送 SQL 查询语句到数据库中。但是直接查询模式的最大缺点是性能问题，在直接查询模式下，所有的直接查询请求都直接发送到源数据库中，后端数据源响应查询请求的速度决定了直接查询的性能。虽然系统尽可能地优化生成的 SQL 命令，但是通过监控发现，系统最终生成的 SQL 命令是非常低效的，特别是在查询海量的数据源时，后端数据源需要执行很长时间，才能返回结果。如果等待的时间超过 30s，则用户的体检效果就很不理想，所以用户都是在导入模式不能满足业务需求时，再考虑直接查询模式。

10.4 调整合并数据集

由于系统桌面可连接到多个不同类型的数据源,所以可以通过调整数据以满足用户需求,使用户能够创建与其他用户相共享的视觉对象报表。调整意味着转换数据,如重命名列或表格、将文本更改为数字、删除行、将第一行设为标题等。合并数据意味着连接到两个或多个数据源,根据需要调整它们,然后将其合并到一个有用的查询中。下面了解几个问题。

(1) 如何使用查询编辑器调整数据。

(2) 如何连接到数据源。

(3) 如何连接到其他数据源。

(4) 怎样合并这些数据源,以及创建在报表中使用的数据模型。

由于查询编辑器大量地使用右键的快捷菜单和功能区,所以大部分功能在转换功能区选择的内容,也可以通过右击项目(如某列)并从所弹出的快捷菜单中进行选择。

10.4.1 数据加载

在设计系统报表时,用户一般使用两种方式来刷新数据:一是手动逐个刷新查询;二是单击"刷新"按钮同时刷新所有的查询。当单击"刷新全部"按钮时,由于系统内存的限制,刷新操作可能会失败。系统桌面加载数据的方式可以是串行的,也可以是并行的,系统默认是并行的,以串行方式加载数据,不需要很大的内存就可以完成。当系统需要刷新很多查询时,刷新全部可能会使系统占用过多的系统内存而发生错误,此时可以设置系统,使其以串行的方式加载数据以解决这个问题。

设置串行加载数据的步骤是:选择"文件"→"选项和设置"→"选项"命令,如图 10-20 所示。在当前文件选项卡中,打开"数据加载"分组,勾选"启用并行加载表"复选框,启用系统的串行加载数据模式。

然而,这种模式只是以串行的方式把数据加载到系统的缓存中,当在数据模型中创建连接时发生异常,或者在等待数据源返回数据集时出现异常,数据刷新仍然会失败。系统刷新全部数据的工作流程类似于事务,只有当全部的数据集都刷新成功时,数据刷新才是成功的。只要有一个数据集刷新失败,整个刷新操作就失败。基于此用户需要考虑在不同情况下采用不同的数据加载方式。

10.4.2 数据调整

如果在查询编辑器中调整数据,用户将在查询编辑器中加载并呈现数据时提供分步说明以调整数据。在调整数据的过程中原始数据源不受影响,将仅调整或整理根据数据源建立"数据"视图。

查询编辑器会记录用户指定的步骤(如重命名表格、转换数据类型、删除列等),且每当此查询连接到数据源时都会执行这些步骤,因此数据将始终按用户指定的方式进行调

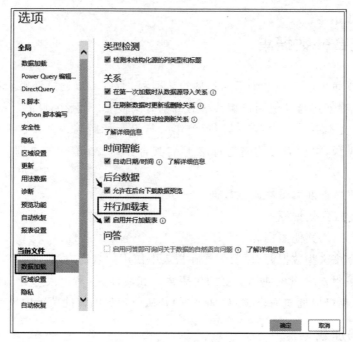

图 10-20　加载数据示意

整。每当用户使用桌面的查询编辑器功能，或任何人使用
用户的共享查询（如在系统服务上）时，都会出现此过程。
这些步骤在"应用的步骤"下的"查询设置"窗格中按顺序
捕获。图 10-21 显示了已调整查询的"查询设置"窗格，然
后逐一说明每个步骤。

图 10-21　查询设置的更改

　　首先，添加一个自定义列，在所有数据具有同等因素
的前提下计算排名，并将其与现有列"排名"进行比较。在
"添加列"菜单中单击"自定义列"按钮，可通过此按钮添加
自定义列，如图 10-22 所示。

图 10-22　查询设置中添加自定义列

在"自定义列"对话框中,在"新列名"中输入"新排名",然后可以参考图 10-23 中的内容在"自定义列公式"中输入"新列名 ＝［数量］＊［单价］"。

图 10-23　设置自定义列属性

确保状态消息显示为"未检测到任何语法错误",然后单击"确定"按钮,之后一个新列"新列名"就会出现在显示结果中的最右边,如图 10-24 所示。

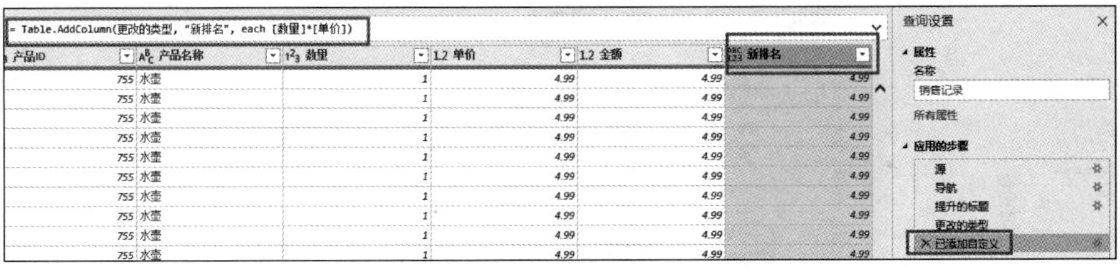

图 10-24　自定义列添加完成截图

为了保持列数据的一致性,需要将新列值转换为整数。只需右击列标题,在弹出的快捷菜单中选择"更改类型"→"整数"命令对其加以更改。在选择列的过程中,如需选择多列,则先选择一列然后按住 Shift 键,再选择其他相邻列,然后右击列标题以更改所有选中的列。也可以使用 Ctrl 键来选择不相邻的列。

10.4.3　数据合并

在某些情况下,用户可能希望将多个数据集合并为一个数据集,例如合并先前创建的 3 个数据集。

首先,打开查询编辑器并选择"销售人员"查询。在"主页"菜单中单击"合并查询"下拉箭头,然后单击"将查询合并为新"选项,如图 10-25 所示。

然后,在"合并"对话框中,验证是否在第一个下拉列表中选择了"销售人员"数据集。接下来,从第二个(中间)下拉列表中选择"销售人员任务额"数据集,从"连接种类"下拉列表中选择"内部（仅限匹配行）"，表明进行的操作是查询编辑器在两个查询之间创建内部连接。然后，对于每个引用的数据集，选择"销售代表 ID"列并单击"确定"按钮，如图 10-26 所示。

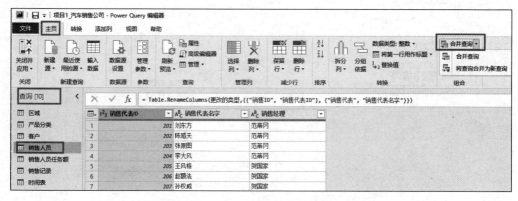

图 10-25　选择"合并查询"

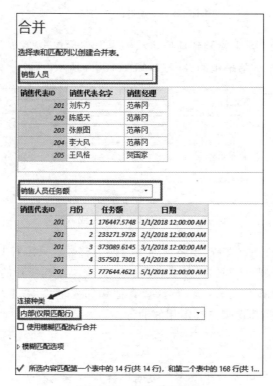

图 10-26　合并查询设置

单击"确定"按钮之后，查询编辑器将创建一个新查询，用户可以将其重命名为"合并表"，查询包含"销售人员"和"销售人员任务额"两个数据集中的 3 个主要列以及许多关系列。合并查询后的效果如图 10-27 所示。

最后，从"合并表"查询中选择一个或多个列添加到合并查询中。要选择列，可单击

"合并表"列右上角的图标,选择"聚合"单选按钮,接着清除"Σ任务额的总和"列之外的所有图标,如图 10-28 所示。

图 10-27 合并查询后的效果

图 10-28 合并设置示意

同时勾选"使用原始列名称作为前缀"复选框,然后单击"确定"按钮即可。显示结果如图 10-29 所示。

图 10-29 合并查询结果

10.5　高密度数据行采样

在数据采样中,可以使用新的采样算法改进对高密度数据进行采样的视觉对象。例如,某个零售店每年的销售额超过 1 亿元,可以根据该零售店的销售业绩创建一个折线图。此类销售信息折线图对该零售店的数据进行数据采样,选择有意义的代表数据,以展示销售情况是如何随时间变化的,并创建一个多系列折线图来表示基础数据,这就是将高密度数据可视化的常见做法。系统桌面改进了高密度数据的采样相关信息,如图 10-30所示。

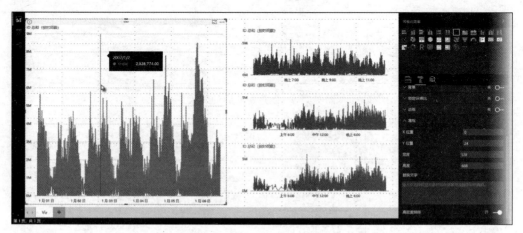

图 10-30　高密度数据可视化示意

注意：高密度采样算法同时适用于系统桌面和服务。

10.5.1　高密度行采样的工作方式

系统以确定性方式在所有基础数据中选择采样数据点的集合。例如,对于视觉对象跨越一个日历年的高密度数据,视觉对象中可能会显示 350 个示例数据点,选择每个数据点才能确保视觉对象中呈现出所有基础数据的整体系列。为方便理解,假设要绘制一年内的股票价格,并选择 365 个数据点来创建一天对应一个数据点的折线图视觉对象。例如对于股票这种情况,每天的股票价格都有很多值,每天都有最高价和最低价,而且可能出现在开市后的任何时间。在高密度行采样中,如果每天都在上午 10:30 和中午 12:00 获取基础数据采样,则会得到基础数据的代表快照(上午 10:30 和中午 12:00 的股价),但可能不会捕获到实际的最高股价和最低股价作为当天的代表数据点。在此类情况下,采样是基础数据的代表,但不保证它始终能捕获到重要的点(在此示例中是每日最高股价和最低股价)。

根据定义,对高密度数据进行采样,以快速合理地创建能响应交互操作的视觉对象。视觉对象上过多的数据点可能会阻碍它并降低趋势的可见性。因此,如何对数据进行采样才能提供最佳的视觉对象体验,这就需要创建采样算法。在系统桌面现在对该算法进行改进,响应每个时间段的重要点,以最佳方式组合,进行表示和保存。

10.5.2　高密度行采样的算法

高密度行采样的新算法可以使用具有连续 X 轴的折线图和面积图视觉对象。对于高密度视觉对象,系统会智能地将数据拆分为高分辨度区块,然后选取重要的点来表示每个区块。拆分高分辨度数据的过程需要经过专门优化,以确保生成的图表在外观上与所有基础数据点的呈现方式没有区别,但速度更快,交互性更强。

10.5.3　高密度行视觉对象

以下情况适用于任何给定的视觉对象。

(1) 无论有多少个基础数据点或系列,大多数视觉对象上最多可显示 3500 个数据点。因此,如果有 10 个系列,每个系列有 350 个数据点,则视觉对象已达到其总体数据点的上限。如果有一个系列,只要新算法认为这是基础数据的最佳采样,则可以有多达 3500 个数据点。

(2) 一个视觉对象最多可以有 60 个系列。如果超过 60 个系列,则拆分数据并创建多个视觉对象,使每个视觉对象拥有少于或等于 60 个系列。使用切片器来只显示数据段是个好方法(仅适用于特定系列)。例如,如果要在图例中显示所有子类别,则可以使用切片器根据同一报表页上的整体类别进行筛选。

对于不同视觉对象类型(3500 个数据点限制的例外情况),最大数据的限制量不同。

(1) 对于 R 视觉对象,最多为 150 000 个数据点。

(2) 对于自定义视觉对象,最多为 30 000 个数据点。

(3) 对于散点图(散点图默认为 3500 个),最多为 10 000 个数据点。

(4) 对于所有其他视觉对象,最多为 3500 个数据点。

这些参数可确保系统桌面中的视觉对象快速呈现,并且可响应与用户的交互,而不会在呈现视觉效果的计算机上导致不必要的计算开销。

10.5.4　评估高密度行视觉对象

当基础数据点数目超过视觉对象中能够表示的最大数据点数目时,将执行名为"分箱"的过程,即将基础数据拆分为多个组(称作"箱"),然后以迭代方式对这些箱进行优化。

高密度行采样算法会创建尽可能多的分箱,以便为视觉对象创建最大粒度。高密度行采样算法会查找每个箱中的最小和最大数据值,确保视觉对象捕获并显示重要的值(例如异常值)。根据分箱结果和系统对数据的后续评估,系统会确定视觉对象 X 轴的最小分辨率,以确保视觉对象达到最大粒度。如前所述,对于大多数视觉对象,每个序列的最小粒度为 350 个点,最大粒度为 3500 个点。每个箱由两个数据点表示,这些数据点即表示视觉对象中箱的代表数据点,数据点只是该箱的最高值和最低值。通过选择最高值和最低值,装箱过程可确保视觉对象能够捕获和呈现所有重要的最高值或最低值。

10.5.5 工具提示和高密度行采样

在此分箱过程中，会捕获并显示给定箱中的最小值和最大值，并且将鼠标指针悬停在数据点上时，工具将会提示显示数据的方式可能会受影响。为解释这种情况发生的方式和原因，重新回顾一下股票价格示例。

假设根据股票价格创建一个视觉对象，并且比较两支使用高密度采样的不同股票。每个系列的基础数据都有大量数据点（也许一天中每秒都在捕获股票价格）。高密度行采样算法会对每个系列执行独立分箱。现在假设第一只股票价格在 12:02 时上涨，并在 10s 后迅速下跌。这是一个重要的数据点。对该股票装箱时，12:02 时的最高值将是该箱的代表数据点。但是，对于第二只股票，12:02 时既没有出现最高值，也没有出现最低值。该箱包含的最高值和最低值可能在 12:05 时出现。

在这种情况下，创建折线图之后，将鼠标指针悬停在 12:02 时，只能在工具提示中看到第一支股票的值（因为股价在 12:02 时上涨到最高，系统选择该值作为该箱的最高数据点），

但是在工具提示中看不到第二只股票在 12:02 时的值。因为在包含 12:02 时的箱中，第二只股票既没有出现最高值，也没有出现最低值。所以在 12:02 时，第二只股票没有任何数据显示，因此不会显示任何工具提示数据。工具提示经常发生这种情况，给定箱的最高值和最低值可能与均匀缩放的 X 轴值点不完全匹配，因此工具提示不会显示该值。

10.5.6 启用高密度行采样

默认情况下，新算法处于"开"状态。若要更改此设置，则在"常规"项的底部看到一个名为"高密度采样"的切换滑块，如图 10-31 所示。若要将其关闭，则将滑块滑动到"关"即可。

10.5.7 使用限制

高密度行采样的新算法是系统的一个重要改进，但在使用高密度值和数据时需要了解以下注意事项。

（1）由于粒度增加和装箱过程，工具提示只能在代表数据与光标对齐时显示值。

（2）当整个数据源太大时，新算法会通过删除系列（图例元素）最大限度导入数据。在这种情况下，新算法会按字母顺序对图例排序，并按字母顺序从前往后导入图例元素，直至达到数据导入上限，之后将不再导入其他系列。

（3）当基础数据集的系列超过 60 个（如前所述这是最大系列数）时，新算法会按字母顺序对系列排序，并删除字母排在 60 之后的系列。

图 10-31　高密度采样界面

（4）如果数据中的值类型不是数字或日期/时间，则系统不使用新算法，并恢复为以前的（非高密度采样）算法。

（5）新算法不支持"显示不含数据的项目"设置。

10.6 检索 SQL 服务器表

系统的数据可以有许多来源，但通常数据托管在 SQL 服务器中。系统为开发系统提供了比系统服务更强大的环境。系统支持更多数据源，并提供更多工具来转换从这些数据源检索到的数据。

SQL 服务器是系统的一个可用的数据源，虽然系统服务提供 Azure SQL 数据库和 SQL 数据仓库的连接器，但它不提供 SQL 服务器的连接器。使用系统，用户可以从整个表中检索 SQL 服务器数据，或运行从多个表返回数据子集的查询。用户还可以调用存储过程，包括 sp_execute_external_script 存储过程，也允许用户运行 Python 和 R 脚本。

实际上，此处涉及的许多主题可以应用于其他关系数据库管理系统，甚至其他类型的数据源。由于系统将所有数据组织成用于处理数据集的类似表格的查询结构，因此将数据导入系统后，用户基于数据源的许多操作都是相似的。也就是说，用户仍然可以找到特定于关系数据库的功能，特别是在涉及表之间的关系时。在系统中，用户可以完整地检索 SQL 服务器表或视图。系统保留其结构，并在可能的情况下识别它们之间的关系。

下面提供一个演示导入表如何工作的示例。

用户首先从 MySQL 数据库中检索一个表。要检索表，可单击桌面主窗口中"主页"菜单中的"获取数据"按钮，在"获取数据"对话框中，选择"数据库"类别，然后双击"MySQL 数据库"，单击"连接"按钮，如图 10-32 所示。

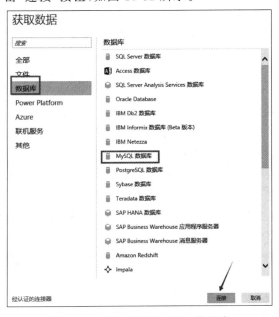

图 10-32 设置连接 MySQL 数据库

在"MySQL 数据库"对话框中，提供 SQL 服务器示例的名称和目标数据库，如图 10-33 所示。

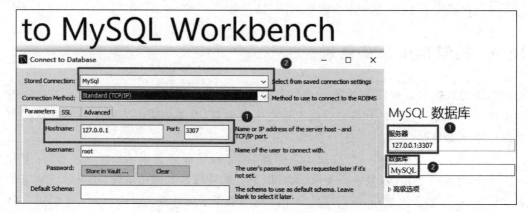

图 10-33　设置 MySQL 数据库连接参数

在图 10-33 中，将创建两个连接参数：第一个参数是服务器地址和端口，本例服务器地址是 localhost（或者 127.0.0.1），端口号是 3307；第二个参数数据库的名称，本示例是 powerbi_db。在提供连接信息时，用户可以使用实际名称，也可以创建自己的参数。输入必要信息后，单击"确定"按钮，在弹出的"导航器"对话框中，勾选"powerbi_db. 花名册表"复选框，如图 10-34 所示。

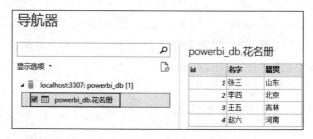

图 10-34　导航器选择连接 SQL 数据库

用户可以在右侧窗格中查看所选表中的数据，还可以通过单击"选择相关表"按钮来选择包含相关表。准备好将表导入系统后，单击"加载"按钮，此时用户选择的任何表和视图都将加载到系统中，并在"数据"视图中列为单个数据集。用户可以在视图的查询编辑器中修改数据集，就像从任何其他来源检索数据一样。用户可能在查询编辑器中执行的第一步是重命名每个数据集，然后从中删除任何额外的列。操作如下。

（1）重命名数据集，右击"查询"窗格中的数据集，在弹出的快捷菜单中选择"重命名"命令，输入新名称，然后按 Enter 键。

（2）删除列，选择主网格中的列，然后单击"主页"菜单中的"删除列"按钮。

（3）在一个操作中删除多个列，选择第一列，在选择每个其他列时按住 Ctrl 键，然后单击"主页"菜单中的"删除列"命令。

完成更新查询后，更改并保存应用，并关闭查询编辑器。

小结

本章重点介绍了 Power BI 数据的来源，以及如何快速、高效地利用大量的数据，应掌握数据库的连接方法、数据集的调整和合并以及高密度数据行的采样等。

问答题

1. Power BI 系统与哪些数据源相关联？
2. Power BI 数据集、报告、仪表板的区别有哪些？
3. Power BI 可以连接哪些数据源？

实验

1. 自建一个数据库，并用 Power BI 进行连接，获取数据库内的数据单元。
2. 练习数据集的调整与合并。

第**11**章

应用技能进阶

前面 10 章是从不同的角度介绍了 Power BI 系统桌面的使用技能,对于在实际工作中的大数据分析、业务运营人员来说,他们的愿景是通过 Power BI 能够提供及时、准确的数据分析图表和运营分析报告,帮助管理层发现商业机会,并为商业决策提供数据依据。这就要求相关人员在使用 Power BI 时,不仅了解如何使用,而且还要拥有足够的应用技能和业务知识,使他们可以处理各种各样的数据,还可以从容面对各种各样的要求。常见问题如下。

(1) 数据获取整理难。好不容易要到的数据格式各种各样,需要花费大量精力清洗整理。

(2) 报告需求多变。由于业务变化或销售目标的压力会导致业务部门可能需要各种维度的报告,刚刚做好的报告甚至要推倒重来,还得重新获取数据、整理数据。

(3) 报告呈现难。对于用户的需求,不同的用户可能会有不同的诉求,有的人喜欢看数字,有的人喜欢看图表,有的人喜欢看时间维度,有的人喜欢看区域维度,所以造成产生的报告呈现可能会有多种报告形式。

面对这样的现实,数据分析人员必须善于利用 Power BI 这个数据分析平台,把手工、重复的工作自动化,才可能真正让相关业务人员关注业务本身。通过使用 Power BI 系列组件可以很好地帮助分析人员解决这些问题,提高工作效率。本章就是从实际应用的角度,为用户提供应用 Power BI 的一些进阶技能。

11.1 嵌入自定义视觉

Power BI 系统是一个以纯 SaaS(Software-as-a-Service,软件即服务)模式提供服务端的商业智能产品。目前系统以两种方式提供服务端。

1. 系统服务

系统服务只能通过 Office 365 来购买订阅,一般作为一个独立的商业智能应用供企业内部使用。

2. 系统嵌入

系统嵌入仅能通过 Azure 购买,按使用量付费,主要满足 ISV(独立软件供应商)在自身网上应用中集成商业智能功能提供给最终用户的需求,所以要把 Power BI 嵌入网上应用程序,针对不同的提供方式也有不同的嵌入方式。

下面介绍系统开发者的角色,以及系统中如何嵌入客户(Embedded Client)和关联的方式。开发者的角色有多种选择,目的在于将系统内容整合到应用程序中。这些替代方案包括嵌入系统、自定义视觉效果以及将信息推送到系统服务中。

11.1.1 系统嵌入用户

系统的两个组件 Power Blue 和 Sky Blue 拥有许多优点,例如它具有可以嵌入仪表板和报告 API 的功能。这意味着用户可以在嵌入组件的同时,设置公式并访问创建的要点信息,例如放在仪表板上或通道中,或者在应用程序的工作区,这样用户就可以使用知识工具,快速下载应用程序示例。

系统嵌入为用户提供了向没有系统记录的用户安装仪表板和报告的功能,可以根据用户的安排运行内置,适用于用户关联的系统嵌入。运行安装并执行与数据集进行关联,用户就可以快速扩展系统功能,获取综合信息。

系统嵌入适用于个人用户和企业关联中的用户(已拥有系统许可证)。系统 REST 编程接口考虑了这两种情况。对于没有系统许可证的用户,可以将仪表板和报告插入自定义应用程序,使用类似的编程界面,使用户的组群或用户获得信息,企业的用户会看到应用程序监督的信息。同样,对于关联中的系统客户端,可以在系统中专门查看其信息或插入应用程序的设置,企业可以根据嵌入需求采用 JavaScript 语言和 REST API 的方法来实现。

1. 适用于个人用户的系统嵌入

适用于用户关联的系统嵌入,使用户可以扩展系统的优势。这需要企业的应用程序,用户在查看其信息内容时,签署系统权益。当用户的组群有人登录时,他们将获得仪表板及报告的信息。嵌入关联的案例包含在网上应用程序、网上在线分享要点部件等。如果需要更改限制,可以在嵌入系统客户端时,通过 JavaScript 语言编程接口访问。用户可以体验嵌入的基本操作,通过协调用户的关联报告来反复操作实践,以便快速开始和下载应用程序的示例。

2. 适用于企业用户的系统嵌入

图 11-1 所示为企业用户提供系统嵌入的示意图,可以为没有系统记录的用户植入仪

表板和报告。企业用户无须了解有关系统的任何信息,至少有一个系统账户可以安装已安装的应用程序。系统特殊账户作为用户的应用程序的发起者,将此视为中介账户。系统主账户同样允许用户拥有创建安装权限,以便访问由用户的应用程序拥有(或者监督)的系统权益内的仪表板和报表信息。将企业的用户嵌入的案例,可以销售给不同公司的独立软件开发商(ISV)。

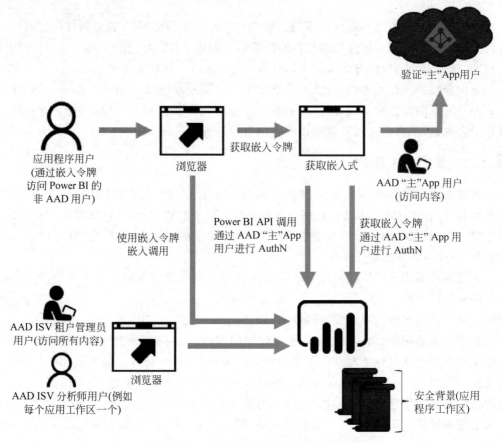

图 11-1　企业用户提供系统嵌入示意

虽然嵌入系统有这么多优点,但企业用户并不依赖这个系统。他们不必同意接受系统条款,就可以查看应用程序中的内容。当用户准备移动这些应用时,可以通过应用程序任务工作区已经安装的 Power Sky 组件来实现。在 Sky Blue 组件中,提供了与用户的应用程序一起使用的专用功能。用户可以快速开始并下载一个示例应用程序,通过将报告合并到用户的应用程序中来熟悉这个流程。

11.1.2　创建自定义视觉效果

通过自定义视觉效果,用户可以制作自己的视觉效果,以便在系统报表中使用。自定义视觉效果由打印脚本(TypeScript)组成,它是 JavaScript 语言的超集。打印脚本支持一些推动亮点和早期访问的 ES6/ES7。视觉样式是利用层叠格式表(CSS)来实现。为了用户的利益,开发者应该使用较少的预编译器,它支持一些亮点,例如结算、因素、条件等。如果用户不想利用上述任何亮点,可以简单地在损失记录中编写纯 CSS 文档。

11.1.3　系统超链接

下面介绍如何利用系统来制作超链接,以及超链接完成后使用桌面或系统管理,把这些超链接添加到报表和网格中。系统中的超链接、仪表板上的图标和仪表板上的内容框都可以使用系统优势即时生成。报告内容框中的超链接,可以使用系统管理即时进行。

表格和单元格中的超链接可以在系统中创建,但不能从系统服务中创建。在将工作报表发送到系统之前,也可以在 Excel 枢轴图(Power Pivot)中制作超链接。系统中超链接的技术根据用户是使用直接查询导入信息还是与其关联两种情况分为以下两种方法。

1. 导入系统的信息

(1) 如果超链接不作为数据集中的字段存在,则可以使用桌面将其包含为自定义部分。

(2) 如果选择"数据显示"部分,然后在"建模"菜单中选择"数据类型"下拉列表。

(3) 选择 Web URL(免费用户没有此选项)。

(4) 更改报告使用分类为 Web URL 的字段,查看并创建表或框架,超链接将变为蓝色并带下画线。

(5) 如果用户不希望在表格中显示 URL,可以显示超链接符号。注意,用户无法在单元格中显示符号。

- 选择图表使其动态化。
- 选择 🔧 以打开"格式"选项卡。
- 增长值,找到 URL 符号并将其设置为"开"状态。

(6) 将报表从桌面发布到系统管理,并在系统扩展组件中打开报表,系统中的超链接也可以在那里工作。

2. 有关直接查询的信息

用户将无法在直接查询模式下创建另一个字段,尽管如此,如果用户现在的信息中包含 URL,则可以将它们转换为超链接。

(1) 在报告中,使用包含 URL 的字段创建表。

(2) 选择字段,然后在"建模"选项卡中选择"数据类型"下拉列表。

(3) 选择 Web URL,超链接将为蓝色并带下画线。

(4) 将报告从桌面发布到系统管理,并在系统扩展组件中打开报告,超链接也可以在那里工作。

11.1.4　在 Excel 枢轴图中创建表格或网格超链接

在系统表和网络中添加超链接的另一种方法是从系统导入/关联该数据集之前,在数据集中创建超链接。下面使用 Excel 说明操作的步骤。

（1）在 Excel 中打开练习页面。

（2）在"枢轴"菜单中单击"管理"按钮，这样就会产生一个新的窗口，如图 11-2 所示。

图 11-2　在 Excel 枢轴图中单击"管理"按钮

（3）在新窗口中，单击"高级"菜单，如图 11-3 所示。

图 11-3　打开"高级"菜单

（4）将光标放在包含用户可以转换为系统表中的超链接的 URL 的部分中。注意，URL 必须以 http://、https://或 www 开头。

（5）单击"数据类别"下拉列表并选择 Web URL 选项，如图 11-4 所示。

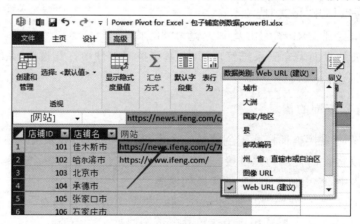

图 11-4　在"高级"菜单中选择超链接地址

（6）从系统管理或系统关联或导入本 Excel。

（7）制作包含 URL 字段的表格认知图。

11.2　系统书签

一般意义上的书签或许我们在读纸质书的时候都用过，也不陌生。Power BI 系统中也提供了标签的功能，这里的标签也与通常所理解的含义相似，它可以记录报表页面的位置，用户利用它可以快速跳转到想看的页面，也可以制作报告、监控制作报告的进度，还可以捕获报表页面的当前配置视图、报告和视觉效果等。利用书签，用户也可以捕获报告页面中的透视图，包括筛选和视觉效果的条件，然后通过选择备用书签，返回到该状态。用户也可以收集书签，需要时编排它们，并通过这种方式介绍每个系统书签展示工作的进展。根据不同用途，用户可以最好地利用书签实现其功能。下面介绍 Power BI 中的书签是如何创建和使用的。

11.2.1　书签的创建

用户要使用书签，可以单击"视图"菜单中的"书签"按钮，如图 11-5 所示。

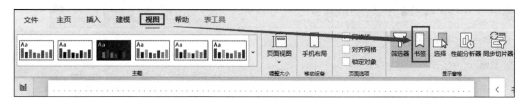

图 11-5　书签的创建

这样就弹出"书签"窗格，再单击"添加"图标为当前页面添加一个书签，其书签名由系统自动生成，单击该书签名右边的(…)图标打开一个下拉菜单，用户可以通过此下拉菜单重命名、删除或更新书签，从显示的下拉菜单中选择相对应的操作即可，如图 11-6 所示。

在图 11-6 的下拉菜单上，还可以选择是否对每个书签应用"数据"属性(如筛选器和切片器)、"显示"属性(如聚焦及其可见性)，以及显示添加书签时可见的页面。使用书签在"报表"视图或视觉对象选择之间切换时，这些功能非常有用，在有些情况下，设计者可能希望关闭一些数据属性，因此当用户通过选择书签切换视图时，不会重置筛选器。要做出此类更改，可单击书签名称旁的…图标，然后勾选或取消勾选"数据""显示"及其他控件旁边的复选框。

创建书签时，以下元素将与书签一起绑定保存：

- 当前页。

图 11-6　书签的添加与重命名

- 筛选器。
- 切片器（包括下拉列表或列表等切片器类型）和切片器状态。
- 视觉对象选择状态（如交叉突出显示筛选器）。
- 排序顺序。
- 钻取位置。
- 对象可见性（通过使用"选择"窗格 ）。
- 任何可见对象的"焦点"或"聚焦" 模式。

11.2.2　书签的使用

要在系统中使用书签，首先单击"视图"菜单中的"书签"按钮，弹出"书签"窗格。注意，"书签"图标是一个开关按钮，再次单击将关闭"书签"窗格。"书签"窗格打开后，单击想要查看的书签名，比如"产品分析"书签，对应的页面将成为当前页面，如图 11-7 所示。

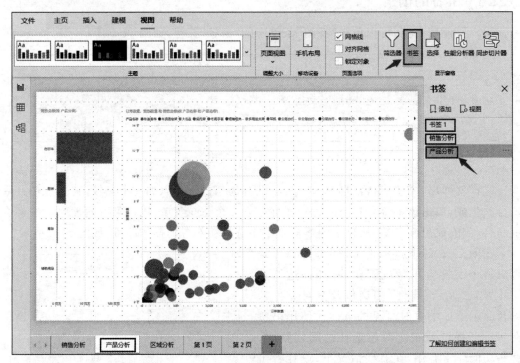

图 11-7　书签的使用示例

在制作系统书签时，对应的组件将不受书签的影响，包括目前的页面、通道、切片器、视图的安排、钻孔区域、可认知图、任何展示问题的集中或聚焦方法等，但书签目前不支持跨特征状态。可以以幻灯片的形式放映书签，可以单击"书签"窗格中的视图，进行类似幻灯片的形式来放映页面，如图 11-8 所示。

在这种放映模式下，可以去掉勾选的"书签"窗格来隐藏编辑窗口，也可以手动隐藏图表和字段窗口，这样和 PPT 一样有类似全屏的效果，并且在放映时，每个页面也是可以正常交互的。视图放映的顺序就是"书签"窗格中各书签的顺序。在"书签"窗格，可以通过拖动书签来改变书签的上下位置。展示时可以通过这种方式调整页面的放映顺序。

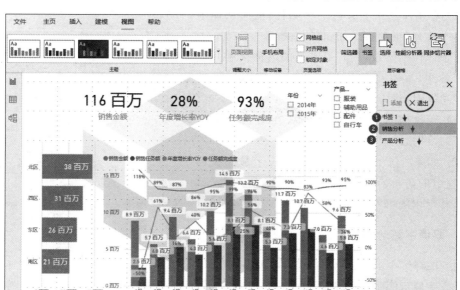

图 11-8　书签的视图放映

在"视图"模式下,有几点需要注意:

(1) 书签的名称显示在书签标题栏中,该标题栏显示在画布的基础上。

(2) 系统书签标题栏具有可以移动到以下或过去书签的箭头图标。

(3) 用户可以通过在"书签"窗格中单击"退出"按钮或书签标题栏中的"×"按钮来退出"视图"模式。

当有书签时,用户可以通过单击书签名来显示对应的视图,也可以选择每个书签的应用信息属性,如通道、切片器、显示属性等。当使用书签在视觉类型之间切换时,这些功能非常有用,在这种情况下,用户需要关闭"信息"属性,因为当用户更改可视化写入时,通道不会被重置。

11.2.3　书签的分组

当用户制作和使用书签时,可以捕获当前配置的报表页视图,其中包含视觉对象的筛选和状态。以后随时可以通过选择已保存的书签恢复相应状态。

1. 创建书签分组

通过创建一系列书签,按所需的顺序进行排列,还可以在演示文稿中逐个展示所有书签,以突出显示一系列见解,或通过视觉对象和报表诠释的情景。而且用户还可以将其引入书签组。书签组是指定书签的集合,可按照组的形式显示和排列。创建书签组的步骤如下:

（1）按 Ctrl 键并选择要包含在组中的书签。

（2）单击所选书签旁边的…图标，然后从弹出的菜单中选择"组"命令，如图 11-9 所示。

对于任何书签组，展开书签组的名称仅展开或折叠书签组，其本身并不代表书签。使用书签的"视图"功能时，将应用以下详细信息：

（1）如果所选书签位于组中，在书签中选择"查看"命令时，仅显示该组中的书签。

（2）如果所选书签不在组中，或位于最高级别（如书签组的名称），将显示整个报表的所有书签，包括所有组中的书签。

图 11-9　书签组的创建

2. 取消书签分组

（1）选择组中的任意书签，然后单击…图标。

（2）从显示的菜单中选择"取消分组"命令。

注意，对组中的任何书签选择"取消分组"命令将删除分组，但组中书签不受影响。

3. 删除单个书签

（1）通过"取消分组"来删除组内的书签。

（2）按 Ctrl 键并选择每个书签来选择新组中所需的成员，然后再次选择"组"命令。

11.2.4　利用"选择"窗格加强认知

在"视图"菜单中 Power BI 系统还提供了"选择"功能，它与"书签"窗格相关。单击"选择"按钮，弹出"选择"窗格。"选择"窗格列出了当前页上的所有对象，方便用户选择对象并指定对象是否可见，如图 11-10 所示。

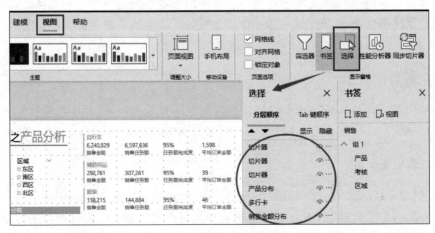

图 11-10　"选择"窗格列表

用户除了可以使用选择表选择组件外,也可以通过单击视觉一侧的"眼睛"图标,在"选择"窗格中选择一个对象,并通过选择该对象右侧的"眼睛"图标切换该对象当前是否可见,如图 11-11 所示。

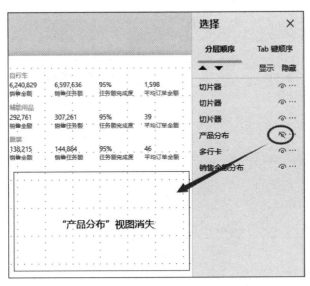

图 11-11　选择表认知图性

在添加书签时,每个对象的可见状态也随之保存,具体视"选择"窗格中的设置而定。需要指出的是切片器会继续筛选报表页,无论它们是否可见。因此,可以创建切片器设置不同的多个书签,让一个报表页在各种书签中呈现并突出显示不同的效果。

11.2.5　形状和图像与书签关联

系统还可以将形状或者图像与书签相关联。借助此功能,在选择形状或者图像对象后,会看到与这个对象相关联的书签,使用按钮时,此功能尤其有用。

1. 形状与书签关联

若要将某个形状与书签关联,应遵循下列步骤:

(1)在"插入"菜单下单击"形状"按钮,创建一个图形视觉对象,如果画布上已有图形,也可以直接单击选定,比如选定一个向上的箭头。

(2)在报表画布中选择"箭头"这个对象,然后从显示的"设置形状格式"窗格中,启用"操作"块。

(3)展开"操作"部分,在"类型"下,选择"书签"选项。

(4)在"书签"下,选择"业绩"书签,如图 11-12 所示。

这样当单击创建的向上箭头时,系统就会跳到书签"业绩"指向的视图,图形"箭头"就与书签关联起来。

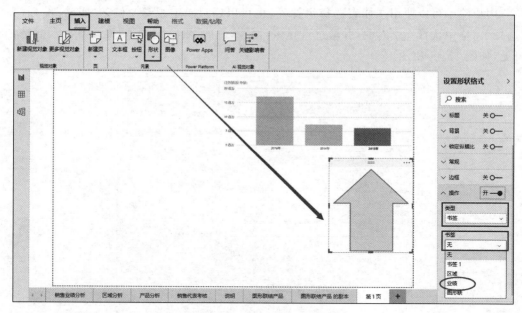

图 11-12　图形与书签关联

2. 图像与书签关联

若要将某个图像与书签关联，应遵循下列步骤：

（1）在"插入"菜单下单击"图像"图标，系统会引导从本地计算机或者网上加载一个图像文件。加载完成后，图像会显示在画布上。如果画布上已有图像，也可以直接单击选定。

（2）假如在报表画布中选择"师文集团销售简报"图像，然后从显示的"格式图像"窗格中启用"操作"滑块。

（3）在展开"操作"部分，在"类型"下，选择"书签"。

（4）在"书签"下，假如选择"业绩"书签，在"工具提示"栏下填入"业绩简报"，当鼠标指针到图像的上边缘时，系统会出现提示文字"业绩简报"，用户会很方便地知道单击后的去向，比如图中将显示与书签"业绩"关联的视图，如图 11-13 所示。

通过用户将图形和图像关联到书签，当用户单击某个对象时，它将演示与该组件相关的书签关联的视图。

11.2.6　"聚集"模式

与书签经常一起使用的另一项功能是"聚焦"。使用"聚焦"模式可以吸引用户注意特定图表。例如，在"视图"模式下呈现书签。下面比较"聚焦"与"焦点"模式，看看它们有何不同：

（1）使用"焦点"模式，可以单击视觉对象的"焦点模式"图标，这将导致视觉对象填充整个画布，如图 11-14 所示。

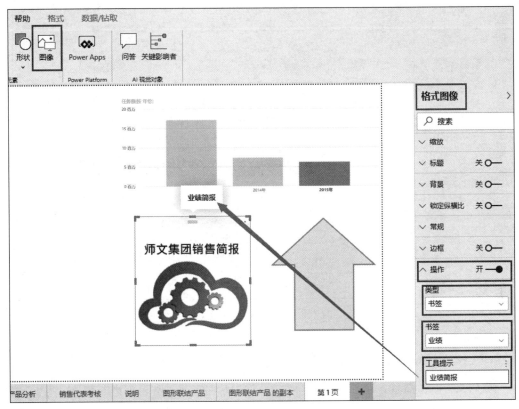

图 11-13　图像与书签关联

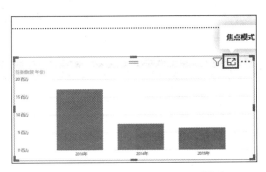

图 11-14　选择视图对象的"焦点模式"

　　（2）使用"聚焦"模式，可以单击…图标，在弹出的下拉菜单中选择"聚焦"命令以突出显示其原始大小的视觉对象，这将导致页面上的所有其他视觉对象淡入，接近透明的状态。使用聚焦可以让特定图表更吸引用户的关注，例如，在"聚焦"模式下展示用户的"产品分布"视图，用户将聚焦该视图，而其他视图都淡化透明，如图 11-15 所示。

　　如果在添加书签时选择了"焦点"或"聚焦"模式的任何一种，书签中会一直保留此模式。

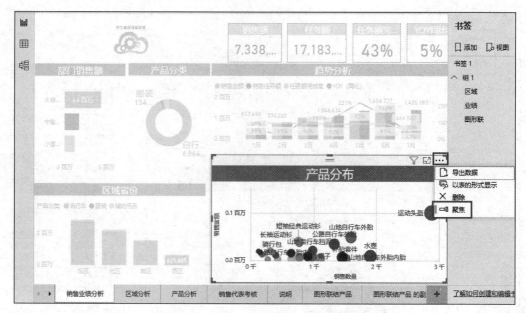

图 11-15　"聚焦"模式效果

11.2.7　云端系统服务中的书签

以上讲的操作都是在桌面系统下进行的，将做好的报表、仪表板进行发布，供给云端客户使用时，如果有包含至少一个书签的报表发布到系统服务后，设计者就可以在系统服务中查看这些书签，并与之交互。当在报表中使用书签时，可以在云端系统服务页面，通过选择右上角的"书签"打开下拉菜单，选择"个人书签"→"报表书签"命令来打开书签列表，浏览者可以根据书签名称，选择想要查看的视图画布，如图 11-16 所示。

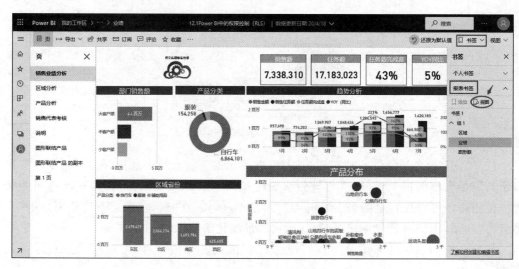

图 11-16　系统服务中书签显示示例

在系统服务中,"书签"窗格的使用方式与在桌面系统中一样,包括可以选择"视图"功能,依序展示书签,如同放映幻灯片一样。

11.3　创建度量值

为了有效地使用系统来制作更多的开发模型,应熟悉使用导入数据、获取数据以及查询编辑器,使用不同的相关表向报表画布添加字段的方法和步骤。

下载系统的 Contoso 销售示例文档,该文档包含来自虚构组织 ContosoInc. 的在线交易数据。这些数据来自数据库,因此在查询编辑器中用户无法与数据源连接或查看数据。

在没有任何其他 PC 的情况下集中记录,然后在系统中打开它。系统中创建度量值是一个必不可少的操作,当用户进行创建自己的度量时,它是用户选择表的"字段"列表的附加项,称为模型度量。模型测量的一个优点是,用户可以根据需要为其命名,使其更易于识别。度量值的使用过程如图 11-17 所示。

图 11-17　度量值的使用过程

11.3.1　度量值

通过系统操作,用户可以很轻松地制作报告,在 Contoso 的 Sales Sample(销售样品)记录中,勾选 FIELDS(域)图标中 Sales(销售)表中 Sales Province(销售领域)字段复选框,或将 SalesAmount(销售数量)拖到有柱状图模板的报表画布上,就可以创建一个柱状图,垂直坐标表示 SalesAmount(销售数量),如图 11-18 所示。

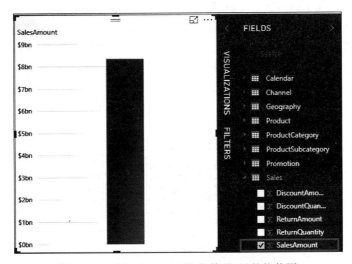

图 11-18　SalesAmount(销售数量)用的柱状图

使用西格马(∑)符号在 FIELDS(域)中显示的任何字段都是数字,并且其值可以积累。系统不是使用 200 万行销售额中的每一行来演示表,而是确定了一种数据类型,从而制定并确定一项总计数据的度量。总计是数据类型的默认集合，但是用户可以在没有太多延伸的情况下应用正常检查等累积，因为每个度量都会呈现某种集合，所以理解集合是理解度量的基础。要将图表累积更改为正常，在 VISUALIATION（可视化）表的 Value（值）区域中，单击 SalesAmount（销售额）旁边的向下箭头，然后选择 Average（平均值）。该图标更改为 SalesAmount（销售额）字段中所有业务目标的展示情况，如图 11-19 所示。

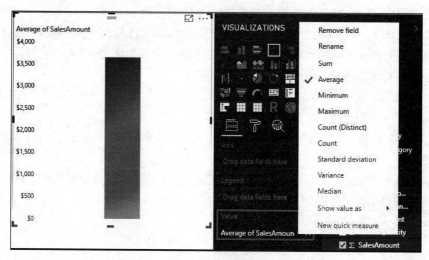

图 11-19　度量值与柱状图

用户可以根据所需的结果更改总数，但是并不是每种数据类型都不适用广泛的累积。例如，对于 SalesAmount（销售额）字段，Sum 和 Average 表示良好，最小和最大也有它们的位置。在任何情况下，Count（计数）对于 SalesAmount（销售额）字段通常都不呈现，因为虽然它的属性是数字，但它们实质上是金钱的体现。由于用户与报告的关联，度量变化会产生一些属性，例如，将 RegionGeountryName（区域地名）字段从 Geography（地域）表拖到图表中，可以显示每个国家/地区的正常交易金额，如图 11-20 所示。

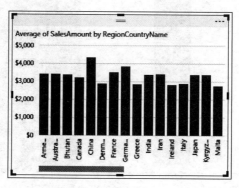

图 11-20　度量值以柱状图形式显示在时间坐标上

在与报告一起使用的情况下，度量的结果发生变化时，每次连接报告认知图时，用户都会更改度量数据的设置并显示其结果。

11.3.2 创建度量

　　用户需要通过减去折扣来检查用户的净交易,然后累加到交易金额中的回款额。对于用户的认知图中存在的任何集合,用户需要一个度量来从整个销售额(SalesAmount)中减去折扣额(DiscountAmount)和回款额(returnAmount)的集合。字段列表中没有"净销售"字段。

　　右击字段中的SALES(销售)表或浮动表格并选择更多替代省略号(…),然后选择New measure(新建度量),将使用户的新度量在SALES(销售)表中更加容易发现,如图11-21所示。

　　用户也可以在系统中通过选择Calculations(计算)中的New Measure(新建度量),以在系统桌面的"主页"菜单上进行收集来进行其他度量,如图11-22所示。

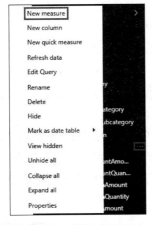

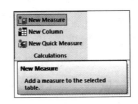

图 11-21　打开创建新度量窗口　　　　图 11-22　选取创建新度量值

　　在系统中通过条带图标进行创建度量时,可以在任何表格中进行测量。然而,如果用户想要利用测量,有时会找不到它。对于这种情况,可以选择Sales(销售表)以使其动态化,然后再选择New Measure(新度量值),公式栏显示在报告画布中,用户可以在其中重命名度量并输入DAX,如图11-23所示。

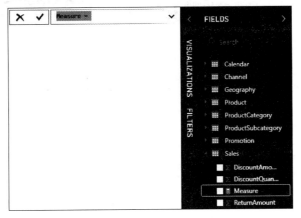

图 11-23　新度量值命名

如果用户不重命名，则新建的度量将被命名为 Measure2、Measure3 等，为了更好地识别用户的度量，可以在公式栏中显示度量，把名称定义为 Net Sales。之后就可以开始输入等式、等效符号，然后开始输入 Sum。在输入时，会显示一个下拉推荐列表，以用户编写的字母开头展示所有 DAX 供用户选择。此时从 SUBSTITUTE（概要）中选择 SUM，然后按 Enter 键，如图 11-24 和图 11-25 所示。

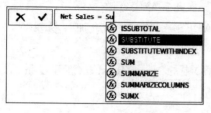

图 11-24　编制新度量值公式

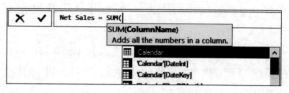

图 11-25　选择函数计算

用户的下一步操作将进入 SUM 工作区：SalesAmount（销售额）部分，开始编写 SalesAmount，直到在概要中只留下一个图标：Sales[SalesAmount]（销售（销售额）），如图 11-26 所示。之后选择 Sales[SalesAmount]，再组成一个结束括号。注意，语言结构错误通常是由于缺少或丢失括号造成的。

按照上述方法可以输入函数的名称，通过单击或按 Enter 键可以从下拉菜单中选择已经存在的域列表信息，如图 11-27 所示。重复以上操作，最后形成图 11-28 中的三个度量公式。用户也可以通过按 Alt+Enter 组合键来隔离各部分的公式，或者使用 Tab 键移动光标，使公式分行显示，以便阅读和检查，如图 11-29 所示。

图 11-26　添加计算的列名

图 11-27　新的度量值出现在表中

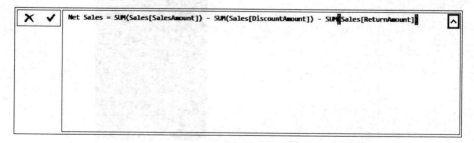

图 11-28　查看新度量公式

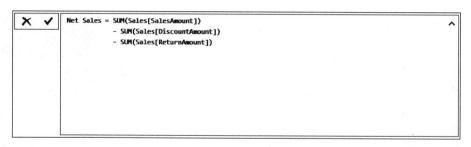

图 11-29　更改新度量公式形式

11.3.3　在报告中使用度量

用户可以将上面建立的净销售额度量添加到报表画布,并为用户添加到报表中的任何不同字段计算净交易。如图 11-30 所示,以国家的净交易为例。

（1）从 Sales 表中选择 Net Sales 度量,或将其拖到报表画布上。

（2）从 Geography 表中选择 RegionCountryName 字段,或将其拖到图表中。

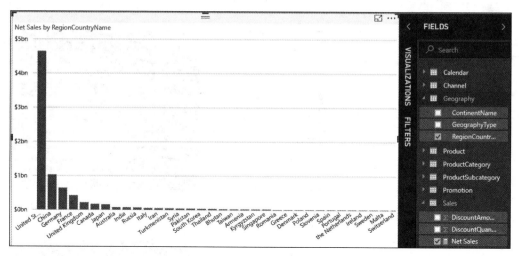

图 11-30　选择要使用的度量值

（3）要按国家/地区查看净交易和汇总交易之间的对比,选择 SalesAmount 字段或将其拖到图表中,如图 11-31 所示。

该图表目前使用两个度量:SalesAmount（由此汇总）和用户所做的净销售量度量。每个度量都是针对另一个字段 RegionCountryName 计算的。

11.3.4　切片器使用度量值

用户可以添加切片器以额外渠道呈现净交易,并按计划年度交易金额。步骤如下:

（1）在图表旁边捕捉一个清晰区域,在 VISUALIZATIONS 中选择表格认知图。这会在报表画布上显示清晰的表格,如图 11-32 所示。

（2）将 Year 字段从 Calendar 表拖到新的 Clear Table 表中,如图 11-33 所示。

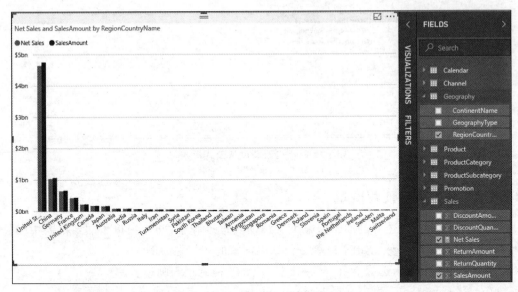

图 11-31　显示两个度量值的柱状图

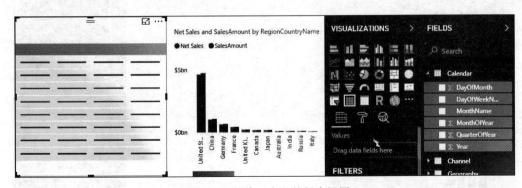

图 11-32　新建一个空的报表视图

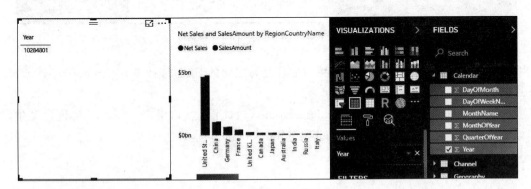

图 11-33　把一个新字段拖入报表中

（3）在 VISUALIZATIONS 的 Values 中，单击 Year 旁边的向下箭头，然后选择 Don't summarize。结果如图 11-34 所示。

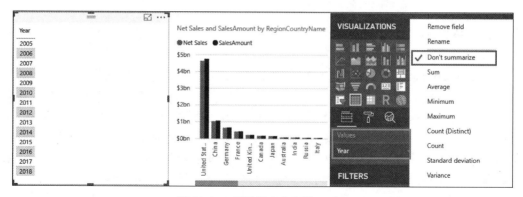

图 11-34 展开报表中字段(Year)

（4）在 VISUALIZATIONS 中选择 SLICE（切片器）符号■，将表格切换为切片器，如图 11-35 所示。

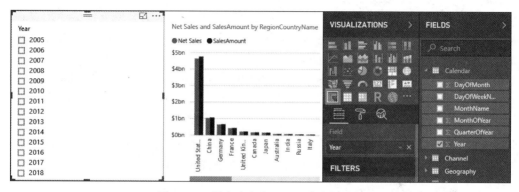

图 11-35 报表中字段(Year)成为切片器

（5）在年份切片器中选择年份，以根据需要按国家/地区的净销售额和销售额金额图表引导。Net Sales 和 SalesAmount 度量重新计算并显示所选年份字段的设置如图 11-36 所示。

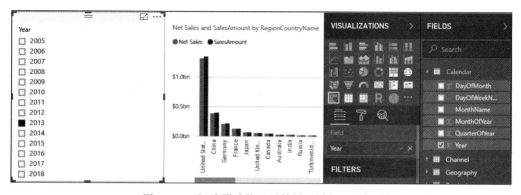

图 11-36 切片器功能显示结果(选择 2013 年)

11.4　系统聚合

聚合（Aggregate）是指用户需要在数据中加入数字，以加入用户的信息。数值活动可以是总数、正值常数、最极端数、检查数等。当用户加入信息时，它被称为积累，数字运算活动的结果是总数。在产生认知图时，它们可能会累积用户的信息。通常情况下，总数正是用户所需要的，但用户可能需要以不同的方式和独特的呈现方式来表达这些属性值。例如，整体与局部作为表达呈现的一部分，有一些不同的方法来监督和改变总体。通过系统聚合，可以实现对大数据进行交互式分析，同时聚合还可以解锁大型数据集，为制定决策而大幅度降低分析时间和运行成本。表级别存储通常与聚合功能一起使用。聚合适应多种数据源类型，聚合可与表示维度模型的数据源一起使用，例如数据仓库、数据市场以及基于 Hadoop 的大数据源。

使用聚合有三大优势。

（1）大数据的查询性能。用户在 Power BI 报表中与视觉对象交互时，DAX 查询会被提交给数据集。使用详细信息级别所需的一小部分资源，通过在聚合级别缓存数据来提高查询速度，通过原本无法实现的方式解锁大数据。

（2）数据刷新优化。通过在聚合级别缓存数据来减小缓存大小，降低刷新时间，加快为用户提供数据的速度。

（3）实现平衡体系结构。支持 Power BI 内存中缓存，以有效处理聚合查询。限制在直接查询模式下发送到数据源的查询，帮助保持在并发限制内。查询通常是经筛选的事务级查询，数据仓库和大数据系统通常能很好地处理此类查询。

11.4.1　聚合功能的启用

聚合功能还处于预览阶段，只能在系统桌面启用。若要启用聚合，需选择"文件"→"选项和设置"→"选项"→"预览功能"命令，然后勾选"管理聚合"复选框，如图 11-37 所示。注意，重新启动系统桌面之后聚合功能才能正常启用。

11.4.2　数据类型

大多数数据集都具有多种数据类型。最基本级别的数据是数值或不是数值两类，例如是文本。系统可使用总和、平均值、计数、最小值、方差等函数，以聚合数字数据，以及衍生更多的信息。系统服务甚至可以聚合文本数据，通常称为分类数据。通过将其放置在类似的仅数字存储值或工具提示，系统对每个类别的出现次数进行计数或每个非重复出现次数进行计数类别。特殊类型的数据，如日期，也有几个具有本身特性的聚合选项，如最早、最新、最晚等，这样系统就可以尝试聚合字段分类了。

在下面的示例中，"销售量"和"生产价格"为包含数值数据的列；而"细分市场""国家/地区""产品""月份""月份名称"则是文本分类数据。原始数据如图 11-38 所示。

在系统中创建可视化认知图时，通过一些分类字段将聚合数值字段进行函数处理（默认值是求和），例如"Units Sold 按产品""Units Sold 按月"和"生成价格按细分市场"。

Power BI 指的是作为部分数值字段度量值。用户很容易标识 Power BI 报表编辑器中的度量值字段，列表显示了带有Σ符号旁边的度量值。正因为度量结果与字段列表中的Σ符号会一起显示，我们才容易识别哪一些数字字段是度量值，如图 11-39 所示。

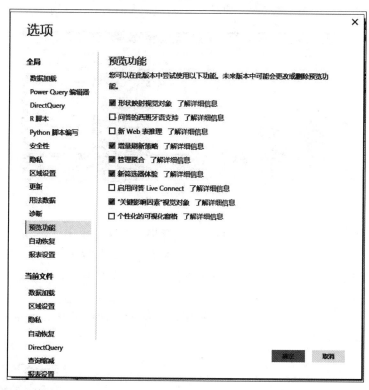

图 11-37　启用聚合预览功能

细分市场	国家/地区	产品	销售量	生产价格		月份	月份名称
企业	美国	Carretera	330	$	3.00	9	九月
中间市场	法国	Carretera	490	$	3.00	11	十一月
政府	德国	Paseo	360	$	10.00	10	十月
政府	德国	VTT	360	$	250.00	10	十月
政府	美国	Paseo	380	$	10.00	9	九月
中间市场	墨西哥	Paseo	380	$	10.00	12	十二月
渠道合作伙伴	美国	Amarilla	270	$	260.00	2	二月

图 11-38　某公司销售数据

图 11-39　各种数据的系统聚合

11.4.3　更改数字字段的聚集方式

如果用户制作使用分类和度量的大纲，可以使用销售总计。当然系统会为每个项目（Axis 并中的分类）总计销售额（在数值单元中测量），如图 11-40 所示。

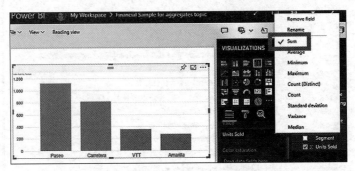

图 11-40　数字字段已聚集示意

在 VISUALIZATIONS 中，右击该度量，在弹出的快捷菜单中选择所需的总类型。在此示例中，我们选择平均值，如图 11-41 所示。如果没有看到所需的集合，可参阅 11.4.5 节。注意，下拉列表中可访问的备选方案将根据字段选择和数据集所有者对字段进行分类而有所不同。

设置后，系统就可以通过正常收集显示用户的认知图，如图 11-42 所示。

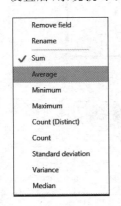

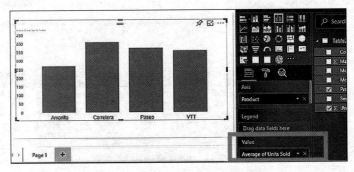

图 11-41　运算公式的选择　　　　　图 11-42　数字字段聚集结果

11.4.4　使用分类字段进行总计

用户可以总计一个非数字字段。例如，如果用户有一个项目名称字段，则可以将其作为属性包括在内，然后将其设置为 Count（计数）、Distinct tally（不同的计数）、First（首个）或 Last（最后）。在这种情况下，系统认为这是一个内容字段，将总数设置为 Do not abridge（不要删除节），并为用户提供一个单独的段表，如图 11-43 所示。

然后，将累积从默认值更改为不计数（不同）的概率，系统计算各种项目的数量，如图 11-44 所示。之后，将总数更改为 Count（计数），则系统会检查总数。对于这种情况，显示结果为 Product(产品)有 7 个部分,如图 11-45 所示。

最后,可以通过将类似字段(对于此情况产品)拖入 Values(值)中,并且保留默认总计不会缩减,系统会按项目分隔计数,如图 11-46 所示。

图 11-43　选择要使用的分类字段

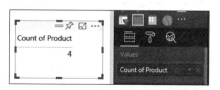

图 11-44　更改分类字段名字前

图 11-45　更改分类字段名字后

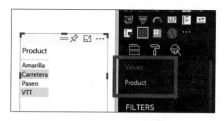

图 11-46　系统按项目分隔计数

11.4.5　疑难问题问答

问:为什么我看不到"不求和"选项?

答:已选择的字段可能是多维模型中的计算度量值或在 Excel 或 Power BI 桌面系统中创建的度量值。每个度量值有自己的硬编码公式。它们是无法更改桌面系统中使用的聚合函数的。例如,如果它是求和,则只能进行求和。在"字段"列表中,度量值与计算器符号一起显示。

问:用户有数值字段,这时为什么只能选择"计数"和"非重复计数"?

答:这个问题比较复杂,可分为四种情况。

第一种情况:数据集的所有者未将字段归类为数值字段。例如,如果数据集具有"年"字段,则数据集的所有者可以将值归类为文本。桌面系统便有可能对"年"字段进行计数(例如,生于 1974 年的人数),但是桌面系统不太可能对其求和或求平均值。如果数据集的所有者在桌面系统中打开数据集,然后使用"建模"选项卡,便可以更改数据类型。

第二种情况:如果字段有"计算器"图标,则表示它是度量值。每个度量值都有自己的公式,只有数据集所有者才能更改。系统使用的计算可能是简单的聚合函数,如求平均值或求和。它也可能是较为复杂的聚合函数(如"在父类别中所占百分比"或"自年初累计总和")。系统不会对结果求和或求平均值。相反,它只是(使用硬编码公式)重新计算每个数据点。

第三种情况:用户已将字段放入只允许分类值的存储栏中。在这种情况下,只能选择"计数"和"非重复计数"选项。

第四种情况：用户对坐标轴使用此字段。例如，在条形图坐标轴上，系统中的每条显示都是一个非重复值，完全不会聚合字段值。不过上述规则有一个例外，就是散点图，这种图表需要 X 轴和 Y 轴的聚合值。

问：为什么无法聚合 SQL Server Analysis Services（SSAS）数据源的文本字段？

答：与 SSAS 多维模型的实时连接不允许任何客户端的聚合函数，包括第一个、最后一个、平均值、最小值、最大值和求和。

问：有一个散点图，但希望不聚合字段，如何操作？

答：将字段添加到"详细信息"存储栏中，而不是 X 轴或 Y 轴存储栏中。

问：向可视化效果添加数值字段时，大多数情况下默认聚合为求和，但在一些情况下默认聚合为计算平均值/计数或其他一些聚合，为什么默认聚合并不总是相同？

答：数据集所有者可设置每个字段的默认求和。如果用户是数据集所有者，则可以在桌面系统的"建模"选项卡中更改默认求和。

问：用户是数据集所有者，用户想确保字段永不进行聚合，该怎么办？

答：在桌面系统的"建模"选项卡中，将"数据类型"设置为"文本"。

问：用户在下拉列表中看不到"不求和"选项，该怎么办？

答：尝试删除字段，然后重新添加。

11.5　在系统中使用报表主题

每个企业都会有自己偏爱的色彩和构图基调，为此 Power BI 系统借助报表主题，为用户提供设计上的方便。使用报表主题，使用者可以将设计更改应用于整个报表，如使用企业颜色、更改图标集或应用新的默认视觉对象格式等。在使用者应用某个报表主题后，报表中的所有视觉对象都会使用选定主题中的颜色和格式作为其默认设置。

报表主题有两种类型，即内置报表主题和自定义报表主题文件。

1. 内置报表主题

内置报表主题提供了系统已安装的各种预定义配色方案，使用者可直接从桌面系统菜单中选择内置报表主题，如图 11-47 所示。这里选择了"城市公园"主题，其柱状图的颜色首先选择了绿色，代表公园的绿色基调。

2. 自定义报表主题

自定义报表主题文件是在定义其基本结构的 JSON 文件中创建的报表主题。要应用自定义报表主题，可将其 JSON 文件导入系统，并将它应用于报表。如果自定义主题功能没有加载，可以按图 11-48 所示进行加载。

这样就可以在"视图"菜单下，单击

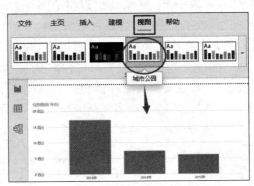

图 11-47　选取内置报表主题

"主题"下拉菜单,在弹出的"自定义主题"对话框调配自己的主题颜色,如图 11-49 所示。

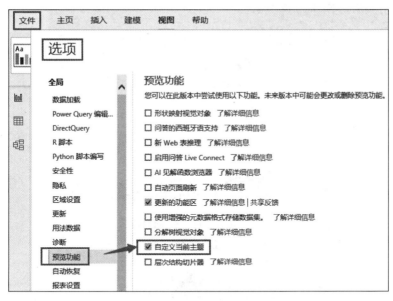

图 11-48 加载自定义主题功能

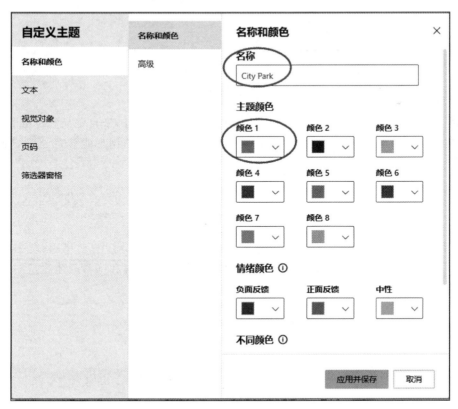

图 11-49 "自定义主题"对话框

对于自己设计或者选中的主题，还可以将其导出为 JSON 文件，供自己或者其他人在另外的报表中使用，如图 11-50 所示。

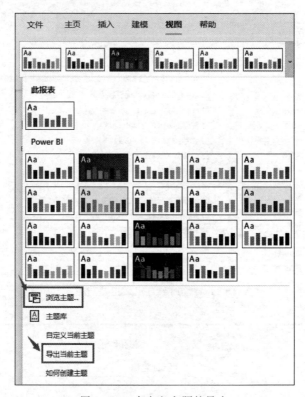

图 11-50　自定义主题的导出

通过直接在系统中进行自定义或通过报表主题 JSON 文件，来自定义和标准化"可视化"窗格的"格式"部分中列出的几乎所有元素，主要的目的是让用户能够完全精细地控制报表的默认外观。

小结

本章主要介绍了 Power BI 系统的进阶技能，重点掌握超链接的创建、系统书签的使用、Excel 工作簿的导入以及矩阵视觉对象的设计等；着重理解和练习创建度量的概念和流程；了解数据类别、系统聚合和自定义视觉对象的概念等。

问答题

1. 使用实时或直接查询连接（如 Analysis Services 模型）与使用 Power BI Desktop 本地数据模型相比，报表创作性能有何不同？

2. SQL 服务器报告服务（SSRS）如何与 Power BI 集成？

3. 有哪些独特的 Excel BI？

4. 什么是超级数据透视表(Power Pivot)数据模型?

5. Excel 体验可以通过哪些方式与 Power BI 系统一起使用?

实验

构建一个报表,内容包含本章的主要内容。

第12章

系统管理

Power BI 系统管理指的是系统的租户管理，包括配置管理策略、使用情况监视以及许可证、容量和组织资源预配，如图 12-1 所示。

图 12-1　Power BI 系统管理界面

Power BI 系统用于自助式商业智能，而系统管理员是 Power BI 系统中租户的数据、过程以及策略的保护者。系统管理员是团队的关键成员，包括商业智能开发人员、分析人员以及其他角色。系统管理员可为组织提供支持帮助，以确保实现以下关键目标：

- 了解用户实际需要的 KPI 和指标；
- 减少以 IT 为主导的企业报告的传递时间；

- 通过系统部署增加采用率和投资回报。

这项工作旨在提高业务用户的工作效率,并确保数据安全性和法律及法规的合规性。系统管理员尽可能提供帮助和支持,并在许多情况下帮助业务用户执行正确操作。

12.1 系统管理员

系统管理员门户考虑了用户系统的组件管理,包含一些利用率度量、对 Office 365 的访问以及参数设置等。关于获取系统管理员条目的说明:用户的记录应该作为全局管理,在 Office 365 和微软云活动目录(Azure Active Directory)中分开,或者已经发布了系统扩展组件监督部分,以获得对系统管理员门户的准入。

用户要访问系统管理员门户,需执行相应操作,首先在系统图标框的右上角选择要配备的设置,然后选择系统管理员门户。在系统管理员门户中,有 6 个选项卡:Usage Metrics(利用率测量)、Users(用户端)、Audit logs(查看日志)、Tenant settings(占用者设置)、Capacity settings(高级设置)、Embed Codes(植入代码),如图 12-2 所示。

系统的本地数据网关是运行在组织内部的软件,用于管控外部用户访问内部数据的权限。系统的网关像是一个尽职的门卫,监听来自外部网络(Cloud Service,云端服务)的连接请求,验证其身份信息。对于合法的请求,网关执行查询请求;否则,拒绝执行。云端(系统服务)程序向网关发送查询内网数据的请求,网关访问企业内网的数据库执行查询请求,并把查询结果加密和压缩之后传送到云端,保证数据的传输安全。总而言之,网关的作用就像一座桥,桥的两端是内网的数据和云端的系统服务,网关使得企业私有的内部数据能够安全地应用于云端的系统服

图 12-2 系统管理员门户

务。使用网关能够设置调度程序,定时把内网数据刷新到系统服务的数据集中,从而实现报表数据的自动更新。

12.2 本地网关

本地网关是一个软件,用于监控云端服务对组织内部和私有网络内的数据的访问。当一个交互式的查询发生时,云端(系统服务)和内网网关的工作流程如图 12-3 所示。

从流程图中可以看出,内网网关充当的是一个桥梁的角色,位于云端服务(例如 Power BI Service)和内网数据(On-Premises Data)的中间,接收云端的查询请求,在内网执行请求,并把查询结果返回给云端。

系统创建查询,把加密的凭证发送到云端网关(Gateway Cloud Service)进行处理,云服务总线(Azure Service Bus)接收云端网关的请求,并转发到内网网关。内网网关接收到 Azure 服务总线的查询解密凭证(Decrypt Credentials),并使用凭证连接数据源。内网

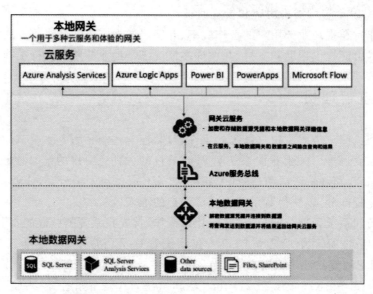

图 12-3　云端（系统服务）和内网网关的工作流程

网关把查询发送到数据源执行，并把查询的结果返回云端。

系统提供两种类型的网关：

（1）本地网关个人模式（Personal Mode）：只允许一个用户连接到内网数据源（On-Premises Data Source）。

（2）本地网关标准模式：允许多个用户连接到内网数据源。

12.3　网关的安装

本地网关安装在企业的私有网络的服务器上，用于响应云端的连接请求，对传输到云端的数据进行加密和压缩处理，刷新配置数据的调度。

（1）下载安装包。

（2）安装数据网关。

（3）输入管理账户，注册网关。

注册完成后，输入还原键（Recovery Key），还原键的作用是恢复网关的配置，然后单击"下一步"按钮，完成网关安装。

12.4　系统网关的类型、工作及使用

网关是指一个企业在其系统中引入了一套内部部署设计，它鼓励访问该系统中的信息，但访问者不能破坏这些信息。它类似于一个警察，可以调整关联需求，并在用户的请求符合某些标准时承认它们。这使企业有机会将数据库和其他信息源保留在其本地系统上，同时在系统的报告和仪表板中，安全地使用该内部部署信息。系统网关可用于单独的信息源或各种信息源。图 12-4 显示了一个基本视图，系统网关处理来自云端的 3 个本地

的计算机请求。

12.4.1 管理网关

网关创建之后,需要创建数据源、添加管理员和添加访问数据源的用户。初始管理员需要登录到系统服务,进入系统主页后,单击右侧的"设置"菜单,选择"管理网关"命令,如图 12-5 所示。

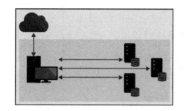

图 12-4 系统网关示意

图 12-5 管理网关

1. 添加管理员

在左侧面板中,选中新建的网关名称,单击"管理员",添加网关管理员,如图 12-6 所示。

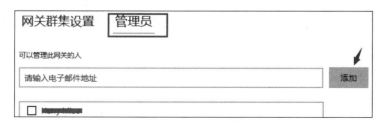

图 12-6 添加管理员

2. 添加数据源

选中新建的网关,单击"添加数据源",创建新的数据源。每一个数据源都有一个名称和类型,如果想要创建的数据源是 SQL Server 数据库,在"数据源类型"列表中,选择 SQL Server,并在展开的选项中配置 SQL Server 数据库实例的服务器、数据库、身份验证方法,单击"添加"按钮,把数据源添加到网关,如图 12-7 所示。

在向网关添加数据源时,管理员必须提供访问数据源的凭证信息。凭证信息在存储到云端之前被加密处理,系统服务将凭证信息从云端发送到网关进行解密,并使用解密之后的凭证访问数据源。

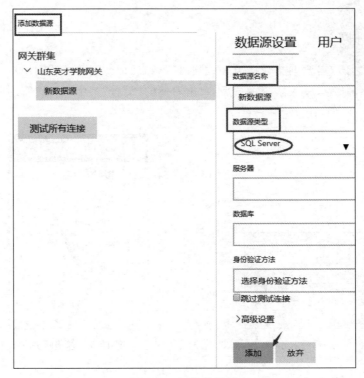

图 12-7　添加数据源

3. 添加数据源用户

选中已添加的数据源，授予用户权限访问该数据源。在默认情况下，管理员有权限访问网关中的所有数据源，如图 12-8 所示。

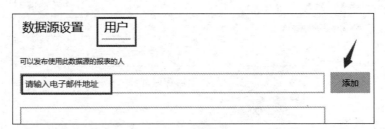

图 12-8　添加数据源用户

12.4.2　系统网关类型

系统网关有两种类型。

（1）内部部署信息网关（一个用户端）：允许一个用户端与数据源关联，并且不能传授给其他用户端，必须与系统一起使用。此系统网关适用于用户是制作报告的主要个人，而用户不必与其他人共享信息源。

（2）内部部署信息网关（多个用户端）：允许各种用户端与不同的本地信息源关联。

系统网关可以使用系统的 PowerApps、工作流（Flow）、云分析服务（Azure Analysis Services）和云逻辑（Azure Logic）应用程序，所有这些都可以通过单独的网关建立，此网关适用于更多不可预测的情况，不同的人可以访问各种信息源。

12.4.3　系统网关的使用

在系统中使用网关有 4 个主要原因。

（1）使用合适的模式在邻近 PC 上引入网关。

（2）将用户端添加到网关，以便他们可以访问本地信息源。

（3）与信息源相关联，因此可以将它们用作报告和仪表板的一部分。

（4）恢复内部部署信息。

用户可以引入保持孤立的网关或向组群添加网关。作为本地信息网关，用户引入的系统网关可以在 Windows 上运行。通过云服务总线与网关云服务一起与其附近的网关进行管理。图 12-9 显示了内部部署信息与使用网关的云部署之间的工作流。

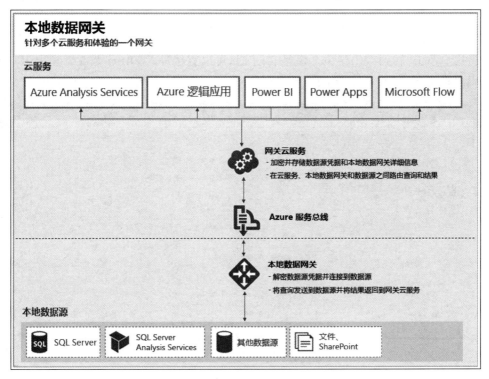

图 12-9　系统网关工作示意

系统网关的工作流程如下：

（1）对云部署与内部部署信息源的扰乱行为进行查询，并发送到网关进行处理。

（2）网关云部署可以调查问题并将需求推送到云服务总线。

（3）内部部署信息网关调查云服务总线以查找待处理的请求。

（4）网关获取问题、解码资格，并与信息源一起进行接口认证。

（5）网关将问题发送到信息热点以供执行。

（6）结果从信息源发送回网关，然后发送到云部署和服务器。

12.5 管理门户

系统管理门户中的第 2 个选项卡是"管理门户"。它是在 Office 365 管理员中完成的，因此用户可以快速实现区域以监视 Office 365 中的用户端、管理员和流程，如图 12-10 所示。

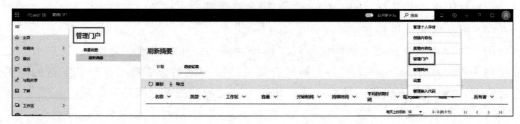

图 12-10　管理门户中心入口

当用户单击"转到 Office 365 管理中心"时，可以直接进入 Office 365 管理员中心，以便与用户打交道，如图 12-11 所示。

图 12-11　Office 365 管理员中心界面

12.6 租户设置

租户设置可以对公司或者组织可用的功能进行细粒度控制，把担心的敏感的数据设置为特定提供资源，一般的用户不能接触到这些数据。租户设置可以有以下 3 种状态之一：

（1）已为整个组织禁用：组织中无人可以使用此功能，如图 12-12 所示。

（2）已为整个组织启用：组织中每个人均可以使用此功能，如图 12-13 所示。

图 12-12　整个组织禁用界面　　　　图 12-13　整个组织启用界面

（3）针对组织的子集启用：允许组织中的特定项目组使用此功能。

也可以为除特定项目组之外的整个组织启用某功能，如图 12-14 所示。

还可以仅为特定用户组或者项目组启用该功能，但同时为某些用户组禁用该功能，如图 12-15 所示。

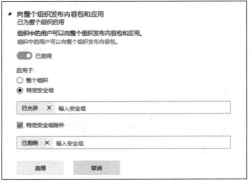

图 12-14　排除某些组织界面　　　　图 12-15　启用某些组织界面

总之，使用租户设置功能可以确保信息资源的合理传递和安全使用，使用户放心地使用 Power BI。

12.7　工作区和分享设置

组群中的用户可以创建应用程序工作区，以便在仪表板、报告和其他内容上进行组合，组群中的用户可以向组群外的用户提供仪表板，为外部用户提供实质的内容，以便与外部用户端共享消息，如图 12-16 所示。

关联中的用户端可以将报告分发到网上。考虑到分发到网上设置的内容，将在用户界面（UI）中接纳更多用户看到独特的选择。其功能为整个组织启用、已禁用整个组织以及特定安全性流程。在报告的"文件"菜单下发布到网上，只有明确的用户才能看到或注意到。在所有已启用的设置和已启用的情况下监控植入代码。

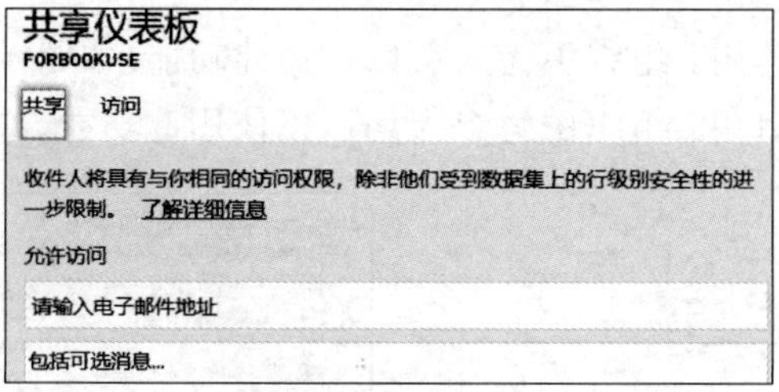

图 12-16　共享仪表板

　　在分享过程中，可以分享给已批准的用户或组织，或者为所有人授权的代码，在管理员门户网站内安装代码状态将反映其中一个情况，如果用户未根据组件设置获得批准，则状态将显示为被侵犯。

12.8　查看和使用设置

　　用户可以随时查看和使用添加的设置，如在 Excel 中使用分析本地数据集、自定义视觉设置和查看、仪表板设置、设计器设置、限制设置、植入代码和关联视觉效果。

1. 制作内部操作的评论日志

　　关联中的用户端可以利用检查来筛选关联中不同用户端在系统中进行的活动。此设置应授权审核日志部分进行记录，在授权检查和查看审查信息的操作时间，可能会有长达 48h 的延迟。如果用户没有立即看到信息，可以稍后查看日志。推荐授权查看、审阅日志和获取日志的操作时间可以推迟。

2. 对内容制作者使用度量

　　关联中的用户端可以查看仪表板的使用度量和他们所产生的报告。用户可以将设置更改为"已启用"，然后确定谁可以查看利用率度量（整个组群或特定安全性聚集）。

3. 内容制作者使用的每个用户端信息

　　内容制作者使用度量，将发现内容到达的用户节目名称和电子邮件位置。用户可以将设置更改为"已启用"，然后确定谁可以在使用度量（整个组织或特定安全性聚集）中查看节目名称和电子邮件地址。

　　当然，每个用户都有权使用度量，并且事件产生者的账户数据已被包含在测量报告中。如果用户不希望将此数据合并到少数或所有用户端，可以设置中断指示，使用安全流程关联所有元素，然后记录数据将在报告中显示为"未命名"。

12.9　系统 REST API

　　REST（Representational State Transfer，表述性状态传递）是一套新兴的 Web 通信协议，访问方式和普通的 HTTP 类似，平台接口分为 GET 和 POST 两种请求方式。系统提供 REST API 以实现对系统资源的编程访问。开发人员也可以将 API 与任何支持 REST 调用的编程语言一起使用,用于嵌入管理和用户资源的服务端点。API 支持的重要功能之一是能够将报表、图表和仪表板嵌入自定义应用中。报表是完全交互式的,只要数据发生变化,报表就会自动刷新。根据组群的订阅级别,开发人员可以将组件嵌入被系统许可的内部用户,或没有系统账户的用户应用中。

使用 API 的开发人员的另一个选择是能够创建可在系统报表中使用的自定义可视化。自定义可视化是用规范脚本(TypeScript)语言编写的,规范脚本语言是 JavaScript 应用开发的超集。可视化还包叠层样式表(Cascading Style Sheet,CSS),并支持变量、嵌套、混合、循环和条件逻辑等功能。

开发人员还可以使用系统 API 将数据推送到数据集中。通过这种方式,可以实现将业务工作流扩展到整个系统环境中,以及包含数据集的任何报表或仪表板都会自动更新以反映新数据。系统 API 为嵌入方式,为用户资源和管理提供服务端点,主要包括管理员操作、可用功能操作、运营能力、仪表板操作、数据集操作、嵌入令牌操作、网关运营、团体运营、进口业务、报告运营、操作组说明等。

系统管理 API 主要分为以下几类:

(1)仪表板作为管理(GetDashboardsAsAdmin)。用户端必须具有管理员权限,如 Office 365 全局管理员或系统服务管理员必须具有管理员权限,才能调用此系统 API。

(2)仪表板作为组管理(GetDashboardsInGroupAsAdmin)。从预定工作空间返回仪表板的概要。

(3)数据集作为管理(GetDatasetsAsAdmin)。返回关联的数据集的概要。

(4)流程更新作为组管理(UpdateGroupAsAdmin)。更新预定的工作空间属性。

注意,系统管理 API 的方式现在仅限于在新工作区遇到刷新工作区时看到。只需刷新名称和描述,名称必须是关联内的一种名称。用户端必须具有管理员权限。系统 REST API 有 4 个:系统仪表板 API、系统嵌入式令牌 API、系统网关 API 以及组群 API 及其子类别。如,系统 Imports API、系统 Push Datasets API、系统 Reports API 和系统 Datasets API,它们的主要功能是管理、导入、报告、推送数据集等。

对于系统 REST API,用户将能够生成信息集、仪表板、添加和删除行以及获取群组。同时注意,系统 REST API 可能会对任何后续技术造成错误处理,例如后续 JQuery 程序的执行等。要对系统进行认证,用户希望引发关联的 Azure 活动目录(Azure Active Directory,ADD)令牌,这会允许用户访问系统仪表板。

12.10 数据存储安全性

系统体系结构使用两个主存储库来存储和管理知识,用户上传的数据通常发送到 Azure BLOB 存储,并且每个数据还保留在 Azure SQL 信息中。一旦关联文档用户连接到系统服务,关联和消费者的任何请求都由入口角色接受和管理(最终由 Azure API 管理处理),然后代表用户与其余部分进行交互。一旦用户试图查看仪表板,入口角色接受该请求然后单独向演示角色发送邀请函以检索浏览器呈现仪表板所需的信息。

数据及修复的安全性体现在本地活动目录（Active Directory）服务器中，使用用户的系统体系结构登录，来映射到 UPN 以获取凭据。但是，必须注意平衡用户与非用户共享的责任。如果用户连接到数据凭据，然后共享支持该数据的报告，与其共享仪表板的用户将不会记录第一个连接链，并且对报告授予访问权限。

在系统架构中，如果用户具有访问信息的备用凭据，则访问权限可以单独授予。一旦用户验证了错误处理的系统服务，AAD 身份验证就会在系统中使用。系统登录凭据可以将用户使用的电子邮件账户与其系统账户对比，如果是有效的用户名，系统会提供 Azure 云使用的安全级别。系统的安全级别包括：

- 多租户环境安全。
- 网络安全。
- AAD 主要基于安全性。

对于信息存储，系统中有两个完全不同的存储库：Azure BLOB 和 Azure SQL 信息。其中 Azure BLOB 存储用于用户上载的信息，而 Azure SQL 信息用于存储系统信息。系统安全性通常支持 Azure 云中可获得的信息和网络安全措施并且进行身份验证，还支持 AAD。

12.11　系统报告服务器

系统报告服务器是一个具有在线界面的本地报表服务器，用户可以在其中显示报表、监督报表和 KPI。除了用于制作系统报告、分页报告、多功能报告和 KPI 组件外，企业的用户可以通过各种方式获取报告，例如在互联网浏览器或手机中查看报告，或在收件箱中查看电子邮件中的报告等。系统报告服务器是内部部署解决方案，并提高将来迁移到云的灵活性。它包含高级系统，以便用户根据自己的条件将其随时移动到云端。

1. 查看系统报告服务器

系统报表服务器就像 SQL 服务器的报表服务和系统在线管理一样，但有多种方式，系统报告服务器具有报告（.pbix）和 Excel 记录的功能。与报告服务一样，系统报告服务器的报告服务位于内部并具有分页报告（.rdl）的功能。系统报告服务器是报告服务的超集，用户可以在报告服务中执行所有操作，并可以使用系统报告服务器。

2. 系统报告服务器许可证

系统报告服务器可通过两个独特的许可证访问：系统高级（Premium）许可和带有软件保障的 SQL 服务器企业版（服务器 Enterprise Edition）许可。系统服务的每个用户都可以使用免费许可证或 Pro 许可证。对于 Power BI 使用者，用户也可以使用由 Power BI 租户管理员管理的许可证。用户可以同时拥有多个许可证。

3. 在线界面

系统报告服务器的部分领域是受保护的在线界面，用户可以用浏览器在线看到它。

在这里,用户可以访问每个报告和 KPI。内容按类型分为系统报告、多功能报告、分页报告、KPI 和 Excel 练习手册以及共享数据集和共享信息源,以用作报告的构建视觉对象。用户可以标记最佳选择,以便在单独的信封中查看它们。此外,用户还可以在在线界面中正确制作 KPI。根据用户的意愿,可以在在线界面中处理实质内容。用户可计划报告准备,获得感兴趣的账户,并购买分布式报告。用户也可以将自己的自定义标记应用于在线界面。

4. 系统报告

用户可以为报告服务器改进系统报告形式,并根据自己的特定条件将它们分发到在线界面中并查看它们。系统报告是一个多角度的视图,可以查看一条信息演示,其中包含与该信息相对应的各种线索和体验的显示。系统报告包括单独的表示或加载了认知图的页面,根据用户的意愿,用户可以阅读和调查报告,也可以为他人制作报告。

5. 分页报告

分页报告是具有表示形式的记录样式的报告,其中表格在水平面上增长并垂直显示其每条信息,并根据需要在页面之间进行。它们非常适合创建一个固定的格式,例如 PDF 和 Word 文档。用户可以使用 SQL 服务器数据工具(SSDT)中的报表生成器或报表设计器来查看当前报表。

6. 便携式报告

便携式报告与内部部署信息相关联,并具有响应式格式,可根据各种小工具以及用户持有的方式进行调整。

7. 系统报告服务器编程重点

利用系统报告服务器编程重点扩展和调整用户的报告分布的实用性,使用 API 来协调或扩展自定义应用程序中准备的信息和报表。

1)系统报告服务器设计者文档

SQL 服务器报告服务(Reporting Services)提供了一些可在用户自己的应用程序中使用的编程接口。用户可以利用报告服务的要点和功能,在网上目标和 Windows 应用程序中制作自定义显示和管理工具,另外用户还可以扩展报告服务。

扩展报告服务包括制作可用于获取信息的新组件和模块、报告传送等。用户可以将这些组件展示给与其关联的使用报告服务的其他群组,其操作包括将报告服务合并到应用程序中,即将报告服务的显示内容合并到自定义应用程序中。

2)应用 ASP.NET 和常规应用程序的服务器网上服务

通过报告服务器网上的服务,可以访问报表服务器的全部功能。利用网上 SOAP over HTTP,将其作为用户程序和报表服务器之间的对应接口。网上管理及其技术显示出报表服务器的实用性,使用户能够为报表生命周期的任何部分(从管理到执行)创建自定义组件。

3）使用 REST API 创建当前应用程序

报告服务 REST API 可自动访问报告服务器中的列表文章。使用 REST API 时，用户可以浏览渐进式系统，查找图标的实质内容或下载报告定义，用户也可以制作、刷新和擦除对象。

4）基于 URL 访问 SQL 服务器报告服务（SSRS）

基于 URL 请求的整个安排支持详细的信息服务，用户可以将其用作报告路由和调查的简单快速通道。用户可以将此创新与报表服务器的网上管理结合使用，将整个通知安排合并到用户的自定义业务应用程序中。将报表作为网上条目的主要方面，或从网上程序查看报表时，获取 URL 特别有用。

5）详细信息服务扩展

报告服务的特定宗旨在于实现可扩展性，用户可以访问一个监督代码 API，其目标是毫不费力地进行创建。用户可以使用微软的 .NET 框架进入流程，并包括呈现新的安全、传输、信息工作等报告服务，以满足用户不断增长的业务需求。

小结

本章主要介绍了 Power BI 的系统管理，用户可以了解系统网关的类型、工作原理和操作方法；掌握系统工作区，共享的层级概念、共享的设置，以及联合视觉的操作等等。

问答题

1. 报告一旦上传到云（Share Point 或 powerbi.com），还可以刷新自己的 Power BI 报告吗？

2. 对已发布的报告，有哪些不同的刷新数据的方法？

3. 什么是数据管理网关和 Power BI 个人网关？

4. 如何在 Power BI 中实施数据安全性？

实验

把自己的报表分享给其他人，然后更改共享内容和共享层级的功能。

附 录 A

专 业 术 语

(1) BI(Business Intelligence)：商业智能

(2) CSF(Critical Success Factor)：关键成功因素

(3) CRM(Customer Relationship Management System)：客户关系管理系统

(4) DAX(Data Analysis Expressions，a formula language used in Power Pivot for self-defined calculation)：数据分析表达式，一种在 Power Pivot 中用于自定义计算的公式语言

(5) DIY-BI(Alias name of self-service business intelligence)：自助服务商务智能的别名

(6) EIS (Executive Information System，a management information system supporting senior executives in decision making)：经理信息系统，一种支持经理高管人员决策的管理信息系统

(7) ERP(Enterprise Resource Planning System)：企业资源计划系统

(8) ETL(Extract，Transform，and Load，a process typically used in data warehouse to manage data)：提取、转换和加载过程，通常在数据仓库中用于管理数据

(9) KPI(Key Performance Indicator，a type of performance measurement used by companies to evaluate the success)：关键绩效指标，公司用来评估成功的一种绩效衡量指

(10) Microsoft Dynamics NAV(ERP system provided by Microsoft)：微软提供的 Microsoft Dynamics 导航 ERP

(11) MIS (Management Information System，typically a computer system for management issues)：管理信息系统，通常用于管理问题的计算机系统

(12) My SQL(open-source relational database management system)：我的 SQL 开

源关系数据库管理系统

（13）Odata(Open Data，a data access protocol initially defined by Microsoft)：开放数据，一种最初由 Microsoft 定义的数据访问协议

（14）ODS(Operational Data Store，a database for integrating data from multiple sources)：运营数据存储，一个用于集成来自多个来源的数据的数据库

（15）Office 365(subscription-based online office and software plus services suite by Microsoft)：微软提供的基于 Office 365 订阅的在线办公和软件加服务套件

（16）OLAP(On-Line Analytical Processing)：在线分析处理

（17）Power Chart(Data summarization tool in Excel)：Excel 中的图形数据汇总工具

（18）Power Table(Data summarization tool in Excel)：Excel 中的图表数据汇总工具

（19）Power BI(self-service BI solution provided by Microsoft，including self-service BI features in Excel，features in Office 365 and mobile application)：微软提供的商业智能自助服务及智能解决方案，包括 Excel 中的自助服务商业智能功能、Office 365 和移动应用程序中的功能

（20）Power Map（Power BI self-service BI feature in Excel，providing 3D visualization for mapping and exploring with data and geographical information)：Excel 中的地图、商业智能自助功能，可提供 3D 可视化，以及数据和地理信息的映射和浏览

（21）Power Pivot(Power BI self-service BI feature in Excel，used in managing data model and analyzing data)：Excel 中的透视表格、商业智能自助服务功能，用于管理数据模型和分析数据

（22）Power Query(Power BI self-service BI feature in Excel，the main purpose for this feature is to extract，transform and load data from different data sources)：Power BI 自助查询服务功能，此功能的主要目的是从不同数据源提取、转换和加载数据

（23）Power QueryFormula(Formula language used in Power Query)：Power Query 中使用的公式语言

（24）Power View(the data visualization tool provided by Power BI)：Power BI 提供的数据可视化工具

（25）self-serviceBI(self-service Business Intelligence)：自助式商业智能

（26）SQL Server Relational database management system developed by Microsoft：微软开发的 SQL 服务器关系数据库管理系统

附 录 B

用DAX书写的常用度量值

（1）计算销售表头：

DistinctCountofSalesHeaderId：＝DISTINCTCOUNT（[SalesHeaderId]）

（2）对销售对象进行计数：

CountofSalesObjId：＝COUNTA（[SalesObjId]）

（3）计算以千克为单位的总折扣金额：

TotalDiscountInKilograms：＝SUM（[ObjDiscountInKilograms]）

（4）计算以千克为单位的产品总成本：

TotalCostInKilograms：＝SUM（[TotalCostInKilograms]）

（5）以千克为单位计算总利润：

TotalMrginInKilograms：＝SUM（[MrginInKilograms]）

（6）计算每个销售对象的平均利润：

AverageofProfit％：＝AVERAGE（[Profit％]）

（7）计算每个订单的销售量：

SalesPerOrder：＝ CALCULATE（SUM（[AmountInKilograms]）；SalesHeader[SalesHeaderId]）

（8）计算月销售额：

MonSales：＝CALCULATE（SUM（[AmountInKilograms]）；month（SalesHeader[OrderDate]））

（9）计算上个月的销售额：

SalesPreMon：＝ CALCULATE（[Total AmountInKilograms]；DATEADD（SalesObj[OrderDate]；1；MONTH））

（10）计算月度增长：

MonGrowth：＝（[MonSales]－[SalesPreMon]）/[SalesPreMon]

参考资料

图书资源支持

感谢您一直以来对清华版图书的支持和爱护。为了配合本书的使用,本书提供配套的资源,有需求的读者请扫描下方的"书圈"微信公众号二维码,在图书专区下载,也可以拨打电话或发送电子邮件咨询。

如果您在使用本书的过程中遇到了什么问题,或者有相关图书出版计划,也请您发邮件告诉我们,以便我们更好地为您服务。

我们的联系方式:

地　　址:北京市海淀区双清路学研大厦 A 座 714

邮　　编:100084

电　　话:010-83470236　010-83470237

客服邮箱:2301891038@qq.com

QQ:2301891038(请写明您的单位和姓名)

资源下载: 关注公众号"书圈"下载配套资源。

资源下载、样书申请

书圈

获取最新书目

观看课程直播